Linux技术与应用丛书

速学Linux系统应用从入门到精通

良 许 等编著

机械工业出版社
CHINA MACHINE PRESS

本书以“良许”老师为主角，帮助读者轻松解析 Linux 的系统结构和项目应用，不仅涵盖了 Linux 的安装、命令、文件、目录、系统、磁盘、用户和 Shell 编程等操作知识，还收录了软件包管理、进程管理、系统设置、日志管理、网络设置、系统安全与维护、部署网站等核心技术。书中配备【知识拓展】【动手练一练】等辅助教学环节，以极具实践性的案例帮助读者巩固所学知识。同时，随书赠送所有实例文件和教学视频（扫码即可观看），以及电子教案、Linux 相关学习资料等海量资源，以近似于手把手授课的立体化教学方式增强了读者的阅读体验，并且还提高了本书的知识含量和价值。

本书既可以作为 Linux 开源爱好者和 Linux 用户的学习指南，也可以作为大中专院校和培训机构相关专业的培训教程。

图书在版编目（CIP）数据

速学 Linux：系统应用从入门到精通/良许等编著 .—北京：机械工业出版社，2023.7

（Linux 技术与应用丛书）

ISBN 978-7-111-73104-7

Ⅰ.①速… Ⅱ.①良… Ⅲ.①Linux 操作系统 Ⅳ.①TP316.85

中国国家版本馆 CIP 数据核字（2023）第 076162 号

机械工业出版社（北京市百万庄大街 22 号 邮政编码 100037）
策划编辑：丁 伦 责任编辑：丁 伦
责任校对：张亚楠 陈 越 责任印制：常天培
北京机工印刷厂有限公司印刷
2023 年 9 月第 1 版第 1 次印刷
185mm×260mm · 15.75 印张 · 390 千字
标准书号：ISBN 978-7-111-73104-7
定价：99.90 元

电话服务	网络服务
客服电话：010-88361066	机 工 官 网：www.cmpbook.com
010-88379833	机 工 官 博：weibo.com/cmp1952
010-68326294	金 书 网：www.golden-book.com
封底无防伪标均为盗版	机工教育服务网：www.cmpedu.com

前言 PREFACE

Linux 系统来源于 UNIX 系统，并继承了 UNIX 系统的稳定性和高效率等优点。由于 Linux 的开源特性，吸引了全世界对此感兴趣的众多研发者都来测试、修改和更新这套系统，这样一来使得该系统得到了不断完善，越来越多实用的新特性被加入其中。从 Linux 诞生以来，已经出现了上百种各具特色的发行版本，广泛应用到服务器、嵌入式和桌面开发等领域。

目前越来越多的企业将服务器转向 Linux 系统，随之而来的就是对 Linux 系统管理和开发人员需求的不断增加，这种趋势未来会更加明显。与学习一门编程语言相比，学习 Linux 系统的门槛相对较高，所需学习时间也比较长，这也导致很多初学者对 Linux 望而却步。本书将会帮助读者在短时间内掌握 Linux 系统中的众多操作命令和设置技巧，从而可以在现实工作中熟练管理和维护系统。

本书以“良许”老师为主角，通过构图分解和命令拆分讲解等创新方式，帮助读者逐一破解 Linux 中的复杂概念、指令。书中前半部分主要涉及了 Linux 的一些常用命令，比如文件、目录、用户、vim、文本和磁盘的操作管理等内容，后半部分介绍了 Shell、软件包、进程、系统、日志和网络等内容，涵盖了日常工作中 Linux 系统的常用操作。综合来说，本书具有如下特色。

- 内容丰富、知识全面。以实际工作中使用 Linux 的操作步骤为主线，从为什么学习 Linux 系统讲起，到最后网络安全管理及网站部署。为了丰富读者的知识面，本书除了介绍知识内容外，还额外准备了通过扫码获取的文档资料和教学视频等海量学习资源，以扩大本书的实用价值。
- 体例丰富、讲解易懂。本书将每章中的内容划分为多个研究方向，再从多个方面介绍。全书通过对话形式搭配【知识拓展】【动手练一练】等学习版块轻松解读 Linux，带给读者不一样的阅读和学习体验，尽量减轻读者的学习压力。
- 循序渐进、突出重点。由于 Linux 本身涉及范围很广泛，本书在介绍 Linux 系统时，摒弃了冗长又枯燥的知识罗列形式，从基础的操作命令开始就筛选了需要重点关注和学习的知识点，最终的实战案例均来源于实际项目，保证读者学习后就能火速上手操作，从而更好地保证学习的高效性。

综上所述，本书是一本兼顾理论知识和实践操作的 Linux 书籍，适合以下读者学习。

- Linux 运维人员。
- Linux 开发人员。
- 开源软件爱好者。
- Linux 入门者。
- 大中专院校的学生。

本书内容建立在开源软件和开源社区的研究成果之上，在此感谢全球头部光电芯片公司“曦智科技”等诸多无私奉献的开源社区、机构和企业相关专家的技术支持。由于编者水平所限，本书不足之处在所难免，敬请广大读者批评指正。

编　者

目录 CONTENTS

第 3 章 Linux 文件与目录操作 / 27

第6章 文件系统与磁盘管理 / 89

第7章 正则表达式与文本处理 / 115

第 8 章　认识 Shell / 130

第 9 章　软件包管理 / 143

第 12 章 Linux 网络设置 / 199

第 13 章 系统安全与维护 / 214

第 14 章　Linux 综合应用之网站部署　/　227

第1章 学习Linux之前的准备

Chapter 1

知识架构

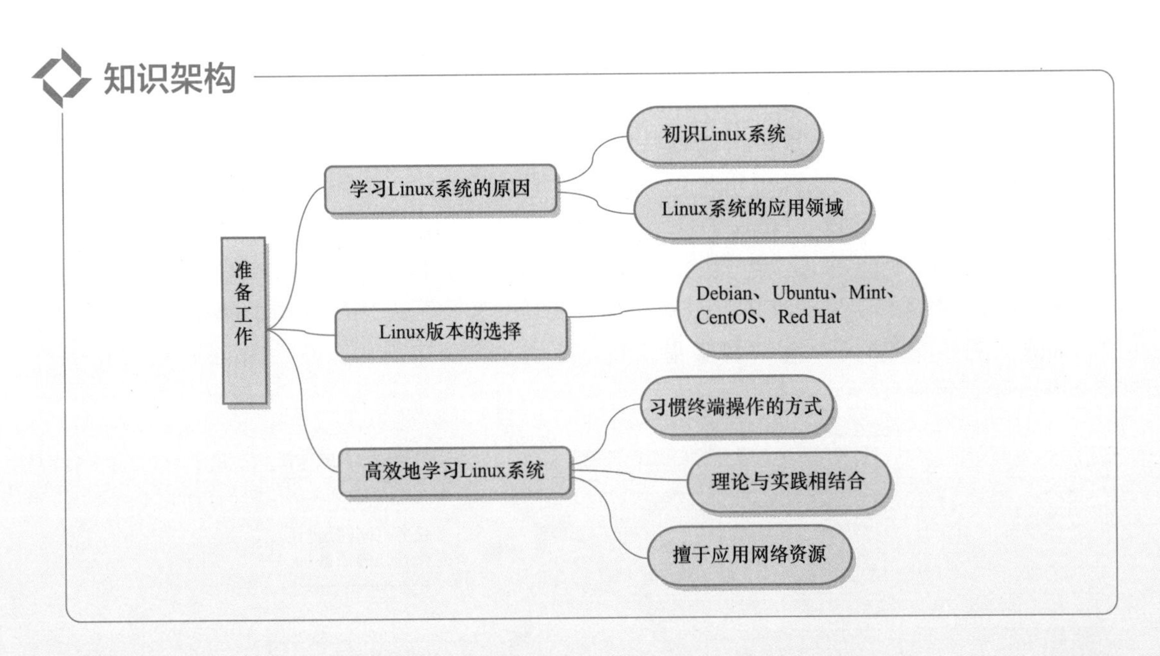

下面，我们马上要踏上修炼 Linux 技能的路途了！大家对 Linux 系统的了解有多少？Linux 系统有什么特征呢？

太好了，其实我对 Linux 有太多疑问和好奇了。相信本章一定有我想要的答案。

没错，在本章我们会正式认识 Linux 系统，了解不同版本之间的特性并做出选择，了解高效学习 Linux 的方法。然后掌握系统安装方法，迈出 Linux 成长之路的第一步。不用担心和紧张，我会陪着你一起学习进步！

1.1 为什么学习 Linux 系统

我们为什么要学习 Linux 系统？最直接的原因就是 Linux 应用十分广泛，在实际工作的诸多方面都需要用到它。在大中小型企业的服务器应用领域，Linux 系统的市场份额越来越重，也从侧面说明 Linux 的出色表现和广泛应用。

1.1.1 初识 Linux 系统

Linux 是一款基于 POSIX 和 UNIX 的多用户、多任务、支持多线程和多 CPU，且免费使用和自由传播的操作系统。用户可以通过网络或其他途径免费获得，并可以任意修改其源代码，这也是它区别于其他操作系统的地方。

Linux 是自由软件和开放源代码软件发展中最著名的例子。只要遵循 GNU GPL（GNU 通用公共许可证），任何个人或机构都可以自由地使用 Linux 的所有底层源代码，也可以自由地修改和再发布。因此，Linux 也成为开源软件的代名词。

正是由于这一点，来自全世界的无数程序员都参与了 Linux 的修改、编写工作，他们可以根据自己的兴趣和灵感对其进行改写，这让 Linux 吸收了无数程序员的精华，不断壮大。在 Linux 上各种集成的开源软件和实用工具也得到了广泛应用和普及。Linux 系统应用的特点如图 1-1 所示。

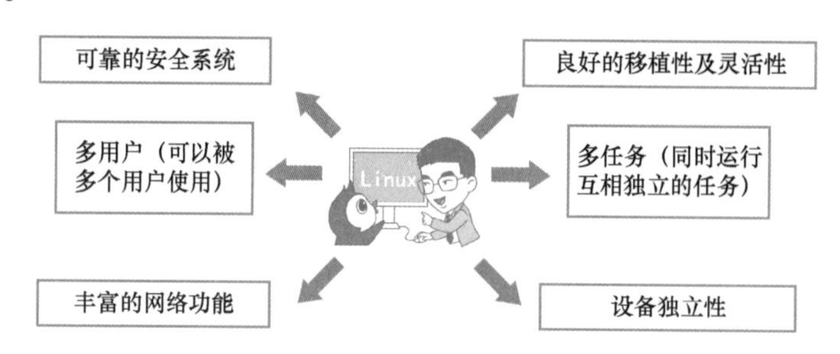

图 1-1　Linux 系统应用的特点

- 多用户：系统资源可以被不同的用户使用，用户对各自的资源有特定的权限，互不影响。
- 多任务：计算机可以同时执行多个互相独立的程序。
- 可靠的安全系统：Linux 中采取了对读写的控制、带保护的子系统等安全技术措施，为用户提供了必要的安全措施。
- 良好的移植性及灵活性：几乎支持所有的 CPU 平台，便于裁剪和定制。
- 设备独立性：将所有外部设备当作文件看待，用户可以像操作文件一样操作设备。
- 丰富的网络功能：内置完善的网络，为计算机提供了丰富的网络功能。

哇，原来 Linux 系统有这么多特点，难怪它的市场占比越来越重。这么一看，它的稳定性和安全性也很高。

是的。虽然 Linux 系统不及 Windows 系统普及，但是在程序开发领域却有得天独厚的优势。由于开源的特性，Linux 系统上有大量的可用软件，而且绝大多数都是免费使用的，比如 Apache、Samba、PHP、MySQL。构建成本低廉，是 Linux 被众多企业青睐的主要原因之一。

既然 Linux 的应用这么广泛，那它一般在哪些领域应用比较多呢?

对于 Linux 初学者来说，了解 Linux 的应用领域可以帮助读者更快地认清 Linux 行业的发展状况，下面我们来具体说一说。

1.1.2 Linux 系统的应用领域

目前各种 Linux 发行版应用于从嵌入式设备到超级计算机等很多场合，尤其在 IT 服务器领域，Linux 已经确立了主导地位，如图 1-2 所示。

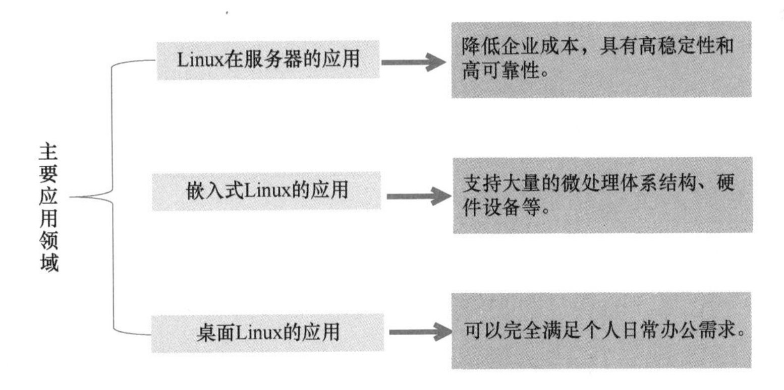

图 1-2　Linux 系统的应用领域

服务器一般采用 LAMP（Linux + Apache + MySQL + PHP）或 LNMP（Linux + Nginx+ MySQL + PHP）组合。

1. Linux 在服务器的应用

随着开源软件在世界范围内影响力日益增强，Linux 服务器操作系统在整个服务器操作系统市场中占据了越来越多的市场份额，已经形成了大规模市场应用的局面。

随着 Linux 在服务器领域的广泛应用，已经涉及电信、金融、政府、教育、交通、农业和石油等领域。同时各大硬件厂商也相继支持 Linux 操作系统，表明了 Linux 在服务器市场前景是光明的，未来一定能够冲击更大的服务器市场。

2. 嵌入式 Linux 的应用

由于 Linux 系统开放源代码、功能强大、稳定性强且具有极大的伸缩性，再加上其广泛支持大量的微处理器体系结构、硬件设备、图形支持和通信协议，因此也广泛应用在嵌入式领域。

目前 Linux 已经广泛应用于手机、平板计算机、路由器、电视和电子游戏机等。在移动设备上广泛使用的 Android 操作系统就是创建在 Linux 内核之上的。此外，思科公司在网络防火墙和路由器中使用的是定制的 Linux，阿里云也开发了一套基于 Linux 的操作系统YunOS。

3. 桌面 Linux 的应用

近几年，Linux 桌面操作系统在国内市场发展非常迅猛，如中标麒麟 Linux、红旗 Linux 和深度 Linux 等系统软件的厂商都推出了 Linux 桌面操作系统，而且目前已经在企业、OEM（原始设备制造商）和政府等领域广泛应用。

目前，世界上很多服务器都是基于 Linux 的。上面的各种应用软件和网站，其后端和前端服务很多都是部署并运行在 Linux 系统上的，而用户只需要下载软件或者打开浏览器就能访问。很多时候我们已经在日常生活中与 Linux 产生了交互。

1.2 Linux 版本的选择

Linux 系统的发行版本很多，即便是其忠实用户也没有太多时间和精力一一尝试。对于初学者来说，在学习 Linux 之前需要一个明确的方向，从众多版本中选择一款适合自己需求的是非常重要的。这里将带大家了解各个 Linux 版本之间的特点。

1.2.1 经验人士使用的 Debian

Debian 是较早的 Linux 发行版之一，也是很多其他发行版的基础。它是一套全部由免费软件构成的操作系统，由 Debian 项目开发社区维护，Debian 桌面如图 1-3 所示。

Debian 的版本特点

- 专业知识需求：三颗星。
- 桌面环境：Cnome、KDE、XFCE 以及其他。
- 官方网站：https：//www.debian.org。

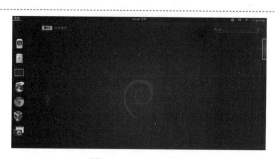

图 1-3 Debian 桌面

因其定期测试、更新和“坚如磐石”的稳定性而享有盛誉，这种稳定性使开发人员可以放心地展开工作。但请记住，Debian 只推荐给有 Linux 工作经验的开发人员。

1.2.2 以桌面应用为主的 Ubuntu

Ubuntu（中文谐音"乌班图"）是一个基于 Debian 的以桌面应用为主的 Linux 操作系统。其目标在于为一般用户提供一个最新同时又相当稳定、易于使用的现代桌面操作系统，Ubuntu 桌面如图 1-4 所示。

Ubuntu 的版本特点
- 专业知识需求：一颗星。
- 桌面环境：Untity、GNOME。
- 官方网站：https：//www.ubuntu.com。

图 1-4 Ubuntu 桌面

它具有各种风格的干净用户界面，可用于云计算、物联网和服务器等领域。Ubuntu 具有庞大的社区力量支持，用户可以方便地从社区获得帮助。

1.2.3 以经典桌面配置为主的 Mint

Mint 提供了经典桌面配置的现代版本，对于 Linux 新手用户来说，是一个很好的入门选项。这个发行版本易于安装，并且配备了从 Mac 或 Windows 切换过来的必要软件。此外，这个发行版还能更好地支持专有媒体格式，使得用户可以轻松地播放视频、DVD 和各种格式的音乐文件，Mint 桌面如图 1-5 所示。

Mint 的版本特点
- 专业知识需求：一颗星。
- 桌面环境：Cinnamon、Mate、KDE。
- 官方网站：https：//www.linuxmint.com。

图 1-5 Mint 桌面

1.2.4 社区企业操作系统之 CentOS

CentOS 是一款基于 Red Hat 的社区发行版，用户可以自由使用，而且能享受 CentOS 提供的长期免费升级和更新服务。整个安装过程比较简单，有丰富的应用程序可供选择，对初学者同样友好。本书选择的就是这个版本，CentOS 桌面如图 1-6 所示。

CentOS 的版本特点

- 专业知识需求：两颗星。
- 桌面环境：Gnome、KDE 以及其他。
- 官方网站：https：//www.centos.org。

图 1-6 CentOS 桌面

1.2.5 社区企业操作系统之 Red Hat

Red Hat（Red Hat Enterprise Linux，RHEL）是由 Red Hat（红帽）公司发布的一个 Linux 发行版本，其桌面如图 1-7 所示。比起很多 Linux 发布版本，Red Hat 的历史相对悠久，它的 RPM 软件包格式算是 Linux 社区的一个事实标准，被广泛应用于其他发行版中。

Red Hat 的版本特点

- 专业知识需求：两颗星。
- 桌面环境：Gnome 以及其他。
- 官方网站：https：//www.redhat.com。

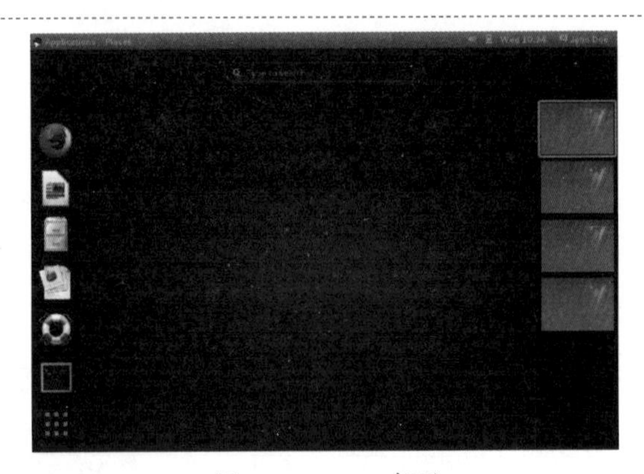

图 1-7 RHEL 桌面

Linux 的发行版本远不止于此，还有 Kali、Fedora 和 openSUSE 等。每种发行版本都有各自的功能和用途，在企业生产中常用的一般是 Ubuntu、RHEL 和 CentOS。初学者可以在熟悉一种版本后，多多尝试其他版本。如果你想知道当前流行的 Linux 发行版本是什么，可以在 DistroWatch 网站上查询。

啊，有这么多用途不同的 Linux 发行版本，该选择哪一种呢？真是头疼。

不用着急，我来给你推荐吧！如果需要一个稳定的服务器并且还免费，可以使用 CentOS，国内使用非常广泛；如果想用个人桌面系统来替代 Windows，可以尝试用 Ubuntu 的不同版本，安装简便、硬件支持全面，而且界面友好。其实不管是选择哪种版本，内核都是一样的，所谓触类旁通、举一反三，只要把一种学习明白了，其他版本的使用也就不再是难事了。

1.3 高效学习 Linux 系统

如何能够快速学好 Linux 呢？相信很多读者都很困扰，这也是初学者和爱好者比较关注的问题。对于 Linux 及其他的编程语言来说，掌握好学习方法和思路非常重要，会起到事半功倍的效果。

1.3.1 习惯终端操作的方式

在开始学习 Linux 之后，请抛开使用 Windows 时的思维方式，尝试使用全新的思维方式理解和学习 Linux。Linux 是由命令行组成的操作系统，而用户要在终端界面操作命令，如图 1-8 所示。因此，我们要习惯在终端中输入各种命令完成用户管理、文件管理和磁盘操作等。

图 1-8 Linux 终端界面

通过这种命令交互的方式就能实现这么多功能，好神奇啊。

在这里输入Linux命令。命令行的这种人机交互模式是Linux系统配置和管理的首选方式。所以用户要习惯在终端操作命令的方式。

1.3.2 理论与实践相结合

很多初学者在学习 Linux 命令时，会觉得自己对命令已经很熟悉了，但是在遇到实际问题时却无从下手，不知道该用什么命令解决什么问题。归根结底，就是学习的理论知识没有很好地与系统实际操作相结合。如果没有多次上机动手练习，其中的很多技巧是无法完全理解的。

人类的大脑与计算机硬盘不一样，硬盘除非被格式化或损坏，否则存储在其中的资料会一直在那里，随时可以调用。而人类必须要不断重复练习记忆才能将一件事情牢牢记住。

学习 Linux 也是同样的道理，想要提高自己的实战技能，只有勤于动手练习，才会熟能生巧。如果无法坚持学习，就会学了后面的、忘了前面的内容。当我们将整本书的知识学完后，如果长时间不用，也会忘记，所以一定要时常上机操作，如图 1-9 所示。

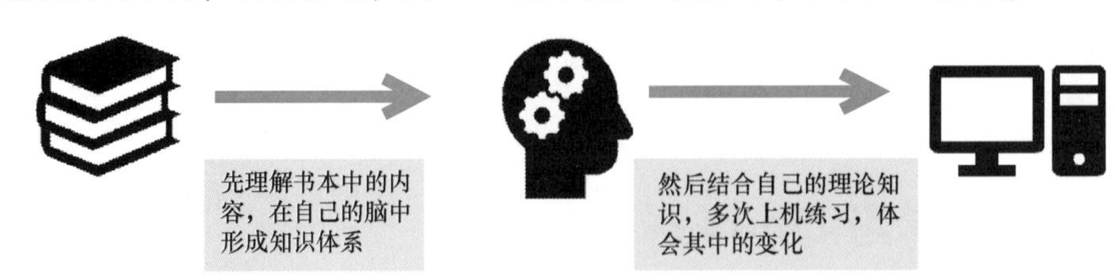

图 1-9　理论与实践相结合

1.3.3 擅于应用网络资源

在学习 Linux 的过程中，难免会遇到一些无法自行解决的问题。面对这种情况，我们上网搜索、查阅资料、浏览技术博客和论坛后，可以解决初学者会遇到的一些问题。

主流的 Linux 发行版都自带了非常详细的帮助文档，从系统安装到维护都有详尽的说明。读者通过浏览这些资料独立思考并解决问题，不但可以锻炼自己解决问题的能力，还提高了技术水平。如果问题还没有得到解决，可以询问技术高超的前辈以及相关技术人员。

下面介绍几个对新手很友好的网站。

- Linux 菜鸟教程（https：//www.runoob.com/linux/linux-tutorial.html）：提供了大量免费的在线实例以及 Linux 的基础知识，对初学者友好。
- w3cschool Linux 教程（https：//www.w3cschool.cn/linux）：相当于一个 Linux 参考手册。
- Linux 公社（https：//www.linuxidc.com）：包含了有关 Linux 的新闻、教程和安全等知识分类。
- Linux 官方社区（https：//www.linux.org）：在这里可以讨论 Linux 技术相关的内容。

安装 Linux 系统的相关建议

在安装 Linux 系统之前，大家可以去 CentOS 的官方网站上下载合适的发行版本，下载网址为 https：//www.centos.org/download/。这里主要有以下两种版本。

- CentOS Linux：是一个稳定的发行版，一般情况下推荐选择这个版本。
- CentOS Stream：滚动发布的 Linux 版本，可以体验红帽系的最新特性。

在下载页面的 CentOS Linux 中可以选择想要安装的 Linux 版本，建议安装 64 位 Linux 系统。

对于虚拟机软件，本书选择使用 VMware WorkStation。与 PC 一样，用户可以在虚拟机上安装多个操作系统。读者可以扫描右侧二维码观看详细的安装步骤。

第2章

Chapter 2

快速学习Linux常用命令

知识架构

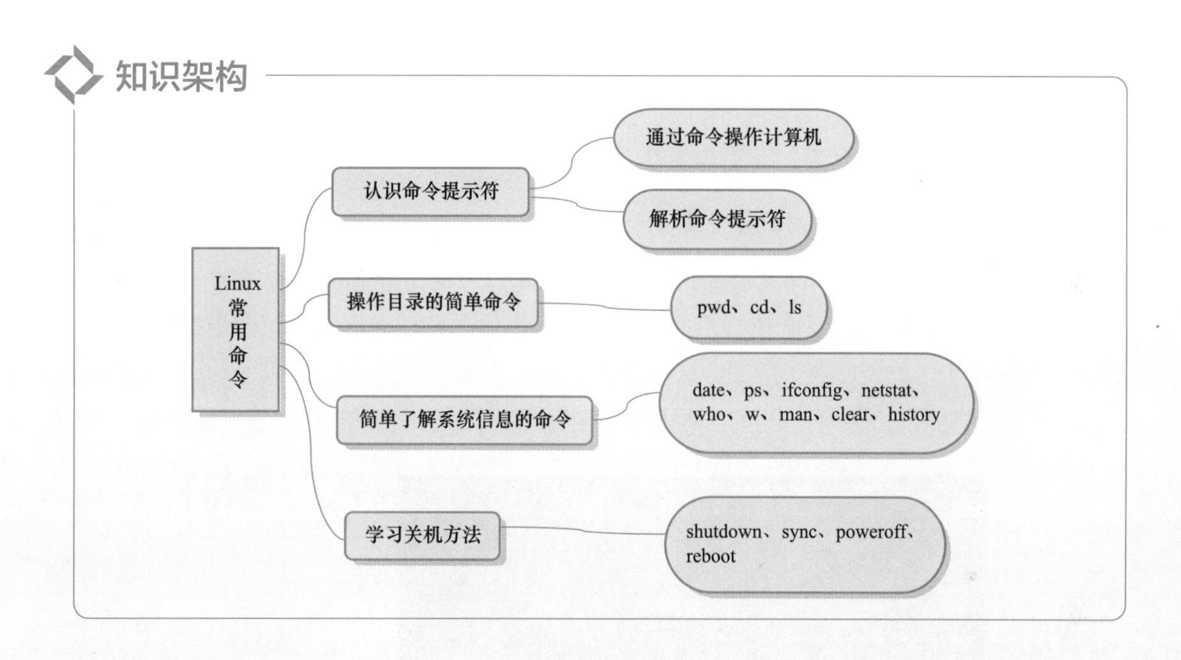

之前讲解了学习 Linux 系统首先需要掌握大量的命令。因为 Linux 很多功能是需要命令来实现的，而且使用命令简单方便。

是的，不过学习是一个循序渐进的过程，我们可以先从一些常用的基础命令开始。这样经过不断积累，就可以慢慢学会不同命令的用法了。在这里教大家认识一些 Linux 中的基础命令，以达到快速上手操作 Linux 系统的效果。

2.1 认识命令提示符

命令提示符界面是在图形用户界面普及之前使用最为广泛的用户界面之一。它通常不支持鼠标，用户通过键盘输入命令，计算机接收到命令后，继续执行。初学者或许会觉得这种界面对新手不友好，但是当用户达到熟练地应用命令阶段时就能体会到效率的显著差别。

2.1.1 通过命令操作计算机

平时大家习惯使用鼠标操作计算机，比如创建文件、移动文件等操作。在 Linux 中，这些操作都可以通过命令完成，而不需要使用鼠标。

【动手练一练】**启动终端，初识命令提示符**

登录 Linux 系统后，从图形界面启动自带的终端后，可以看到命令提示符。我们需要在这里输入命令，操作当前系统执行不同的任务。下面通过启动终端来认识命令提示符，具体操作步骤如下。

首先单击桌面左上角的 Activities 按钮，然后单击左侧的终端图标，启动终端，如图 2-1 所示。

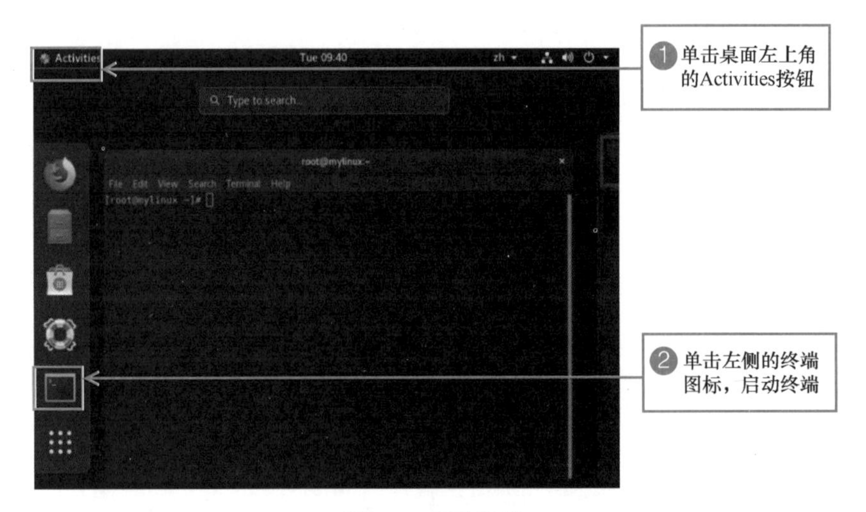

图 2-1　启动终端

之后就会显示命令提示符，白色的方块是闪烁的光标，提示用户在此处输入命令，如图 2-2 所示。

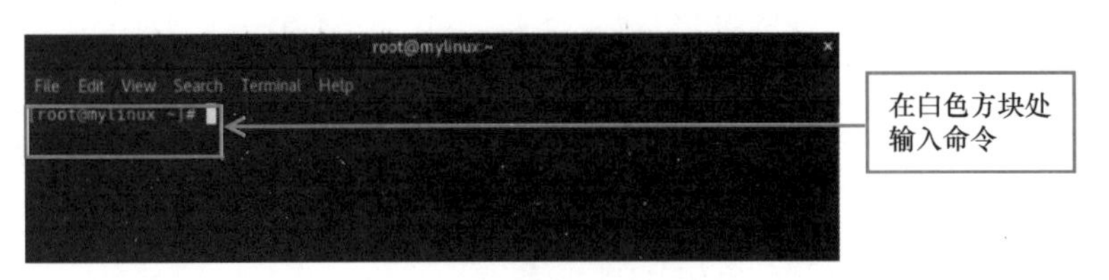

图 2-2　显示命令提示符

2.1.2 解析命令提示符

命令提示符不是命令的一部分，它只是起到一个提示作用。不同的 Linux 发行版使用的命令提示符格式大同小异。这里以 CentOS 为例，对命令提示符中的每个部分进行解析，如图 2-3 所示。

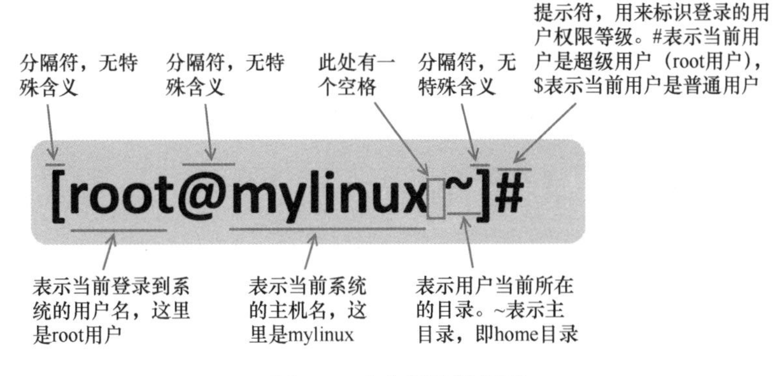

图 2-3　命令提示符解析

[用户名@主机名　当前目录]#

[用户名@主机名　当前目录] $

总结下来就是左边这两种情况。

窗口管理器的应用

窗口管理器不是桌面，只是桌面上的一个程序，主要负责窗口的风格设置，但是它们基本不会满足桌面环境的需求，没有集成大量的窗口类软件。所以，如果想在 GNOME 桌面里变换风格，可以安装 mac OS 风格的窗口管理器，或者其他窗口管理器，但这些窗口管理器在启动时禁用了 GNOME 默认的窗口管理器，因此软件还是 GNOME 桌面，只是风格变了而已。窗口管理器的工作就是协调应用程序窗口的运行方式，并在操作系统的后台自动运行以管理外观和位置运行应用程序。

常见的窗口管理器包括 AfterStep、Blackbox、Compiz、evilwm、FVWM、IceWMIon 和 Openbox（lxde 桌面默认窗口管理器）等。这些窗口管理器基本都是很小的，有的才几百 KB。用户可以在 Linux 上使用几种 Window Manager 应用。

2.2 操作目录的简单命令

入门 Linux 其实不难，在初次成功登录到 Linux 系统后，可以在命令提示符中输入一些简单的命令对目录进行操作，体会其与 Windows 系统的不同之处。Linux 中的目录就是我们常说的文件夹。在这里主要学习 pwd、cd 和 ls 命令的简单用法。

2.2.1 pwd 命令

pwd 命令用于显示用户当前所在的工作目录。用户在执行其他命令的过程中，如果想知道自己所处的目录，可以执行该命令进行查看，返回的是绝对路径的名称。

Linux pwd 命令的语法格式

```
pwd [选项]
```

以下是选项的相关说明。

- --help：在线帮助。
- --version：显示版本信息。

pwd 是词组 print working directory 的首字母缩写，意思就是打印工作目录，这样就容易记住啦。

这是一个非常基础和常用的 Linux 命令，经常会使用此命令确定当前用户所处的目录。在不同的目录中，目录名是可以重复的，所以我们可以使用 pwd 命令输出当前目录的完整路径。

【动手练一练】 查看当前所在目录

在命令提示符中输入 pwd 命令，可以看到当前用户所在的工作目录。从执行结果中可以看到当前登录到系统的用户为 root，所在的工作目录为/root，具体命令如下。

```
[root@mylinux ~]# pwd    ← 直接输入 pwd 命令
/root    ← 显示用户所在的当前目录
```

2.2.2 cd 命令

cd（change directory）命令用于切换当前工作目录。在 cd 命令后面指定路径，可以快速地切换到不同的目录下。指定的路径可以是相对路径，也可以是绝对路径（在第 3 章将介绍相对路径和绝对路径）。

另外，还可以指定一些特殊符号代替具体的路径。比如切换到根目录下，可以执行 cd / 命令。关于 Linux 中不同目录的含义，将在第 3 章介绍，这里只对 cd 命令的用法进行说明。

cd 命令是 Linux 中比较常用的一个命令，在今后学习其他命令的时候，会用到该命令切换到不同的目录。

Linux cd 命令的语法格式

```
cd [目录名称] [特殊符号]
```

以下是特殊符号的相关说明。

- ~：切换到当前用户的家目录。
- ~username：切换到其他用户的家目录，username 是用户名称。
- -：返回到上一次所在的目录。
- ..：切换到上级目录。
- /：切换到根目录。

【动手练一练】切换工作目录

使用 cd 命令从当前的~工作目录（/root）切换到/tmp 目录下，具体命令如下。

```
[root@mylinux ~]# cd /tmp    ← 从当前目录切换到/tmp 目录
[root@mylinux tmp]#          ← 显示切换后的工作目录
```

除了可以在 cd 命令后面指定一些目录名之外，还有几个特殊的目录需要读者记住，见表2-1。这样可以快速进入特定的目录中。

表 2-1　cd 命令的特殊目录

特殊目录	说　明
~	当前用户的家目录
~[用户名]	指定用户的家目录，中间没有空格
.	表示此层目录
.. 或 cd ../	表示上一层目录
/	表示根目录
-	表示前一个工作目录

【动手练一练】返回上次所在的目录

执行 cd -表示返回用户上次所在的目录（本例为用户的家目录/root），具体命令如下。

```
[root@mylinux tmp]# cd -    ← 从当前的/tmp 目录切换到上一次所在的目录
/root
[root@mylinux ~]#           ← 从/tmp 切换回了用户的家目录
```

上面介绍了 cd 命令，那接下来必须要知道的命令就是 ls 了。在使用 cd 命令切换到指定目录里之后，用户肯定想先看看这个目录里面都有什么东西，ls 命令就是用来干这个的。

嗯，之前就听说了，cd 和 ls 这两个命令在 Linux 系统里应用的频率是非常高的。

为什么说是最常用的命令呢，因为从普及程度看，即使没怎么接触过 Linux 系统的人，大多数都会知道这两个命令；而从使用频率看，这两个命令也是当之无愧的首位。

2.2.3 ls 命令

ls（list files）命令用于显示指定目录下的内容，包括目录中的子目录和文件等信息。用户所处的目录不同，执行 ls 显示的内容也会有所不同。ls 命令搭配不同的选项，显示信息的详细程度也会有所差别。

Linux ls 命令的语法格式

```
ls [选项]
```

以下是选项的相关说明。

- -l：显示子目录和文件的详细信息，包括权限、大小、日期等信息。
- -a：显示该目录下的所有子目录和文件，包括以 .（点）开头的隐藏文件。
- -d：显示目录信息。
- -t：将文件以建立时间的先后顺序显示。
- -r：将文件以相反顺序显示（原顺序以英文字母顺序排列）。

【动手练一练】显示文件信息

直接执行 ls 命令会显示该目录下的子目录和文件名称，不会显示详细信息，具体命令如下。

```
[root@mylinux ~]# ls   ←  直接执行 ls 命令,只显示了文件和目录名
anaconda-ks.cfg  Documents  initial-setup-ks.cfg  Pictures  Templates
Desktop  Downloads  Music  Public  Videos
```

执行 Linux 命令的快捷操作

在使用 Linux 命令执行一些操作时，学会搭配一些快捷用法可以提升效率。

- 〈↑〉上、〈↓〉下键：回翻历史命令。
- 〈Tab〉键：补齐未输入完整的命令和文件名。
- 〈Ctrl+C〉组合键：中断正在执行的程序。

【动手练一练】显示文件的详细信息

指定-l 选项后，除了显示名称之外，还有权限、所属用户和大小等信息，具体命令如下。

```
[root@mylinux ~]# ls -l    ← 指定-l 选项显示详细信息
total 8
-rw-------. 1 root root    1663 Sep   7 11:55 anaconda-ks.cfg
drwxr-xr-x. 2 root root    6 Sep      7 12:08 Desktop
drwxr-xr-x. 2 root root    6 Sep      7 12:08 Documents
drwxr-xr-x. 2 root root    6 Sep      7 12:08 Downloads
-rw-r--r--. 1 root root    1818 Sep   7 12:02 initial-setup-ks.cfg
drwxr-xr-x. 2 root root    6 Sep      7 12:08 Music
drwxr-xr-x. 2 root root    147 Sep    8 09:37 Pictures
drwxr-xr-x. 2 root root    6 Sep      7 12:08 Public
drwxr-xr-x. 2 root root    6 Sep      7 12:08 Templates
drwxr-xr-x. 2 root root    6 Sep      7 12:08 Videos
```

2.3 简单了解系统信息的命令

在初次登录 Linux 系统后，我们可以使用一些命令查看并了解系统的基本信息，比如系统时间、登录用户和网络情况等。学会如何阅读这些信息后，可以快速了解系统的基本情况，并熟悉基础配置。

2.3.1 date 命令

date 命令用于显示和设置系统的时间或日期。用户可以直接执行 date 命令来显示系统当前的日期和时间（默认的显示格式），也可以指定一些参数以不同的格式显示和设置时间或日期。

Linux date 命令的语法格式

```
date [选项] [+格式]
```

以下是选项和格式的相关说明。

- -u：显示目前的格林尼治标准时间。
- %H：24 小时格式显示时间（00~23）。
- %I：12 小时格式显示时间（01~12）。
- %Y：显示年份。
- %m：显示月份（01~12）。
- %d：显示每月中的第几天。
- %M：显示分钟（00~59）。
- %S：显示秒（00~59）。

【动手练一练】**显示默认的时间格式**

直接执行 date 命令会按照默认格式显示系统的当前时间，具体命令如下。

```
[root@mylinux ~]# date                    ◄----- 直接指定 date 命令
Tue Sep  8 11:55:30 CST 2021              ◄----- 显示的日期和时间格式为"星期 月 日 时:分:秒 系统时区 年"
```

date 命令还有很多设定时间或日期的格式。将不同的格式组合在一起，显示结果也会不同，大家以后在使用时要多加注意。

【动手练一练】**根据指定格式显示时间**

指定+%Y-%m-%d %H:%M:%S 表示以“年-月-日 时：分：秒”的格式显示当前系统的日期和时间，具体命令如下。

```
[root@mylinux ~]# date "+% Y-% m-% d % H:% M:% S"   ◄----- 指定格式显示日期和时间
2021-09-08 11:56:44                                ◄----- 返回的结果符合指定的格式
```

2.3.2 ps 命令

ps（process status）命令用于显示当前进程的状态，类似于 Windows 系统中的任务管理器。Linux 系统中有很多正在运行的进程，学会合理地管理这些进程可以提升系统的性能，也会帮助读者更加了解 Linux 系统。

Linux ps 命令的语法格式

```
ps [选项]
```

以下是选项的相关说明。

- -a：显示同一个终端下的所有进程信息。
- -u：显示指定用户的进程信息。

- -x：显示没有控制终端的进程。

ps 命令还有一些其他选项，是与进程相关的常用命令。不过对于初学者来说，使用这三个选项就可以快速了解系统的进程状况。

【动手练一练】**查看系统进程信息**

使用 ps 命令指定-aux 选项可以显示所有包含其他用户的进程信息，这也是查看系统进程的常用方式，具体命令如下。

```
[root@mylinux ~]# ps -aux  ◄------ 将选项组合起来显示进程信息
USER  PID  % CPU  % MEM  VSZ RSS     TTY  STAT START  TIME  COMMAND
root    1   0.0   0.7  178944 13744  ?     Ss   09:25  0:02  /usr/lib/systemd/s
root    2   0.0   0.0     0     0    ?     S    09:25  0:00  [kthreadd]
root    3   0.0   0.0     0     0    ?     I<   09:25  0:00  [rcu_gp]
root    4   0.0   0.0     0     0    ?     I<   09:25  0:00  [rcu_par_gp]
root    8   0.0   0.0     0     0    ?     I<   09:25  0:00  [mm_percpu_wq]
root    9   0.0   0.0     0     0    ?     S    09:25  0:00  [ksoftirqd/0]
root   10   0.0   0.0     0     0    ?     I    09:25  0:02  [rcu_sched]
```

2.3.3 ifconfig 命令

ifconfig 命令用于显示网卡配置信息或设置网络设备。初学者可以使用此命令查看系统当前的网卡名称、IP 地址、MAC 地址等网络信息，从而了解系统目前的网络配置情况。

Linux ifconfig 命令的语法格式

```
ifconfig [参数]
```

以下是参数的相关说明。

- [网络设备]：指定网络设备的名称。
- [IP 地址]：指定网络设备的 IP 地址。
- up：启动指定的网络设备。
- down：关闭指定的网络设备。

ifconfig 是配置网络的重要命令，使用此命令可以对系统的网络有一个基本的了解。

【动手练一练】**查看网卡配置信息**

使用 ifconfig 命令指定系统中的网卡名称 ens33，可以查询该网卡的 IP 地址。inet 参数后面指定的就是该网卡的 IP 地址，netmaks 指定的是网络掩码，具体命令如下。

```
[root@mylinux ~]# ifconfig ens33   ←-----指定网卡名称
ens33: flags=4163<UP,BROADCAST,RUNNING,MULTICAST>mtu 1500
        inet 192.168.181.128  netmask 255.255.255.0  broadcast 192.168.181.255
        inet6 fe80::9352:a50:7a2d:b1c4prefixlen 64  scopeid 0x20<link>
        ether 00:0c:29:b2:75:f7txqueuelen 1000  (Ethernet)
        RX packets 19798  bytes 20697728 (19.7 MiB)
        RX errors 0  dropped 0  overruns 0  frame 0
        TX packets 4704  bytes 301774 (294.7KiB)
        TX errors 0  dropped 0 overruns 0  carrier 0  collisions 0
```

2.3.4 netstat 命令

netstat 命令用于显示网络状态，包括 TCP 和 UDP 套接字信息、路由表以及接口状态等信息。通过这个命令用户可以得知 Linux 系统中整个网络的情况。

Linux netstat 命令的语法格式

```
netstat [选项]
```

以下是选项的相关说明。

- -a：显示网络的详细信息。
- -r：显示路由表。
- -t：显示与 TCP 相关的连接信息。
- -u：显示与 UDP 相关的连接信息。
- -i：显示网络连接信息。

在工作中，当我们需要监听端口或者查看网络连接状态信息时，是不是就可以用 netstat 命令了？

没错，netstat 命令可让用户得知整个 Linux 系统的网络情况。当系统的网络出现状况时，可以考虑使用此命令。

【动手练一练】**显示路由表信息**

执行 netstat -r 命令可以了解系统目前的路由信息，具体命令如下。

```
[root@mylinux ~]# netstat -r   ←-----显示路由表信息
Kernel IP routing table
Destination     Gateway   Genmask         Flags  MSS Window  irtt Iface
default         _gateway  0.0.0.0         UG       0      0     0 ens33
192.168.122.0   0.0.0.0   255.255.255.0   U        0      0     0 virbr0
192.168.181.0   0.0.0.0   255.255.255.0   U        0      0     0 ens33
```

2.3.5 who 命令

who 命令用于显示当前登录系统的用户终端信息，包括用户的名称、使用的终端设备、登录到系统的时间等信息。

也就是说，通过这个命令用户可以了解到有哪些已经登录到系统中的用户，包括他们的 ID、使用的终端机器、从哪里连接的、上线时间、CPU 使用量等信息。

Linux who 命令的语法格式

```
who [选项]
```

以下是选项的相关说明。

- -q：只显示登录到系统的用户名称和总人数。
- -i：显示闲置时间。
- -w：显示用户的信息状态栏。
- -H：显示各栏位的标题信息列。
- --version：显示版本信息。
- --help：显示帮助信息。

对于多用户的 Linux 系统来说，who 命令可以清楚地看到系统中有哪些用户正在上面，包括用户的上线时间、使用的终端、操作行为、用户名等信息。

【动手练一练】**查看用户登录信息**

直接执行 who 命令会显示当前登录到系统的用户信息，由于当前只有 root 这一个用户登录了系统，所以执行此命令只能看到 root 用户的登录信息，具体命令如下。

```
[root@mylinux ~]# who    ← 显示了用户名、终端设备和登录时间
root     tty2         2020-09-08 09:25 (tty2)
```

2.3.6 w 命令

w 命令用于显示目前登录系统的用户信息。执行这个命令用户可以得知当前都有哪些用户登录了系统，以及这些用户正在执行的程序。我们也可以指定某个用户名，查看与这个用户相关的信息。

Linux w 命令的语法格式

```
w [选项]
```

以下是选项的相关说明。

- -f：开启或关闭显示用户从何处登录系统。

- -h：不显示各栏位的标题信息列。
- -s：使用简洁格式列表，不显示用户登录时间，以及终端机阶段作业和程序所耗费的 CPU 时间。
- -u：忽略执行程序的名称，以及该程序耗费 CPU 时间的信息。

【动手练一练】**查看详细的登录信息**

直接执行 w 命令会显示 USER（登录用户）、TTY（终端设备）、FROM（从哪里登录）等信息，具体命令如下。

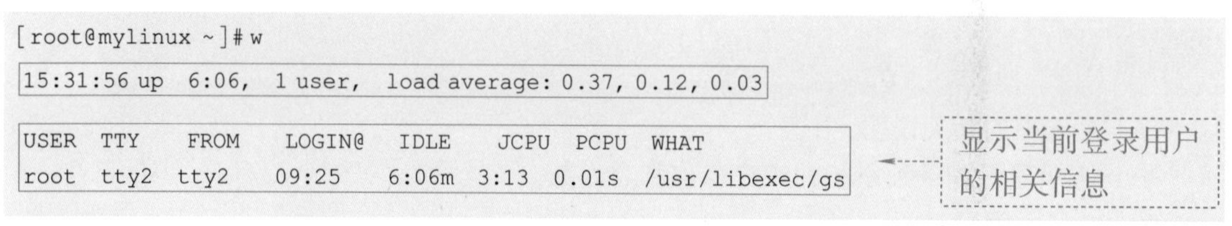

```
[root@mylinux ~]# w
15:31:56 up  6:06,  1 user,  load average: 0.37, 0.12, 0.03
USER  TTY   FROM   LOGIN@   IDLE   JCPU  PCPU  WHAT
root  tty2  tty2   09:25    6:06m  3:13  0.01s  /usr/libexec/gs
```

显示当前登录用户的相关信息

使用 w 或 who 命令都可以查看服务器上目前已登录的用户信息，那它们有什么区别吗？

两者的区别在于，w 命令除了能知道目前已登录的用户信息，还可以知道每个用户执行任务的情况。w 和 who 命令通过读取/var/run/utmp 文件中的信息获取当前系统中登录的用户信息。

【动手练一练】**只显示登录用户的信息**

执行 w -h 命令不会显示标题信息，只显示登录用户的信息，具体命令如下。

```
[root@mylinux ~]# w -h
root  tty2  tty2  09:25  6:06m  3:13  0.01s  /usr/libexec/gs
```

指定-h 不显示标题，只显示用户信息

2.3.7 man 命令

man 命令用于查看系统中的帮助手册。当用户不了解一个命令的用法时，可以使用 man 命令指定需要查询的命令名称，就能查询到系统中关于这个命令的描述以及详细的用法说明。

Linux man 命令的语法格式

```
man [选项] [命令]
```

以下是选项的相关说明。

- -a：显示 man 帮助手册中所有的匹配项。
- -f：显示给定关键字的简短描述信息。

- -P：指定内容时使用分页程序。
- -M：指定 man 手册搜索的路径。

也就是说，man 是 Linux 的帮助命令，它可以列举出命令的详细情况。这简直就是一部行走的百科全书啊！

对呀！使用它可以查阅各种命令的介绍。man 是英文单词 manual 的缩写，即手册的意思。当用户需要查看某个命令的参数时不必上网查找，只要执行 man 命令即可。用户也可以使用 man man 这条命令直接在 Linux 中查询 man 的帮助手册。

这样就不用担心各种命令的基本用法啦！原来 man 手册文件存放在/usr/share/man 目录中。

【动手练一练】**查看 ls 命令的相关用法**

若想查询 ls 这个命令的用法，可以直接在终端执行 man ls 命令，在打开的帮助手册中显示了 ls 命令的描述信息和选项信息，包括命令的解释、使用格式等，具体命令如下。

```
[root@mylinux ~]#man ls
LS(1)                    User Commands                    LS(1)
NAME
     ls - list directory contents  ←命令的简要说明
SYNOPSIS
     ls [OPTION]... [FILE]...  ←命令的格式用法
DESCRIPTION  ←命令的描述
     List information about the FILEs (the current directory by default).  Sort
     entries alphabetically if none of -cftuvSUX nor --sort is specified.
     Mandatory arguments to long options are mandatory for short options too.
     -a, --all
            do not ignore entries starting with .
     -A, --almost-all
            do not list implied . and ..
```

2.3.8 clear 命令

clear 命令用于清空当前屏幕中显示的内容。当用户执行了太多命令后，终端界面会保留很多命令记录和结果记录。这时可以使用这个命令清理当前终端显示的内容，重新开始输入命令，从而执行后续的一些操作。

【动手练一练】**查看执行 clear 命令的效果**

一般情况下直接执行 clear 命令即可，此时没有返回结果，只是把终端界面清理干净，具体如图 2-4 和图 2-5 所示。

```
root@mylinux2:~
File  Edit  View  Search  Terminal  Help
-rw-r--r--. 1 root root     34 Oct 20  2020 outfile
drwxr-xr-x. 2 root root    147 Sep  8  2020
drwxr-xr-x. 2 root root      6 Sep  7  2020
-rw-r--r--. 1 root root    385 Oct 21  2020 pwdsaa
-rw-r--r--. 1 root root    583 Oct 21  2020 pwdsab
-rw-r--r--. 1 root root    618 Oct 21  2020 pwdsac
-rw-r--r--. 1 root root    610 Oct 21  2020 pwdsad
-rw-r--r--. 1 root root    378 Oct 21  2020 pwdsae
drwxr-xr-x. 2 root root      6 Mar 23 10:37
drwxr-xr-x. 2 root root      6 Sep  7  2020
drwxr-xr-x. 2 root root      6 Sep  7  2020
[root@mylinux2 ~]# ls
anaconda-ks.cfg  file1      index.html               outfile   pwdsad
                 file1.hl   initial-setup-ks.cfg               pwdsae
                 file1.sl   ip_forward~
                 fstab.hl   ip_forwarz~              pwdsaa
                                                     pwdsab
example1.sh      hello.txt  mypasswd                 pwdsac
[root@mylinux2 ~]# cd /home
[root@mylinux2 home]# ls
[root@mylinux2 home]# cd -
/root
[root@mylinux2 ~]# clear
```

在当前终端界面执行了一些命令操作后，充满了命令和结果。在此输入“clear”命令，并按<Enter>键，就可以清屏

图 2-4　清屏之前的界面

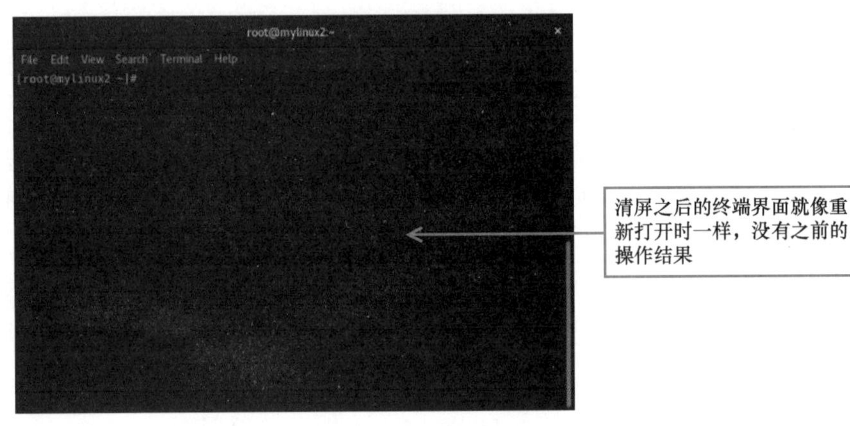

图 2-5　清屏之后的界面

2.3.9 history 命令

history 命令用于显示历史记录，即显示执行过的命令。当用户想查看终端都执行过哪些命令时，可以使用此命令，也可以通过指定选项参数显示指定的命令记录。

Linux history 命令的语法格式

```
history [选项]
```

以下是选项的相关说明。

- -c：清空当前历史命令，对命令历史文件没有影响。
- -d n：删除命令历史记录中第 n 个命令，n 表示数字。
- n：打印最近的 n 条历史命令，n 表示数字。
- -a：将历史命令缓冲区中的命令写入历史命令文件。
- -r：将历史命令文件中的命令读入当前历史命令缓冲区。

【动手练一练】**查看最近的历史记录**

如果用户想查看最近执行过的命令，可以使用 history 命令指定数字，比如 history 4 表示查看最近执行过的 4 条命令，具体命令如下。

```
[root@mylinux ~]# history 4      ← 指定数字 4,输出最近的 4 条历史命令记录
  44  ifconfig
  45  ipaddr
  46  cd ~
  47  history 4
```

执行“history 命令+指定数字”就能看到相应的历史记录条数，那这个数字最大是多少呢?

history 默认记录一千条历史命令，这个数字是由环境变量 HISTSIZE 进行控制的。这些历史命令保存在用户家目录下的“.bash_history”文件中。当用户想查找使用了哪些命令时，可以使用 history 命令。

【动手练一练】**删除某一条历史记录**

从众多历史命令记录中删除第 46 条记录，可以执行 history -d 46。从上面的执行结果中可以看出，第 46 条记录为 cd ~，删除此条记录后，历史记录发生了变化，具体命令如下。

```
[root@mylinux ~]# history-d 46     ← 删除第 46 条记录
[root@mylinux ~]# history 4        ← 再次查看最近的 4 条历史命令记录
  45  ipaddr
  46  history 4
  47  history -d 46
  48  history 4
```

当用户频繁地执行 Linux 命令时，巧妙使用历史命令记录可以大大提高生产力。当然，该命令的用法可不止这些，快去挖掘一下其他的使用技巧吧!

显示错误信息的几种可能原因

如果用户在输入命令的时候，不小心输入了错误的命令，不用担心，终端会有提示。

比如在输入“date”命令的时候错误地输入了“dat”，此时命令行会有如下提示信息。

```
[root@mylinux ~]# dat   ←---- 输入了错误的命令
bash: dat: command not found...
Failed to search for file: Cannot update read-only repo
```

由于用户输入了错误的信息，所以会返回“找不到命令”的提示信息。一般来说，出现这种提示的原因有以下几点。

- 没有安装该命令的软件包。解决方法就是执行安装命令来安装该命令的软件包。
- 当前的用户没有将这个命令所在的目录加入命令的查找路径中，从而导致命令输入错误。

2.4 学习关机方法

当多个用户在同一台主机上工作时，如果关机，其他人的数据可能就此中断。另外，在 Linux 系统中，有时候某些已经加载到内存中的数据不会直接被写回硬盘，而是先暂存到内存中。如果此时关机，数据没有被写入硬盘，就会造成数据更新的不正常。综上所述，掌握几种正确关闭 Linux 系统的方法是非常有必要的。

2.4.1 shutdown 命令

shutdown 命令可以安全地关闭或重启 Linux 系统，并在系统关闭之前给系统上的所有登录用户提示一条警告信息。该命令只能由系统管理员 root 使用。

Linux shutdown 命令的语法格式

```
shutdown [选项] [时间] [消息]
```

以下是选项的相关说明。

- -r：重启系统（常用）。
- -t：后面指定秒，设定在 *n* 秒后执行关机程序。
- -k：不会真正执行关机操作，而是向当前系统中的用户发送一条警告消息。
- -h：在系统中的服务停止后，会立即执行关机操作。
- -c：取消当前已经执行的关机操作。

【动手练一练】执行立即关机操作

执行以下命令可以实现立即关机的操作，now 相当于指定的时间是 0，具体命令如下。

```
[root@mylinux ~]# shutdown-h now    ◄---- 立即关机
```

掌握了 shutdown 命令关机用法，就可以通过命令的方式直接关机，使得操作变得更加方便快捷。另外执行 shutdown -r now 进行重启系统也是常用的操作。

【动手练一练】**设定 5 分钟后关机**

如果想在指定的时间后执行关机操作，可以在 shutdown -h 命令后面指定具体的时间，比如让系统 5 分钟后关机，可以执行 shutdown -h 5 命令，具体命令如下。

```
[root@mylinux ~]# shutdown -h 5    ◄---- 5 分钟之后关机
```

除了立即关机或重启之外，还经常会在选项后面指定具体的数字，要求 Linux 在规定的时间后关机或重启。

【动手练一练】**指定-k 选项只发送警告信息**

指定-k 选项可以向用户发送警告信息，并不会关机，具体命令如下。

```
[root@mylinux ~]# shutdown-k now 'The system will shut down later'    ◄---- 只发送警告消息
```

2.4.2 sync 命令

执行 sync 命令可以将内存中数据同步写入磁盘。普通用户执行此命令仅仅只会写入自己的数据，系统管理员 root 执行此命令会将整个系统中的数据写入磁盘。这个命令可以在系统关机或重启之前多执行几次。

【动手练一练】**同步数据**

在关机之前，可以执行 sync 命令同步数据，具体命令如下。

```
[root@mylinux ~]# sync    ◄---- 同步数据
```

2.4.3 poweroff 命令

poweroff 命令可以立即执行关闭系统的操作，默认情况下只有系统管理员 root 才可以执行此操作。普通用户无法直接执行此命令进行关机。

Linux poweroff 命令的语法格式

```
poweroff [选项]
```

以下是选项的相关说明。

- -w：不会真的关机，只是把记录写到/var/log/wtmp 文件里。
- -d：关机之前不会将记录写到/var/log/wtmp 文件里。
- -i：关机之前先停止所有网络相关的装置。
- -n：在关机之前不执行将内存数据写入硬盘的操作。

【动手练一练】**关机**

管理员可以执行 poweroff 命令进行关机，具体命令如下。

```
[root@mylinux ~]# poweroff   ←直接关机
```

2.4.4 reboot 命令

reboot 命令用于重新启动 Linux 系统。特别是用户在配置系统的过程中，有些设置需要在重启系统后才能生效。该命令也是只能 root 用户可以使用。

Linux reboot 命令的语法格式

```
reboot [选项]
```

以下是选项的相关说明。

- -n：在重新开机之前不执行将内存数据写入硬盘的操作。
- -w：不会真的重新开机，只是把记录写到/var/log/wtmp 文件里。
- -d：会重新开机，但不会将记录写到/var/log/wtmp 文件里。
- -f：强制重新开机，不呼叫 shutdown 命令。
- -i：在重新开机之前先停止所有网络相关的装置。

【动手练一练】**重启系统**

在执行配置操作的过程中需要重启系统时，直接执行 reboot 命令即可，具体命令如下。

```
[root@mylinux ~]# reboot   ←直接重新启动系统
```

在登录系统时，如果使用的是普通用户的身份，那么一定要注意哪些命令是无权操作的。在 Linux 系统中，root 用户的权限最大，所以使用此用户登录时，一定要小心操作，避免安全风险。

第3章 Linux文件与目录操作

Chapter 3

知识架构

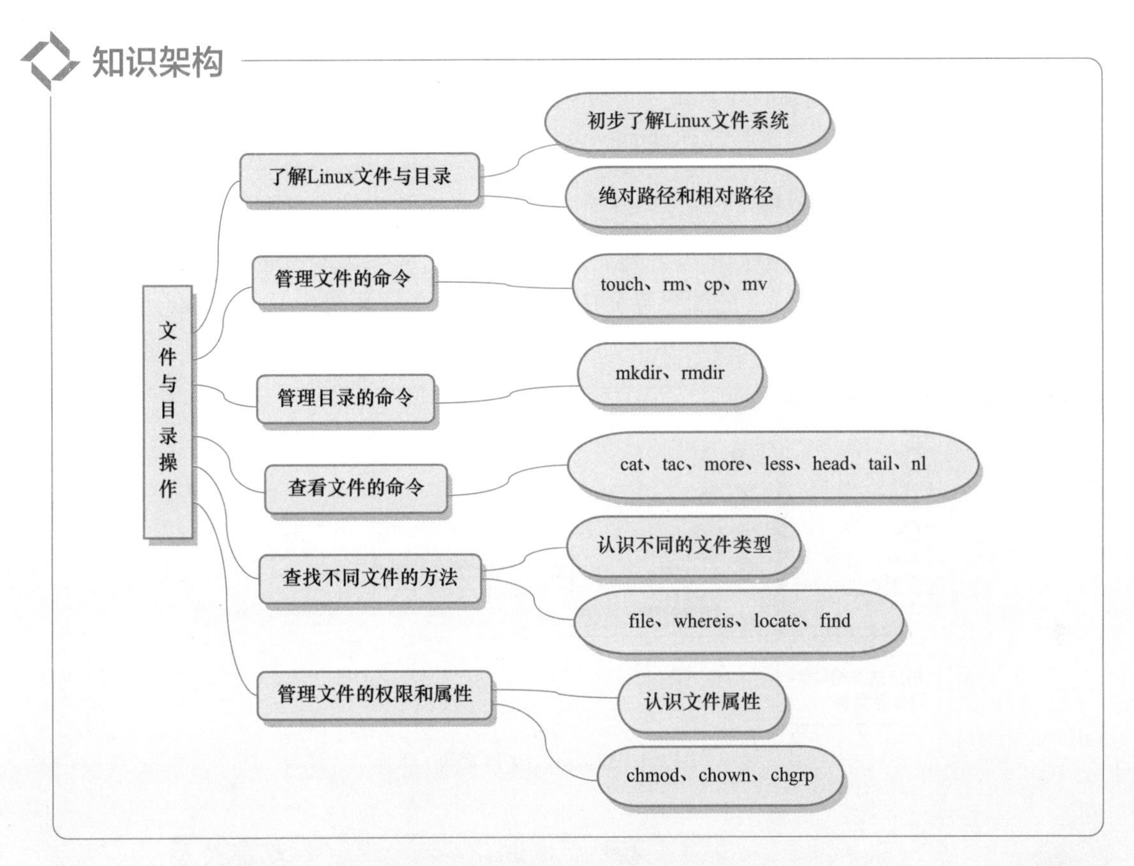

Linux 系统中的文件存储结构非常有特点，经常让初学者看得一头雾水。Linux 文件系统的顶层是由根目录构成的，在这个根目录下面可以有其他目录和文件，每一个目录中又包含了其他子目录和文件，如此反复，构成了 Linux 中庞大而又复杂的文件系统。学会管理这些文件和目录是 Linux 初学者的必备技能。即使在学习这些内容时满脑子问号也不必紧张，等大家熟悉了这种结构后就比较容易理解了。

这么一看，Linux 系统的文件系统真是庞大而又复杂，不跟着书本系统学习还真不行啊！

3.1 了解 Linux 文件与目录

相比于大家熟悉的 Windows 系统，Linux 系统中的文件存储方式很特别，它的文件系统是分层的树形结构物，顶层由根目录构成，在根目录下有其他目录和文件，每一个目录中又包含了其他子目录和文件，如此反复就构成了一个庞大而复杂的文件系统。

3.1.1 初步了解 Linux 文件系统

Linux 文件系统与 Windows 文件系统有很多差异。在 Linux 系统中所有的东西都是文件（没有 C 盘、D 盘等盘符的概念），是一个树状的结构，查找文件需要从根目录（/）开始，然后依次进入文件所在的目录，比如/home/user01/。

Linux 两种文件系统的对比

在 Windows 的文件系统中，可以看到“本地磁盘（C:）”“本地磁盘（D:）”等盘符标识，如图 3-1 所示。在 Linux 的图形界面中，可以看到文件系统中只有 Home、Documents 等字样，没有盘符标识，如图 3-2 所示。

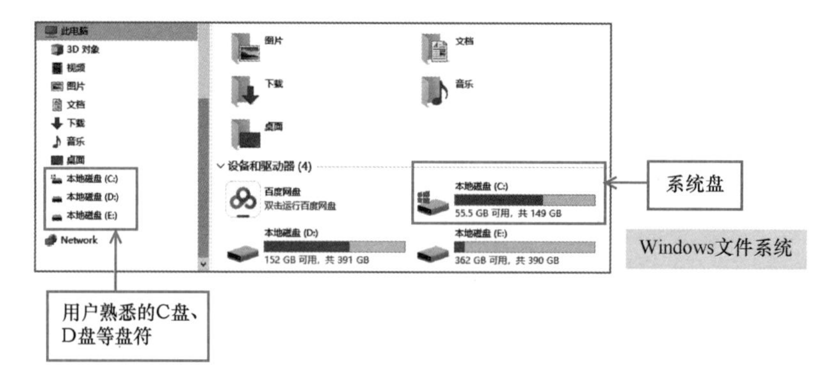

图 3-1 Windows 文件系统

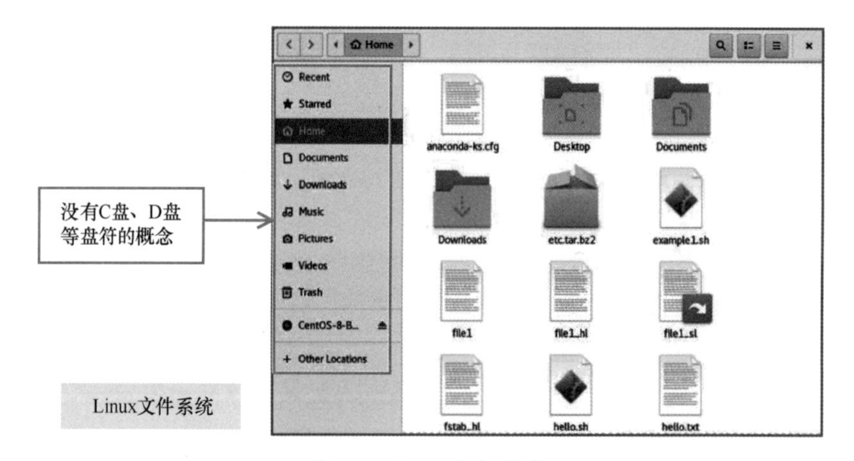

图 3-2 Linux 文件系统

Linux 中目录的概念相当于 Windows 中的文件夹，目录中既可以存放文件也可以存放子目录（子文件夹），文件中存储的是真正的信息。Linux 系统中的文件和目录名称是区分大小写的，比如 File1 和 file1 就是两个不同的文件。完整的目录或者文件路径是由目录名构成的，每一个目录名之间使用"/"来分隔，比如/home/user01/路径。

Linux Linux 系统中常见的目录

Linux 系统中最高层的是根目录（/），在这个目录下面规定了一些主要的目录，以及这些目录中应该存放的文件或者子目录，如图 3-3 所示。

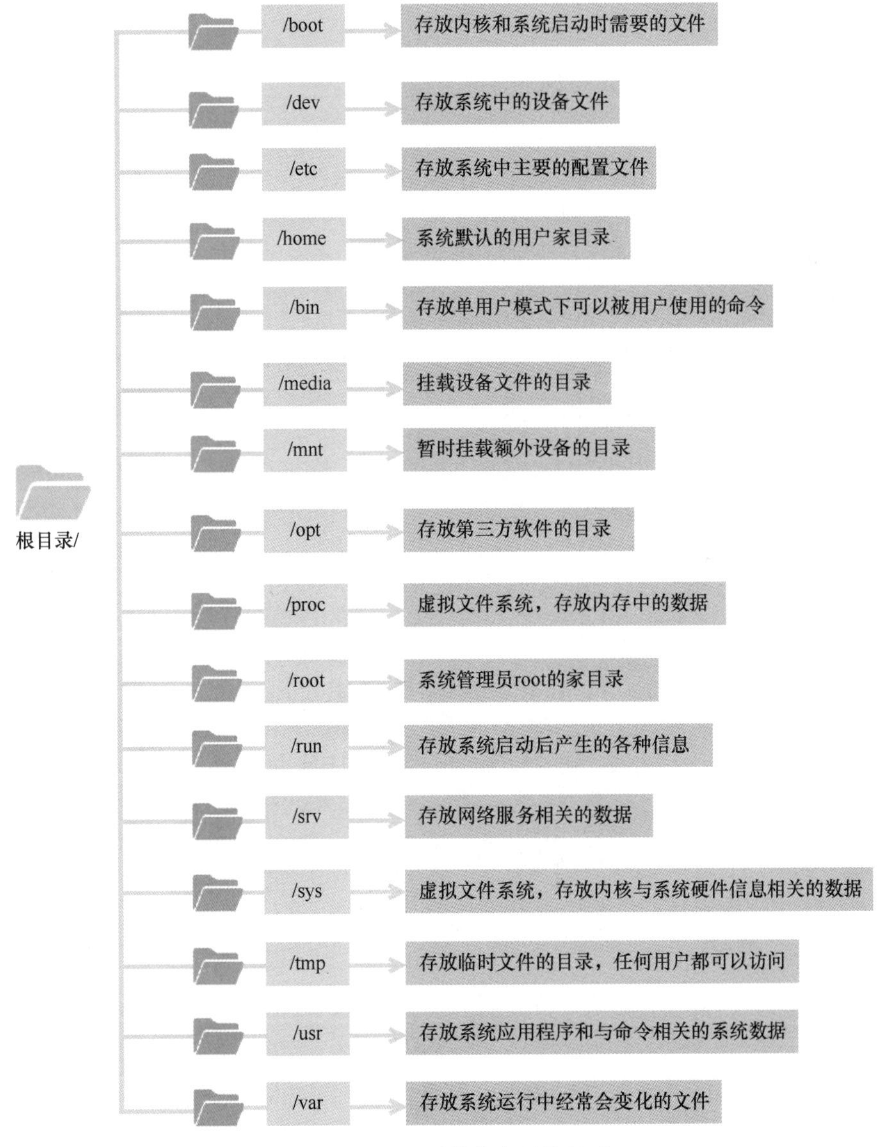

图 3-3　Linux 系统中常见的目录

这么多目录我一下子根本记不住，这可怎么办？

不用担心，现在记不住没关系。在之后的学习中，会经常接触到不同的目录，慢慢就会了解不同目录存放的数据是什么了。

3.1.2 绝对路径和相对路径

无论是查找文件还是进入某个目录中，都需要确定路径，然后通过路径定位到指定的文件。Linux 采用的是目录树的文件结构，在 Linux 下每个文件或目录都可以从根目录开始查找。

路径有绝对路径和相对路径之分。绝对路径就是从根目录（/）开始以全路径的方式查找文件或目录。注意，绝对路径一定要以“/”开头。相对路径指的是相对于用户当前所在目录的路径。这两种方式各有其优缺点。

Linux 指定绝对路径和相对路径的方式

在下面的目录结构中，如果要进入目录 Log 中，或者进入文件 Day_ log 所在的目录中，应该如何使用相对路径和绝对路径进行指定呢？目录结构示例如图 3-4 所示。

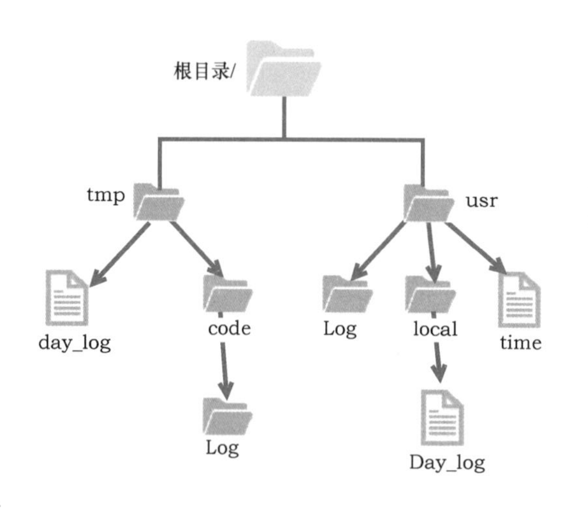

对比相对路径，绝对路径的正确度比较好，一旦用户正确指定了绝对路径，那么就不会出错。而相对路径则更加方便，但是可能会因为执行的工作环境不同出现错误。

图 3-4　目录结构示例

假设当前用户的工作目录为/tmp，以下是使用 cd 命令进入 code 目录下的 Log 目录中有关绝对路径和相对路径的指定方式。

你看，这两种路径的指定方式区别很明显。使用绝对路径就要补全 Log 目录之前的所有目录，而相对路径就不需要这样做。

确实是这样，这样对比，就更容易理解了。

如果当前用户的工作目录在/usr/Log 中，想要查看 Day_log 文件中的内容，就需要明确其所在的路径，然后使用 cat 命令查看文件内容。

Linux 文件系统采用的是这种层级式的树状结构，只要我们理顺了各层目录之间的层级关系，就可以熟练地使用相对路径的方式指定目录了。

感觉 Linux 系统中有这么多目录，太复杂了。

其实你只要记住，在 Linux 系统中，一切从“根（/）”开始，就容易理解多了。“/”是所有目录的起点，相对路径就是相对于当前路径下的路径，绝对路径就是以根为起点的路径。

3.2 管理文件的命令

在学习 Linux 系统时，需要明确一点：Linux 系统中的一切都是文件。因此在 Linux 系统的日常维护工作中，需要了解文件的创建、删除、修改和复制等操作。文件是 Linux 中非常重要的存在，包括用户自己家目录中的数据，这些都是需要用户注意并管理的部分。

3.2.1 touch 命令

touch 命令用于创建空白文件或者修改文件的时间属性（包括存取时间和更改时间），也可以使用该命令同时创建多个文件。

在 Linux 系统中要摆脱通过鼠标创建文件的思维方式，掌握并适应使用命令创建文件的方式。

Linux touch 命令的语法格式

```
touch [选项] 文件名
```

以下是选项的相关说明。

- -a：仅修改 atime（access time，读取时间）。当文件内容被读取时就会更新读取时间。
- -m：仅修改 mtime（modification time，修改时间）。当文件内容被修改时会更新这个修改时间。
- -d：自定义日期代替当前的时间或者使用“--date=时间或日期”的方式。
- -t：使用指定的格式（[[CC]YY]MMDDhhmm[.ss]）修改文件。其中，CC 表示世纪，YY 表示年份，MM 表示月，DD 表示日，hh 表示小时，mm 表示分钟，ss 表示秒。

【动手练一练】**创建一个空白文件**

在当前用户所在的工作目录/home/user01 中，使用 touch 命令创建空白文件 testfile，并查看其详细信息，具体命令如下。

```
[root@mylinux ~]# pwd                    ←查看当前所在目录
/home/user01
[user01@mylinux ~]$ touch testfile       ←创建一个空白文件
[user01@mylinux ~]$ ls -l testfile       ←查看文件的详细信息
-rw-rw-r--. 1 user01 user01 0 Sep 25 17:03 testfile
```

终于知道 Linux 中的文件是怎么创建的了。

【动手练一练】**同时创建三个空白文件**

在/home/user01 中使用 touch 命令同时创建三个空白文件 study1、study2 和 study3，具体命令如下。

```
[user01@mylinux ~]$ touch study1 study2 study3    ←同时创建三个空白文件
[user01@mylinux ~]$ ls -l study*

-rw-rw-r--. 1 user01 user01 0 Sep 25 17:04 study1
-rw-rw-r--. 1 user01 user01 0 Sep 25 17:04 study2    ←三个文件的详细信息
-rw-rw-r--. 1 user01 user01 0 Sep 25 17:04 study3
[user01@mylinux ~]$
```

除了这种创建文件的方式，还可以使用 touch 命令在后面指定 study{1..3}。这种方式特别适合文件名相同但数字编号不同的文件。

【动手练一练】**查看隐藏文件.bashrc 的三个时间**

默认情况下，使用 ls 命令显示的文件时间是 mtime。除了 atime 和 mtime 之外，还有一个 ctime（change time，状态修改时间）。下面使用两种方式查看隐藏文件.bashrc 的这三个时间，具体命令如下。

```
[user01@mylinux ~]$ stat .bashrc    ←使用 stat 命令查看隐藏文件的三个时间信息
  File: .bashrc
  Size: 312Blocks: 8          IO Block: 4096   regular file
Device: fd00h/64768dInode: 890230       Links: 1
Access: (0644/-rw-r--r--)Uid: ( 1000/  user01)  Gid: ( 1000/  user01)
Context: unconfined_u:object_r:user_home_t:s0
Access: 2020-09-27 09:19:01.659883435 +0800    ←atime
Modify: 2019-05-11 08:16:55.000000000 +0800    ←mtime

Change: 2020-09-07 11:54:45.246858523 +0800    ←ctime
                                                 使用命令组合的方式查看文件信息，如图 3-5 所示
Birth: -
[user01@mylinux ~]$ date;ll .bashrc;ll --time=atime .bashrc;ll --time=ctime .bashrc
Sun Sep 27 09:41:23 CST 2020     //显示当前的时间
-rw-r--r--. 1 user01 user01 312 May 11  2019 .bashrc    ←mtime
-rw-r--r--. 1 user01 user01 312 Sep 27 09:19 .bashrc    ←atime
-rw-r--r--. 1 user01 user01 312 Sep  7 11:54 .bashrc    ←ctime
```

当用户需要在一行同时写入多个命令时，可以使用分号分隔命令，这样命令会按照先后顺序依次被执行。就像上面这样使用了三个分号分隔命令一样。

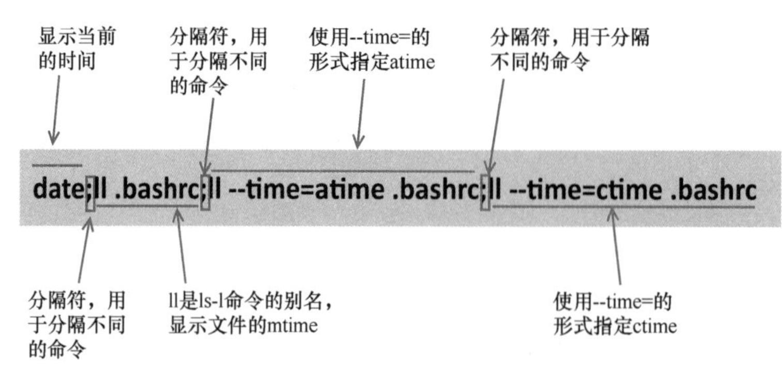

图 3-5　命令解析

【动手练一练】**修改文件的 mtime 属性**

在了解了文件的三个时间后，下面使用 touch 命令修改文件的 mtime 属性。这里使用-t 选项指定一个新的时间格式，比如指定 201906061314.32 表示 2019 年 6 月 6 日 13 点 14 分 32 秒，具体命令如下。

```
[user01@mylinux ~]$ ls -l testfile          ←查看文件修改之前的时间
-rw-rw-r--. 1 user01 user01 0 Sep 25 17:03 testfile
[user01@mylinux ~]$ touch -t 201906061314.32 testfile   ←指定新的 mtime 时间属性
[user01@mylinux ~]$ ls -l testfile
-rw-rw-r--. 1 user01 user01 0 Jun  6  2019 testfile   ←再次查看文件的 mtime 时间
[user01@mylinux ~]$
```

在 Linux 中使用 touch 命令竟然连时间属性都能修改，真是没想到。

3.2.2　rm 命令

rm（remove）命令用于删除文件或目录。在 Linux 系统中使用 rm 命令删除文件时，默认会出现询问是否删除的信息。

在 Linux 系统中，删除文件的操作只能是通过命令实现的（而非操作鼠标），这与 Windows 系统是全然不同的。

Linux　rm 命令的语法格式

```
rm [选项] [文件或目录]
```

以下是选项的相关说明。

- -f：忽略不存在的文件，不会出现警告信息。

- -i：每次执行删除操作之前都会有询问信息。
- -r：递归删除操作，将指定目录下的文件和子目录逐一删除。常用于目录的删除操作。

【动手练一练】**删除 testfile 文件**

在当前用户的家目录中使用 rm 命令删除 testfile 文件。当需要删除多个文件时，直接在 rm 命令后面指定多个文件的名称就可以了，具体命令如下。

```
[user01@mylinux ~]$ ls
Desktop    Downloads  Pictures  study1  study3    testfile   ←准备删除的文件
Documents  Music      Public    study2  Templates  Videos
[user01@mylinux ~]$ rm testfile   ←删除 testfile 文件
[user01@mylinux ~]$ ls
Desktop    Downloads  Pictures  study1  study3    Videos
Documents  Music      Public    study2  Templates
```

要是不小心使用 rm 删除了重要的文件怎么办？

rm 是一个危险的命令，删除是不可逆的，删除文件之前一定要再三确认。为了避免误删，最好提前备份重要的文件。

【动手练一练】**以询问的方式删除文件**

使用 rm 命令指定-i 选项删除文件时会出现询问信息，比如删除文件 study2，会出现是否删除常规空文件的询问信息，输入“y”就会删除这个文件，输入“n”则不删除该文件。

```
[user01@mylinux ~]$ ls
Desktop    Downloads  Pictures  study1  Templates
Documents  Music      Public    study2  Videos
[user01@mylinux ~]$ rm -i study2   ←以询问的方式让用户确认是否删除 study2 文件
rm: remove regular empty file 'study2'? y   ←输入“y”表示同意删除文件
[user01@mylinux ~]$ ls
Desktop    Downloads  Pictures  study1    Videos
Documents  Music      Public    Templates
```

3.2.3 cp 命令

cp（copy file）命令用于复制文件或目录。这是一个很常用也很重要的命令。不同身份的用户（root 和普通用户）执行 cp 命令产生的结果也有所不同。

Linux cp 命令的语法格式

```
cp [选项] 源文件 目标文件
```

以下是选项的相关说明。

- -a：相当于-dpr 选项的组合，常用于复制目录（包括其中的内容），保留链接、文件属性。
- -d：如果源文件是链接文件，会复制链接文件而不是文件本身，相当于 Windows 系统中的快捷方式。
- -p：除了复制文件的内容之外，还会将文件的属性（访问权限、所属用户、修改时间）一同复制。
- -r：递归复制，即源文件如果是一个目录，则会复制该目录下所有的文件和子目录。
- -f：如果目标文件已经存在且无法打开，将会删除并重试。
- -i：如果目标文件已经存在，在覆盖时会有询问信息。

【动手练一练】将当前目录下的文件 study2 复制到/tmp/dir1 目录下

将当前目录下的文件 study2 复制到/tmp/dir1 目录下。完成复制操作后，可以看到文件的修改时间并没有一起被复制过来。如果想把文件的属性等信息一起复制，指定-a 选项即可，具体命令如下。

```
[user01@mylinux ~]$ cp study2 /tmp/dir1        ←复制文件
[user01@mylinux ~]$ ls -l study2        ←查看源文件信息
-rw-rw-r--. 1 user01 user01 18 Sep 27 11:33 study2
[user01@mylinux ~]$ ls -l /tmp/dir1/study2        ←查看目标文件信息
-rw-rw-r--. 1 user01 user01 18 Sep 27 14:08 /tmp/dir1/study2
```

3.2.4 mv 命令

mv（move file）命令用于移动文件或目录到其他位置。另外，使用此命令还可以实现重命名的效果。

Linux mv 命令的语法格式

```
mv [选项] 源文件 目标文件
```

以下是选项的相关说明。

- -i：在目标文件存在的情况下，会询问是否执行覆盖操作。
- -f：在目标文件存在的情况下不会询问，而是直接覆盖。
- -n：不覆盖已存在的文件或目录。
- -u：当源文件比目标文件新或者目标文件不存在时，才会执行移动操作。

【动手练一练】**将当前目录下的文件 study1 移动到/tmp/dir1 目录下**

下面介绍将当前目录下的文件 study1 移动到/tmp/dir1 目录下的方法，具体命令如下。

```
[user01@mylinux ~]$ mv study1 /tmp/dir1
[user01@mylinux ~]$ ls /tmp/dir1      ← 从当前路径下移动文件至/tmp/dir1 目录中
study1  study2
```

需要注意，与 rm 命令类似，mv 命令也是一个具有破坏性的命令。如果使用不当，很可能会给系统带来灾难性的后果。在移动文件时，要注意目标位置是否会覆盖这个文件。如果源文件和目标文件在同一目录中，那就是重命名，目录也可以按照同样的方法重命名。

【动手练一练】**移动多个文件**

如果想将多个文件移动到指定的目录中，可以在 mv 命令后指定多个文件的名字。下面将文件 newfile 和 study2 移动到目录 mvdir 中，具体命令如下。

```
[user01@mylinux dir1]$ ls
mvdir  newfile  study2
[user01@mylinux dir1]$ mv newfile study2 mvdir      ← 同时移动两个文件
[user01@mylinux dir1]$ ls
mvdir
[user01@mylinux dir1]$ ls -lmvdir
total 8
-rw-rw-r--. 1 user01 user01 18 Sep 27 14:37 newfile
-rw-rw-r--. 1 user01 user01 18 Sep 27 11:33 study2      ← 查看移动后的文件信息
```

如果用户想知道在移动过程中到底有哪些文件进行了移动，可以使用-v 选项来查看详细的移动信息。

【动手练一练】**文件重命名**

在当前目录下将 study1 文件重命名为 newfile，具体命令如下。

```
[user01@mylinux dir1]$ mv study1 newfile      ← 重命名文件
[user01@mylinux dir1]$ ls
newfile  study2      ← 文件已重命名成功
```

习惯了 Windows 系统中那种图形界面中对文件的重命名操作，Linux 系统中这样通过命令进行重命名的方式真是十分新奇。

3.3 管理目录的命令

在了解了文件的管理命令后，再来学习目录的相关管理命令就比较容易了。在 Linux 系统中，目录其实就是一种特殊的文件，它可以存放文件和子目录。本节将学习有关目录的创建、删除等命令操作。

3.3.1 mkdir 命令

mkdir（make directory）命令用于创建一个或多个新目录。默认情况下，目录需要一层一层地建立。如果想一次性创建多层目录，需要配合指定的选项。

Linux mkdir 命令的语法格式

```
mkdir [选项] 目录名称
```

以下是选项的相关说明。

- -p：递归创建目录，一次可创建多层目录。
- -m：创建目录的同时设置目录的权限。

【动手练一练】**创建一个目录**

在只创建一个目录的情况下，直接使用 mkdir 命令指定目录名称就可以了，具体命令如下。

```
[root@mylinux dir1]# mkdir mklinux      ◄------ 在当前路径下创建目录 mklinux
[root@mylinux dir1]# ls
mklinux   mvdir  ◄------ 已创建好的目录
```

mkdir 命令经常会与-p 选项搭配使用，可以一次性创建多个目录，省时又省力。

我学明白了，touch 是创建文件的命令，mkdir 是创建目录的命令，它们都可以一次性创建多个文件或目录。

【动手练一练】**创建多层目录**

当用户创建多层目录的时候，需要指定-p 选项才不会报错。下面在 dir1 目录下创建

dir2/dir3/dir4 目录结构，具体命令如下。

```
[root@mylinux dir1]# mkdir dir2/dir3/dir4        不指定-p 选项创建时，出现错误提示信息
mkdir: cannot create directory 'dir2/dir3/dir4': No such file or directory
[root@mylinux dir1]# mkdir -p dir2/dir3/dir4     ← 指定-p 选项创建多层目录结构
[root@mylinux dir1]# ls
dir2  mklinux  mvdir   ← 成功在 dir1 目录中创建 dir2 目录
[root@mylinux dir1]# cd dir2
[root@mylinux dir2]# ls
dir3   ← 成功在 dir2 目录中创建 dir3 目录
[root@mylinux dir2]# cd dir3
[root@mylinux dir3]# ls
dir4   ← 成功在 dir3 目录中创建 dir4 目录
```

3.3.2 rmdir 命令

rmdir（remove directory）命令用于删除空目录。使用指定的选项可以连同子目录一起删除。如果用户想要删除非空目录，就使用 rm 命令。

Linux rmdir 命令的语法格式

```
rmdir [选项] 目录名称
```

以下是选项的相关说明。

- -p：删除子目录和它的上一层空目录。

rm 和 rmdir 都有删除文件的功能，看来要小心使用这两个命令了。

在执行删除操作时，需要注意 rmdir 和 rm -r 的用法。尤其是 rm -r，它会删除非空目录中的所有文件，使用时需要特别注意。

【动手练一练】**删除空目录**

如果一个目录里面是空的（不包含任何文件和子目录），就可使用 rmdir 命令直接将其删除。下面在 dir1 目录中删除空目录 mklinux，具体命令如下。

```
[root@mylinux dir1]# ls
dir2  mklinux  mvdir     ← 待删除的空目录
[root@mylinux dir1]#rmdir mklinux   ← 删除指定的空目录
```

```
[root@mylinux dir1]# ls      ← 使用 ls 命令可以看到已删除指定的空目录
dir2 mvdir
```

rmdir 命令只能删除空目录，非空的目录不能使用这个命令删除吗？

对，rmdir 不能删除非空的目录，如果想删除非空的目录则要用 rm -r 命令。所以以后在使用删除命令时需要注意这两个命令的区别。

【动手练一练】 **删除多层空目录**

已知目录 dir1 中包含了多个子目录，其中 dir2 里面包含了空目录 dir3，dir3 中包含了空目录 dir4，目录结构为 dir2/dir3/dir4。对于这种情况，无法直接使用 rmdir 命令对其删除，这时需要指定-p 选项才能将 dir2、dir3、dir4 目录全部删除，具体命令如下。

```
[root@mylinux dir1]#rmdir dir2
rmdir: failed to remove 'dir2': Directory not empty      ← 直接删除会出现错误提示信息
[root@mylinux dir1]# rmdir -p  dir2/dir3/dir4      ← 指定-p 选项后则删除成功
[root@mylinux dir1]# ls
mvdir
```

只要指定-p 选项就能删除这么多层空目录，还真是省时又省力啊。

【动手练一练】 **递归删除非空目录**

如果想要删除非空目录中的所有文件，可以使用 rm -r 递归删除目录。mvdir 目录中包含了两个文件 newfile 和 study2，以及一个子目录 studir，使用 rm -r 删除 mvdir 目录时，会逐层出现询问信息，输入“y”表示删除，具体命令如下。

```
[root@mylinux dir1]# ls
file1  mvdir      ← 在 dir1 目录中包含了 mvdir 目录
[root@mylinux dir1]# ll mvdir      ← mvdir 目录中包含了两个文件和一个目录
total 8
-rw-rw-r--. 1 user01 user01 18 Sep 27 14:37 newfile      ← 文件
drwxr-xr-x. 2 root   root    6 Sep 28 10:01 studir      ← 目录
-rw-rw-r--. 1 user01 user01 18 Sep 27 11:33 study2      ← 文件
```

```
[root@mylinux dir1]# rm -r mvdir    ←使用 rm -r 删除非空目录
rm: descend into directory 'mvdir'? y
rm: remove regular file 'mvdir/newfile'? y
rm: remove regular file 'mvdir/study2'? y      ←逐层询问是否删除，输入“y”表示同意删除
rm: remove directory 'mvdir/studir'? y
rm: remove directory 'mvdir'? y
[root@mylinux dir1]# ls
file1
```

从字面上看，rm 和 rmdir 都可以删除，区别在于 rmdir 只能直接删除空目录，而 rm 是直接删除所有目录。

说得没错，如果要删除非空目录，rmdir 会给出提示，而 rm 就会直接将其删除。尤其是 rm -r，使用时一定要慎之又慎。

3.4 查看文件的命令

在 Linux 系统中，文件管理除了包含文件的创建、删除和移动等之外，还需要了解文件的内容。掌握查看文件内容的技巧后，再对编辑配置文件就变得比较轻松了。本节将要学习的查看文件内容的相关命令也是以后经常会用到的命令。

3.4.1 cat 命令

cat（concatenate）命令用于直接查看文件内容，适合文件内容较少的情况。使用这个命令可以将文件中的具体内容从开始到结束连续显示在屏幕上。

Linux cat 命令的语法格式

```
cat [选项] 文件名
```

以下是选项的相关说明。

- -b：显示非空白行的行号，空白行不进行标号。
- -n：显示所有行的行号，包括空白行。
- -E：在每一行的结尾显示 $ 符号。
- -T：以^I 的形式显示文本中的 Tab 键。

- -v：显示一些特殊字符。
- -A：相当于-vET 选项的组合，可以显示一些特殊字符。

【动手练一练】 **显示文件内容**

下面使用 cat 命令直接查看/etc/networks 配置文件中的内容，具体命令如下。

```
[root@mylinux ~]# cat /etc/networks      ←---- 查看文件内容

default 0.0.0.0
loopback 127.0.0.0                        ←---- 文件中的内容
link-local 169.254.0.0
```

cat 命令适合行数较少的文件，如果超过40行，查看起来会有一些不方便。用户通常使用这个命令查看一些内容较少的文件。

【动手练一练】 **以行号的形式显示文件内容**

下面介绍指定-n 选项以行号的形式显示文件内容的命令，具体命令如下。

```
[root@mylinux ~]# cat -n /etc/networks
     1  default 0.0.0.0       ←---- 以行号的形式显示文件内容
     2  loopback 127.0.0.0
     3  link-local 169.254.0.0
[root@mylinux ~]#
```

3.4.2 tac 命令

tac 命令用于反向显示文件内容，也就是从最后一行反向显示到第一行。之前介绍的 cat 命令是从第一行开始显示到最后一行。

Linux tac 命令的语法格式

```
tac 文件名
```

无论是从命令的名字还是功能上来看，tac 和 cat 这两个命令都是相反的。

【动手练一练】 **反向显示文件内容**

这里还是以/etc/networks 文件为例，使用 tac 命令查看文件内容，具体命令如下。

```
[root@mylinux ~]# tac /etc/networks      ←---- 反向查看文件内容
link-local 169.254.0.0     ←---- 将文件中的最后一行作为第一行显示
loopback 127.0.0.0
default 0.0.0.0
```

3.4.3 more 命令

more 命令以翻页的形式查看文件的内容，适合在文件内容较长时使用。文件内容是从开始到结束依次显示的。more 命令的格式也非常简单，查看内容较多的文件时，可以考虑使用此命令。

Linux　more 命令的语法格式

```
more 文件名
```

【动手练一练】**查看长文件内容**

下面使用 more 命令查看文件 anaconda-ks.cfg。如果文件内容的行数大于屏幕指定输出的行数，就可以在屏幕的底部看到 More 以及百分比字样，这个百分比表示已经显示的百分比，具体命令如下。

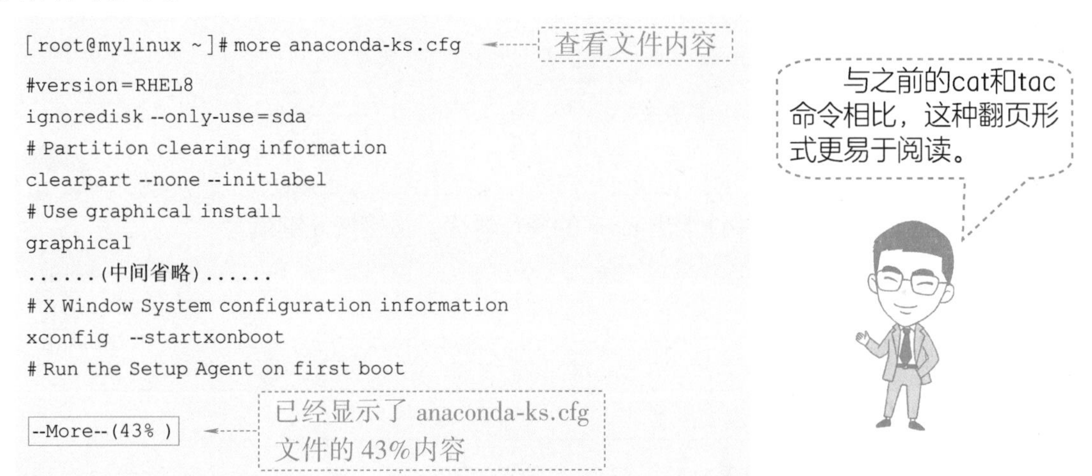
[root@mylinux ~]# more anaconda-ks.cfg
查看文件内容
#version=RHEL8
ignoredisk --only-use=sda
Partition clearing information
clearpart --none --initlabel
Use graphical install
graphical
......(中间省略)......
X Window System configuration information
xconfig --startxonboot
Run the Setup Agent on first boot
--More--(43%)
已经显示了 anaconda-ks.cfg 文件的 43%内容
与之前的cat和tac命令相比，这种翻页形式更易于阅读。

当屏幕上显示了百分比后，用户可以通过指定的按键显示剩下的内容或者查找指定的字符串。

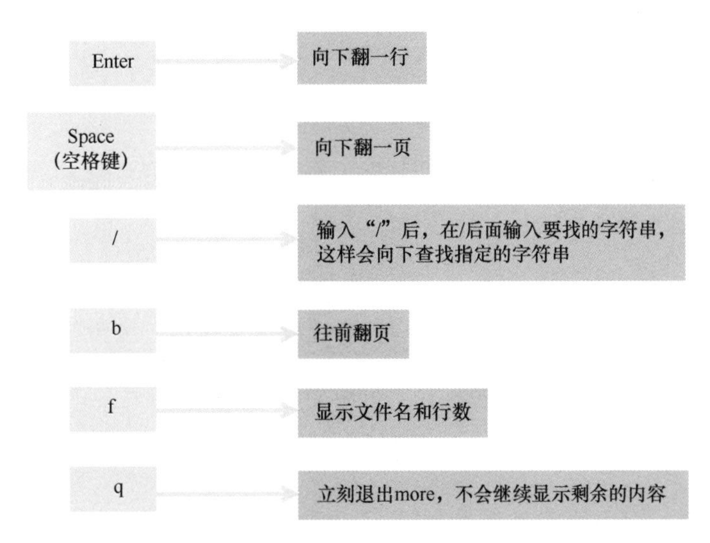
Enter
向下翻一行
Space
(空格键)
向下翻一页
/
输入“/”后，在/后面输入要找的字符串，这样会向下查找指定的字符串
b
往前翻页
f
显示文件名和行数
q
立刻退出more，不会继续显示剩余的内容

【动手练一练】 **查找字符串**

想要在一篇很长的文本中找到关键词，可以使用 more 命令的查找字符串功能。它会从当前位置向下查找这个字符串，然后显示带有关键词的那一页，具体命令如下。

```
[root@mylinux ~]# more anaconda-ks.cfg
#version=RHEL8
ignoredisk --only-use=sda
# Partition clearing information
clearpart --none --initlabel
# Use graphical install
graphical
......(中间省略)......
# X Window System configuration information
xconfig  --startxonboot
# Run the Setup Agent on first boot
/services    ← 先输入"/",再输入要查找的字符串 services,然后按〈Enter〉键
```

完成查找操作或者想中途退出 more 的操作界面，直接按 q 键就可以了。是不是很方便！

3.4.4 less 命令

less 命令不仅可以向后翻看文件，还可以向前翻看文件，而 more 命令则只能向后翻看文件。与 more 命令相比，less 命令的操作方式会更多，可以随意浏览文件内容。

Linux less 命令的语法格式

```
less 文件名
```

more 与 less 不仅含义相反，在实现的功能上大体也是相反的。

【动手练一练】 **查看文件内容**

使用 less 命令查看文件 anaconda-ks.cfg 的内容时，屏幕的底部不再是显示百分比，而是显示文件名。当用户滚动光标时，最后一行就会变成冒号（:），表示等待用户输入命令。

```
[root@mylinux ~]# less anaconda-ks.cfg    ← 使用 less 命令查看文件内容
#version=RHEL8
ignoredisk --only-use=sda
# Partition clearing information
clearpart --none --initlabel
......(中间省略)......
# Run the Setup Agent on first boot
```

```
firstboot --enable
# System services
services --disabled="chronyd"
:   ◄------ 滚动光标至最后一行时，底部变成冒号(:)，等待用户输入命令
```

与 more 命令相比，less 在最后一行可以执行的操作方式会更多。

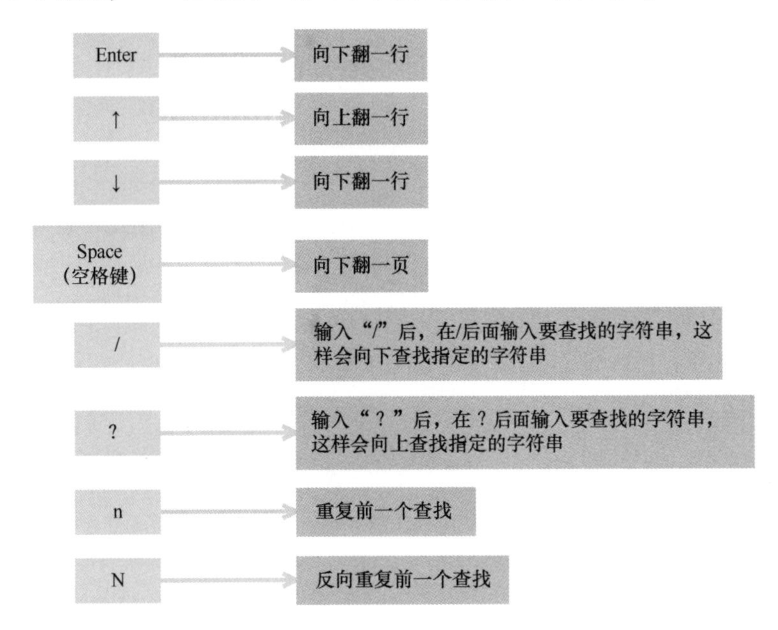
Enter
向下翻一行
↑
向上翻一行
↓
向下翻一行
Space
(空格键)
向下翻一页
/
输入“/”后，在/后面输入要查找的字符串，这样会向下查找指定的字符串
?
输入“？”后，在？后面输入要查找的字符串，这样会向上查找指定的字符串
n
重复前一个查找
N
反向重复前一个查找

more 与 less 也是一对功能相反的命令，在学习时可以一起记忆。

3.4.5 head 命令

head 命令用于查看文件的前 n 行内容。如果一个文件内容很长，而用户只想查看它的前几行内容，那么可以考虑使用 head 命令。

Linux head 命令的语法格式

```
head [选项] 文件名
```

以下是选项的相关说明。

- -n：后面指定数字，表示显示的行数。

【动手练一练】显示文件前 10 行内容

默认情况下，使用 head 命令会显示文件的前 10 行内容，具体命令如下。

```
[root@mylinux ~]# head anaconda-ks.cfg      ←---- 默认显示文件前 10 行
#version=RHEL8
ignoredisk --only-use=sda
# Partition clearing information
clearpart --none --initlabel
# Use graphical install
graphical
repo --name="AppStream" --baseurl=file:///run/install/repo/AppStream
# Use CDROM installation media
cdrom
# Keyboard layouts
```

直接使用 head 命令查看文件内容只能显示前10行，如果只需要查看前3行或者前15行内容，该怎么办呢？

这个很简单，如果用户想查看指定行数的内容，在-n 后面指定具体的行数就可以了。比如查看前3行内容就在-n 后面指定3，查看前15行内容，就在-n 后面指定15。

【动手练一练】 **只显示文件的前 3 行**

指定 head -n 3，只显示文件 anaconda-ks.cfg 的前 3 行内容，具体命令如下。

```
[root@mylinux ~]# head -n 3 anaconda-ks.cfg      ←---- 只显示文件前 3 行内容
#version=RHEL8
ignoredisk --only-use=sda
# Partition clearing information
[root@mylinux ~]#
```

其实 head -n 3可以简写成 head -3。-n 后面也可以指定负数，head -n -150表示显示前面的所有行数，但不包括后面的150行。

比如文件 file1有183行，head -n -150 file1就表示只显示文件 file1的前33行，而不显示后面剩余的150行内容。这样理解对吧？

没错，就是这样。看来你已经掌握这个命令的基本用法了。

3.4.6 tail 命令

tail 命令只显示文件的后面几行内容，与 head 命令相反。默认情况下，使用 tail 命令只显示文件的最后 10 行内容。

Linux tail 命令的语法格式

```
tail [选项] 文件名
```

以下是选项的相关说明。

- -n：后面指定数字，表示显示的行数。
- -f：持续刷新文件内容，按〈Ctrl+C〉组合键结束操作。可以持续输出文件变化后追加的内容，让用户看到最新的内容。

【动手练一练】**显示文件最后 10 行内容**

使用 tail 命令直接指定文件名，默认显示文件最后 10 行内容，具体命令如下。

```
[root@mylinux ~]# tail anaconda-ks.cfg    ←显示文件最后 10 行(包括空行)

% addon com_redhat_kdump --enable --reserve-mb='auto'

% end

% anaconda
pwpolicy root --minlen=6 --minquality=1 --notstrict --nochanges --notempty
pwpolicy user --minlen=6 --minquality=1 --notstrict --nochanges --emptyok
pwpolicy luks --minlen=6 --minquality=1 --notstrict --nochanges --notempty
% end
```

大家看到没有，即使是文件中的空行也会一起显示出来。

【动手练一练】**显示文件最后 3 行内容**

使用 tail -n 3 显示文件的最后 3 行内容，具体命令如下。

```
[root@mylinux ~]# tail -n 3 anaconda-ks.cfg    ←显示文件最后 3 行内容
pwpolicy user --minlen=6 --minquality=1 --notstrict --nochanges --emptyok
pwpolicy luks --minlen=6 --minquality=1 --notstrict --nochanges --notempty
% end
[root@mylinux ~]#
```

3.4.7 nl 命令

nl 命令用于将输出的文件内容加上行号显示出来，默认不包括空行。对于空行，虽然会显示出来，但是一般不会标注行号。

Linux nl 命令的语法格式

```
nl [选项] 文件名
```

以下是选项的相关说明。

- -b：指定行号。-b a 表示无论是否为空行，都会列出行号；-b t 表示列出非空行的行号。
- -n：列出行号。-n ln 表示行号显示在屏幕的最左边，不加 0（针对行号两位数以上的情况）；-n rn 表示行号显示在屏幕的最右边，不加 0；-n rz 表示行号显示在屏幕的最右边，加 0。

【动手练一练】**显示非空行的行号**

先使用 cat 命令查看文件 file1 中的内容，包含 4 行，其中有一行是空行。然后使用 nl -b t file1 命令列出非空行，具体命令如下。

```
[root@mylinux ~]# cat file1          ←查看文件中的内容
line1 This file is used by the...
line2 It is also used to...

their path enviroment variable...
[root@mylinux ~]# nl -b t file1      ←只在非空行标注行号
     1  line1 This file is used by the...
     2  line2 It is also used to...
                                     ←这里的空行没有任何标注
     3  their path enviroment variable...
[root@mylinux ~]#
```

在查看文件内容时能显示行号，确实会方便自己阅读。

你看，空行会自动跳过，不标注行号。

【动手练一练】**右对齐行号**

使用 nl -n rz file1 命令可以让行号右对齐，使用 0 补齐 6 位数（默认 6 位数），具体命令如下。

```
[root@mylinux ~]# nl -n rz file1          ←---- 右对齐行号
000001   line1 This file is used by the...
000002   line2 It is also used to...      ←---- 这里三个行号都使用 0
                                                补齐了 6 位数,并进行了右对齐
000003   their path enviroment variable...
[root@mylinux ~]#
```

我发现 cat -n 也可以显示文件的行号，与 nl 命令的功能一样。

nl 可以将输出的文件自动加上行号，默认的结果与 cat -n 有些不太一样。nl 可以自定义行号显示效果，包括位数和自动补全0。用户可以分别使用这两个命令查看文件内容，观察一下区别。

Linux 系统中的一些特殊目录

Linux 系统中有两个比较重要的目录，用户的家目录和挂载点。用户每次登录到 Linux 系统时就会自动进入家目录，系统管理员 root 的家目录是/root，普通用户的家目录放在/home 目录下，是与用户的名称相同的目录，比如/home/user01 就是用户 user01 这个用户的家目录；挂载点是可移除式设备挂载到系统中时产生的，通常会挂载到/mnt 或/media 目录中。

另外还有一些相关的目录需要读者了解。

- /usr/bin：存放普通用户可以使用的命令。/usr/bin 和/bin 中的内容是相同的。
- /usr/lib：存放系统开机时会用到的函数库以及在/bin 或/sbin 下命令会用到的函数库。/usr/lib 与/lib 功能相同。
- /usr/local：存放自行安装的软件（不是发行版默认提供的）。
- /usr/share：存放只读的数据文件，包括共享文件、帮助和说明文件。

3.5 查找不同文件的方法

虽说 Linux 中的一切都是文件，但是这些文件也有不同的类型。Linux 中的文件类型包括普通文件（纯文本文件）、目录、字符设备文件、块设备文件、符号链接文件和管道文件等。其中纯文本文件和目录是比较常见的文件类型。在这里将介绍如何分辨以及查找不同类型的文件。

3.5.1 认识不同的文件类型

在 Linux 系统中，每一种文件都有其独特的标识。现在读者应该已经对普通文件和目录比较熟悉了，下面将带大家认识几种不同的文件类型。使用之前介绍的 ls -l（ll）命令就可以查看文件类型的字符。

【动手练一练】**查看文件类型的字符**

下面使用 ll 命令列出 dir1 目录下的文件，确认文件类型的字符位置，具体命令如下，字符解析如图 3-6 所示。

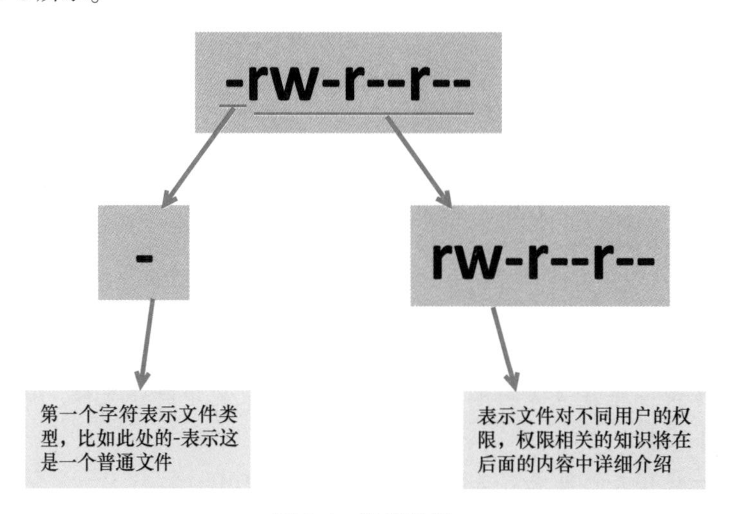

图 3-6　字符解析

```
[root@mylinux dir1]# ll
total 0
-rw-r--r--. 1 root root  0 Sep 28 09:58 file1      ←第一个字符-表示普通文件
drwxr-xr-x. 2 root root 19 Sep 28 10:46 stulinux   ←第一个字符 d 表示目录
```

除了-（regular file，普通文件）和 d（directory，目录）之外，还有以下一些表示文件类型的字符。

l（link）	链接文件，一般指软链接文件或符号链接文件
b（block）	块设备和其他外围设备，是特殊的文件类型
c（character）	字符设备文件，一般是指串行端口的设备或终端设备
s（socket）	套接字文件
p（pipe）	管道文件

3.5.2 file 命令

file 命令用于查看文件的基本类型。当用户想确定一个文件的类型时，可以使用此命令进行简单的判断。文件类型的字符为-表示普通文件，为 d 表示目录。

Linux file 命令的语法格式

```
file [选项] 文件名
```

以下是选项的相关说明。

- -b：返回文件类型时，不显示文件名称。
- -L：显示符号链接指向的文件类别。
- -z：尝试读取压缩文件中的内容。

【动手练一练】**查看文件的基本类型**

下面使用 file 命令查看 file1、Public 和/usr/tmp 文件的基本类型，具体命令如下。

```
[root@mylinux ~]# file file1
file1: ASCII text                          ← 表示 file1 是纯文本文件
[root@mylinux ~]# file Public
Public: directory                          ← 表示 Public 是目录
[root@mylinux ~]# file /usr/tmp
/usr/tmp: symbolic link to ../var/tmp      ← 表示/usr/tmp 是符号链接文件
```

学会使用 file 命令后，用户就可以知道各种表示文件类型的字符含义了。

3.5.3 whereis 命令

whereis 命令用于在一些特定的目录中查找符合条件的文件，比如二进制文件、源代码文件、帮助手册路径中的文件。一般情况下，用户在搜索文件时，可以先使用此命令或之后介绍的 locate 命令。如果还没找到，再使用其他查找命令。

Linux whereis 命令的语法

```
whereis [选项] 文件名
```

以下是选项的相关说明。

- -b：只搜索二进制（binary）格式的文件。
- -m：只搜索在说明手册（manual）路径中的文件。
- -s：只搜索源（source）文件。
- -l：列出 whereis 会去查找的几个主要目录。

【动手练一练】**在特定的目录中查找文件**

使用 whereis 命令搜索 passwd 文件时，不指定任何选项，whereis 会在特定的目录中列出搜索到的包含 passwd 的文件。

```
[root@mylinux ~]#whereis passwd
passwd:/usr/bin/passwd /etc/passwd /usr/share/man/man5/
passwd.5.gz /usr/share/man/man1/passwd.1.gz
```

列出查找目录中所有 passwd 的文件

注意，whereis 命令只在特定目录中搜索文件。这个命令具有一些局限性，如果需要全方位搜索文件，还需要结合其他的搜索命令。

【动手练一练】**列出说明手册文件**

指定-m 选项，只列出在说明手册中的 passwd 文件。

```
[root@mylinux ~]# whereis -m passwd
passwd: /usr/share/man/man5/passwd.5.gz /usr/share/man/man1/passwd.1.gz
```

只列出在说明手册中的 passwd 文件

3.5.4 locate 命令

locate 命令用于快速搜索指定的文件。这个命令之所以快速，是因为它会去保存着文档和目录名称的数据库中查找符合条件的文件。

Linux locate 命令的语法格式

```
locate [选项] 文件名
```

以下是选项的相关说明。

- -l：将搜索结果输出指定的行数。
- -c：不列出文件名，只输出搜索到的文件数量。
- -i：忽略大小写的差异。

【动手练一练】**只列出搜索数量**

在搜索文件时，若指定-c 选项就只会列出搜索到的 passwd 文件的数量，具体命令如下。

```
[root@mylinux ~]# locate -c passwd
141  ←输出搜索到的文件数量
```

locate 命令从数据库/var/lib/mlocate 中搜索数据。

【动手练一练】**列出指定行数的搜索结果**

在-l 选项后面指定数字 4，表示输出 4 行有关 passwd 文件的搜索结果，具体命令如下。

```
[root@mylinux ~]# locate -l 4 passwd
/etc/passwd
/etc/passwd-
/etc/pam.d/passwd                 ←输出 4 行 passwd 的搜索结果
/etc/security/opasswd
```

如果使用 locate 命令无法找到目标文件，那应该怎么办呢?

locate 基于数据库搜索文件，一般情况下数据库默认是一天更新一次。如果用户要搜索的文件还没有更新到数据库中，locate 就无法找到该文件。遇到这种情况可以使用 updatedb 命令手动更新数据库。

3.5.5 find 命令

find 命令可以按照指定文件名、文件大小、所属用户、修改时间和文件类型等条件搜索文件。如果不设置任何参数，find 命令将在当前目录下查找子目录与文件，并且将查找到的结果全部显示出来。

Linux find 命令的语法格式

```
find［路径名］［表达式］［操作］
```

以下是三个字段的相关说明。

- 路径名：搜索文件的绝对路径或相对路径。
- 表达式：由一个或多个选项组成的搜索条件。多个选项时采用逻辑与的结果。
- 操作：文件被定位后需要进行的操作。默认情况是将满足条件的所有路径输出到屏幕上。

下面列出了一些 find 命令中常用的表达式。

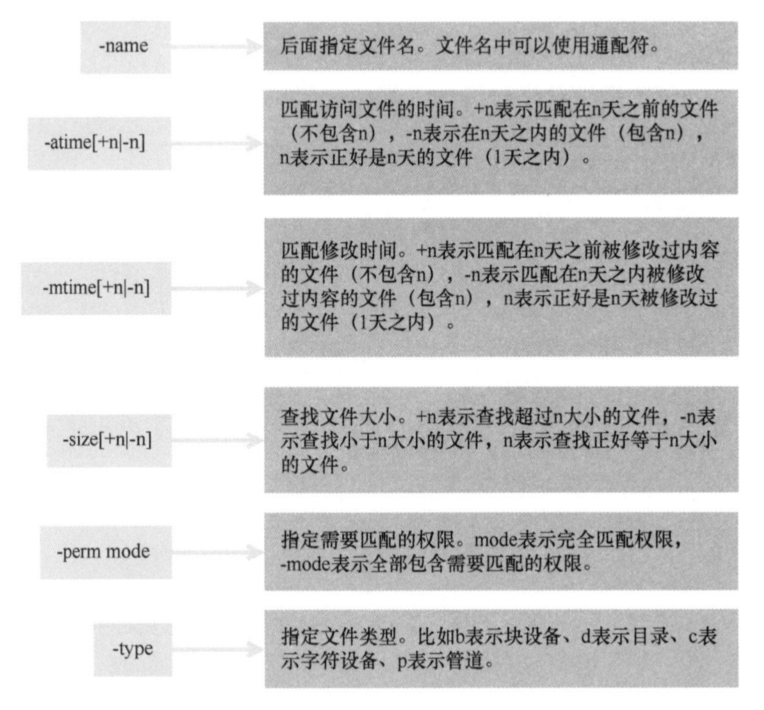

在 find 命令中，除了-print 操作（将结果打印到屏幕上，是默认操作）之外，还有下面这种常用操作，如图 3-7 所示。

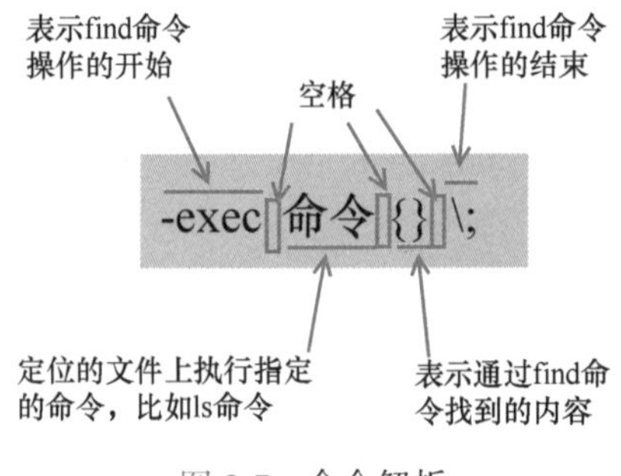

图 3-7　命令解析

【动手练一练】**查找某一天被修改过的文件**

下面使用 find 命令查找/tmp 目录下，3 天前那天被修改过的文件。在涉及与时间有关的参数时，需要注意指定的数字，具体命令如下。

```
[root@mylinux ~]# find /tmp -mtime 3        ← 指定 3 表示 3 天前那天
/tmp/.XIM-unix
/tmp/.font-unix
/tmp/.Test-unix
/tmp/vmware-root_826-2990547547
```

如果想找过去24小时内被修改过的文件，可以指定数字0，比如 find /tmp -mtime 0。

【动手练一练】**搜索以.cfg 结尾的文件**

下面在用户的家目录中查找以.cfg 结尾的文件，指定格式为 find ~ -name "*.cfg"。这里~就是用户的家目录，find 命令将在此范围内进行搜索，具体命令如下。

```
[root@mylinux ~]# find ~ -name "*.cfg"      ← 使用通配符* 后,需要加上双引号
/root/anaconda-ks.cfg
/root/.config/yelp/yelp.cfg
/root/initial-setup-ks.cfg
```

find 命令真是强大，这样搜索文件就十分全面了。读者要好好研究一下该命令的其他用法。

【动手练一练】**以 ls -l 的方式列出文件信息**

下面使用-exec 命令 {} \; 操作将上面搜索到的三个文件以 ls -l 的方式列出来。这里只能指定 ls -l，而不支持它的别名 ll，具体命令如下。

```
[root@mylinux ~]# find ~ -name "*.cfg" -exec ls -l {} \;
-rw-------. 1 root root 1663 Sep  7 11:55 /root/anaconda-ks.cfg        ← 在家目录搜索后缀
-rw-r--r--. 1 root root 51 Sep  7 13:40 /root/.config/yelp/yelp.cfg      为.cfg 的文件,并以
-rw-r--r--. 1 root root 1818 Sep  7 12:02 /root/initial-setup-ks.cfg     ls -l 的方式列出来
```

接下来针对上面使用的搜索命令，进行以下分析，如图 3-8 所示。虽然 find 是一个功能强大的查找命令，不过与其他命令相比，它会消耗较多的硬盘资源。

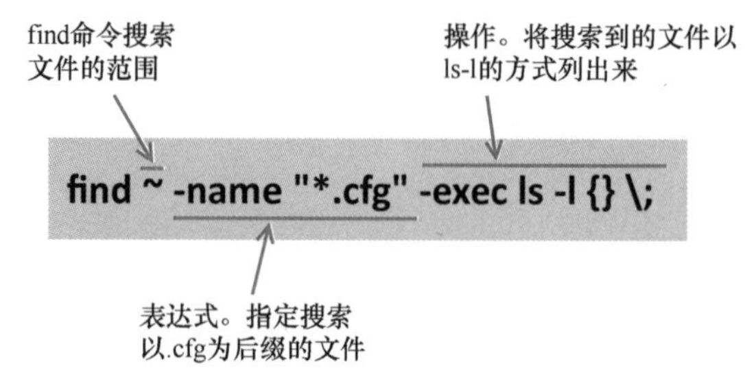
find命令搜索
文件的范围
操作。将搜索到的文件以
ls-l的方式列出来
find ~ -name "*.cfg" -exec ls -l {} \;
表达式。指定搜索
以.cfg为后缀的文件

图 3-8 find 命令解析

find 命令的用法真是多种多样，在搜索文件时又该怎么用它呢?

这得看用户对要搜索的文件的了解程度了。如果只知道文件名，可以直接按照文件名搜索。如果只知道文件大小，可以使用-size 指定大小。总之，你可以根据这个文件的某一点对文件进行搜索。

3.6 管理文件的权限和属性

文件权限也是属于文件属性的一部分，在学习管理文件和目录的相关操作时，需要先了解文件的属性，再介绍有关权限的命令。这样才能更好地了解文件的属性，合理地为文件分配权限。

3.6.1 认识文件属性

在之前的学习过程中，读者或多或少地接触过一些文件的基本属性。比如使用 ls -l 命令可以看到文件的属性信息。

Linux 系统中文件的属性主要包括文件类型、文件权限、链接数、所属用户和用户组、修改时间等。

【动手练一练】 **查看文件的属性信息**

在 dir1 目录中使用 ls -l 命令查看文件的一些属性信息，具体命令如下。

```
[root@mylinux dir1]# ls -l
total 4
```

```
-rw-r--r--. 1 user01 user01  0 Sep 29 15:02 file1
-rw-rw-r--. 1 user01 user01 58 Sep 29 15:04 file2
drwxrwxr-x. 2 user01 user01 20 Sep 29 15:04 studir01
drwxr-xr-x. 2 root   root   19 Sep 28 10:46 stulinux
```

包含文件的基本属性信息

这里以 studir01 目录的属性为例，将属性信息分为 7 列，介绍它们的具体含义，如图 3-9 所示。

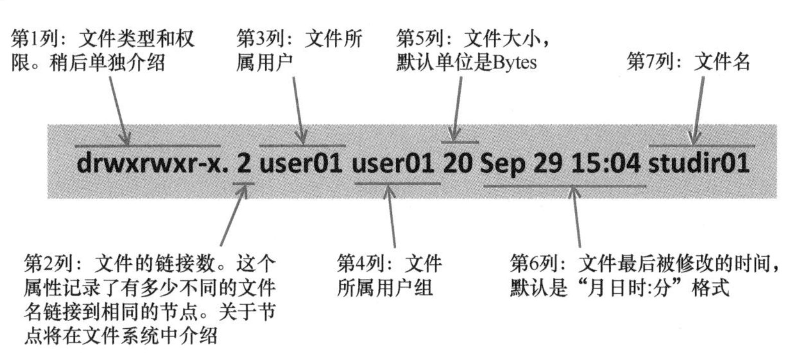
第1列：文件类型和权限。稍后单独介绍
第3列：文件所属用户
第5列：文件大小，默认单位是Bytes
第7列：文件名
drwxrwxr-x. 2 user01 user01 20 Sep 29 15:04 studir01
第2列：文件的链接数。这个属性记录了有多少不同的文件名链接到相同的节点。关于节点将在文件系统中介绍
第4列：文件所属用户组
第6列：文件最后被修改的时间，默认是“月日时:分”格式

图 3-9　属性解析

在 Linux 系统中，一个用户会加入一个或多个用户组中，默认会有一个与用户名同名的用户组。

在文件属性的第 1 列中，包含了文件类型和权限。其中第一个字符就是文件类型，其余的字符中每 3 个为一组，表示权限，如图 3-10 所示。每一组都是 rwx 的组合，r 表示可读（read）权限，w 表示可写（write）权限，x 表示可执行（execute）权限。

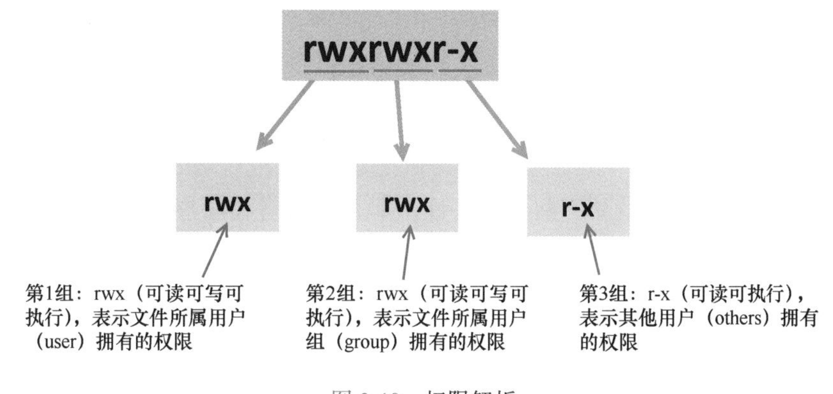
rwxrwxr-x
rwx
rwx
r-x
第1组：rwx（可读可写可执行），表示文件所属用户（user）拥有的权限
第2组：rwx（可读可写可执行），表示文件所属用户组（group）拥有的权限
第3组：r-x（可读可执行），表示其他用户（others）拥有的权限

图 3-10　权限解析

每一组中这三个权限的位置是固定不变的。如果没有该权限，就会在对应的位置使用短横线（-）代替。

从 studir01 目录的属性信息来看，studir01 目录属于 user01 用户所有，这个用户以及其所在的同名用户组对该目录的权限都是 rwx（可读可写可执行）。Linux 系统中的其他用户只对这个目录有 r-x（可读可执行）权限，没有写入权限。

3.6.2 chmod 命令

chmod（change mode）命令用于修改文件的权限。大家已经知道文件有 r（读）、w（写）和 x（执行）三种权限，其中每一种权限都有对应的数字。r 代表 4，w 代表 2，x 代表 1，那么 rwx 就是 4+2+1=7。在为用户指定权限时，既可以指定字符形式，也可以指定数字形式。

Linux chmod 命令的语法格式

```
chmod [选项] [mode] 文件名
```

以下是选项的相关说明。

- -R：递归更改文件和目录的权限，即子目录中所有文件的权限也会被修改。
- -v：显示权限变更的详细信息。
- -f：如果无法更改文件权限，也不显示错误信息。

在 chmod 命令的语法格式中，mode 就是修改文件权限的两种方式，即字符和数字。

【动手练一练】 使用数字形式开放文件全部权限

如果将文件 file1 的权限全部开放，可以以数字的形式指定 777，对应成字符就是 rwxrwxrwx。不过在日常管理文件时，并不建议对文件进行此操作。使用数字形式开放文件全部权限的具体命令如下。

```
[root@mylinux dir1]# ls -l file1          ← 修改前的默认权限
-rw-r--r--. 1 user01 user01 0 Sep 29 15:02 file1
[root@mylinux dir1]# chmod 777 file1      ← 修改文件权限为 777
[root@mylinux dir1]# ls -l file1
-rwxrwxrwx. 1 user01 user01 0 Sep 29 15:02 file1
```

如果用户不想让其他人看到当前这个文件，那么可以将文件权限变成 rwxr-----，对应的权限数字就是 740([4+2+1][4+0+0][0+0+0])。

Linux 认识指定符号修改文件权限的方式

在介绍文件权限时，读者已经知道每 3 个字符为一组，共 3 组。表 3-1 所示为不同身份可以指定的符号、操作和权限。

表 3-1　不同身份可以指定的符号、操作和权限

身　份	替代符号	操　作	权　限
user（所属用户）	u	+：添加权限 -：移除权限 =：设置权限	r：可读 w：可写 x：可执行
group（所属用户组）	g		
others（其他用户）	o		

除了这三种身份，还有一个 all（a）表示全部的身份，包含了 user、group 和 others。使用符号 a 可以为所有身份指定权限。

【动手练一练】**修改 user 和 group 的权限**

文件 file2 修改之前的权限是 rw-rw-r--，也就是 user（u）和 group（g）的权限都是 rw-。下面使用 chmod 命令将 user 的权限设置为 rwx，同时移除 group 的 w 权限，其他权限保持不变。修改 user 和 group 权限的具体命令如下。

```
[root@mylinux dir1]# ls -l file2
-rw-rw-r--. 1 user01 user01 58 Sep 29 15:04 file2     ← 修改前的默认权限
[root@mylinux dir1]# chmod u=rwx,g-w file2            ← 修改 u 和 g 的权限
[root@mylinux dir1]# ls -l file2
-rwxr--r--. 1 user01 user01 58 Sep 29 15:04 file2     ← 修改后的权限
```

在更改文件权限时，可以使用数字或符号的方式灵活进行修改。

【动手练一练】**为文件指定写入权限**

如果在不知道文件属性的情况下，想为其添加可写权限，那么可以直接使用 a+w 的方式为文件指定权限。这样操作后，每个人都可以在文件 file1 中写入数据。为文件指定写入权限的具体命令如下。

```
[root@mylinux dir1]# chmod a+w file1     ← 为文件指定可写权限
[root@mylinux dir1]# ls -l file1
-rw-rw-rw-. 1 user01 user01 0 Sep 29 15:02 file1
```

同理，如果想移除全部人的可写权限，则可以使用 a-w 的方式。这样所有人都不可以对这个文件执行写入操作了。这样做并不会影响其他已经存在的权限。

3.6.3 chown 命令

chown（change owner）命令用于修改文件所属的用户。在指定用户时，必须是系统中已经存在的用户。另外，这个命令还可以修改用户组的名称。

Linux 是多用户系统，所有的文件都有所有者。使用此命令需要 root 权限才能变更文件所属的用户。

Linux chown 命令的语法格式

```
chown [选项] 用户名 文件名
```

以下是选项的相关说明。

- -R：递归更改文件和目录的所属用户，即子目录中所有文件的所属用户也会被修改。
- -v：显示所属用户变更的详细信息。
- -f：忽略错误信息。
- -c：显示更改的部分信息。

【动手练一练】**更改所属用户**

文件 file1 默认的所属用户是 user01，下面使用 chown 命令将所属用户修改为 root，具体命令如下。如果需要同时修改文件的所属用户和用户组，可以将用户名和用户组之间用冒号分隔。

```
[root@mylinux dir1]# ls -lfile1
-rw-rw-rw-. 1 user01 user01 0 Sep 29 15:02 file1
[root@mylinux dir1]# chown root file1          ←更改所属用户
[root@mylinux dir1]# ls -l file1
-rw-rw-rw-. 1 root user01 0 Sep 29 15:02 file1     ←更改后的所属用户为 root
[root@mylinux dir1]# chown user01:user01 file1     ←同时更改所属用户和用户组
```

3.6.4 chgrp 命令

chgrp（change group）命令用于修改文件所属的用户组。该命令允许普通用户更改文件所属的组，这个用户组必须是系统中已经存在的。

Linux chgrp 命令的语法格式

```
chgrp [选项] 用户组名 文件名
```

以下是选项的相关说明。

- -R：递归更改文件和目录的所属用户组，即子目录中所有文件的所属用户组也会被修改。
- -v：显示变更的执行过程。
- -f：忽略错误信息。
- -c：显示更改的部分信息。

【动手练一练】**更改文件所属用户组**

文件 file2 在修改之前的用户组是 user01，使用 chgrp 命令指定 root 用户组后，可以成功修改文件 file2 所属的用户组，具体命令如下。

```
[root@mylinux dir1]# ls -l file2
-rwxr--r--. 1 user01 user01 58 Sep 29 15:04 file2     ←默认所属用户组为 user01
[root@mylinux dir1]# chgrp root file2          ←更改所属用户
[root@mylinux dir1]# ls -l file2
-rwxr--r--. 1 user01 root 58 Sep 29 15:04 file2     ←更改后的所属用户组为 root
```

第4章

Chapter

4

用户管理

知识架构

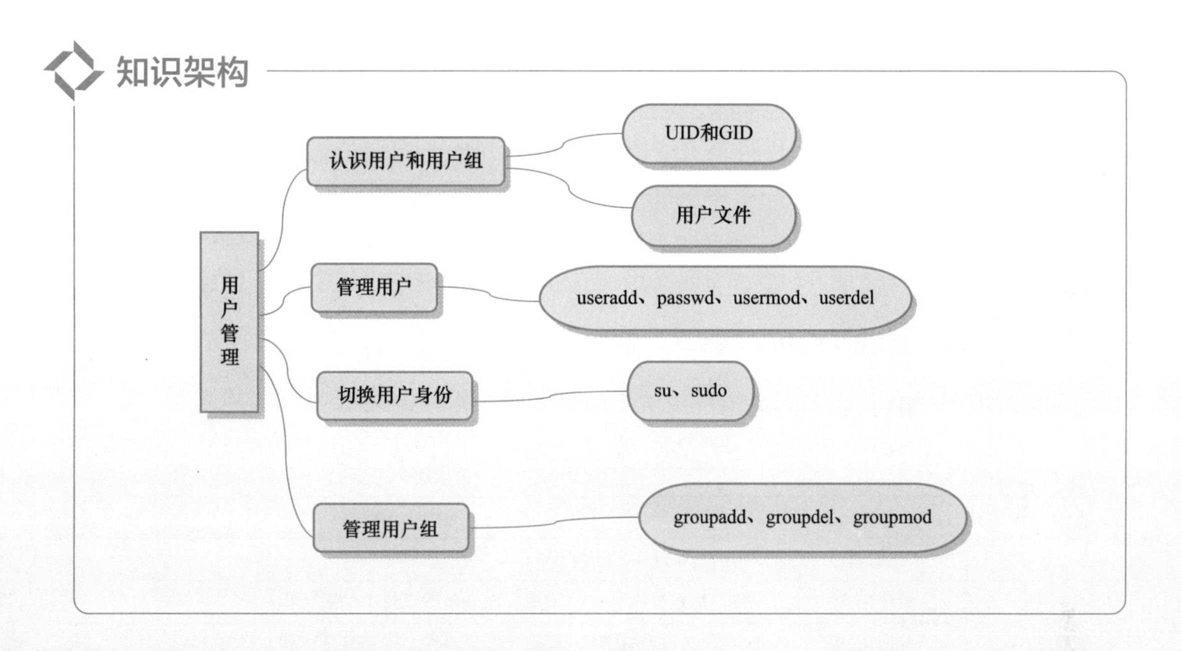

Linux 是一个多用户分时系统，用户想要使用系统资源，就必须在系统中有合法的账号，每个账号都有唯一的用户名，同时必须设置密码。不同的用户拥有不同的操作权限，通过限制用户权限的使用，可以规范系统中用户使用的资源。

这么一看，Linux 系统的用户也是不简单啊！

是的，为了更加灵活地管理用户，Linux 还引入了用户组，这也为系统管理员提供了很大的便利。

4.1 认识用户和用户组

在登录 Linux 系统时需要用户名和密码，而系统管理员会将不同的权限赋给相应的用户。多个用户可以组成一个用户组，方便系统管理员对其进行统一的权限管理。

4.1.1 UID 和 GID

在 Linux 系统中，每个用户都有对应的一组号码（ID），系统会根据号码认识用户。每个登录到系统中的用户至少有两个 ID，分别是 UID（User Identification，用户标识符）和 GID（Group Identification，用户组标识符）。

UID 相当于用户的身份证，具有唯一性。通过用户的 UID，管理员可以判断这个用户的身份。当成功创建一个用户时，系统会默认建立一个与用户同名的用户组（有对应的 GID）。

Linux 认识不同范围的 UID

不同范围的 UID 代表不同的用户身份，如表 4-1 所示。

表 4-1　不同范围的 UID

UID 范围	用户身份	说　明
0	系统管理员	指的是系统中的 root 用户
1-999	系统用户	并不是系统中真实的用户，而是负责系统中的服务程序
1000 以上	普通用户	由系统管理员创建，可用于登录系统，支持日常工作

在生活中，根据身份证号码可以知道某人所在的地址、出生日期等信息，而在 Linux 系统中，根据 UID 也可以知道用户的身份。

没错，人有身份证标识个人身份，Linux 系统中的用户通过 UID 来标识身份。UID 就像身份证号码一样，是一个唯一标识符。

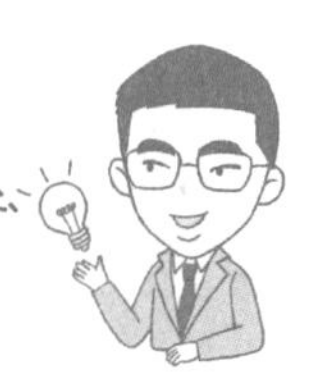

Linux 用户组的特点

用户有同名的用户组（基本用户组），也可以加入其他组（扩展用户组）。用户组的主要特点如图 4-1 所示。

【动手练一练】**查看用户的 ID 信息**

下面使用 id 命令查看普通用户 user01 和管理员 root 的 UID 和 GID 信息，具体命令如下。

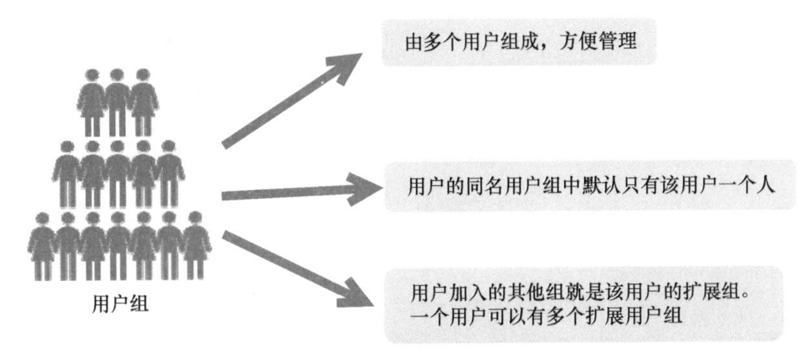

由多个用户组成，方便管理
用户的同名用户组中默认只有该用户一个人
用户加入的其他组就是该用户的扩展组。一个用户可以有多个扩展用户组

图 4-1　用户组的主要特点

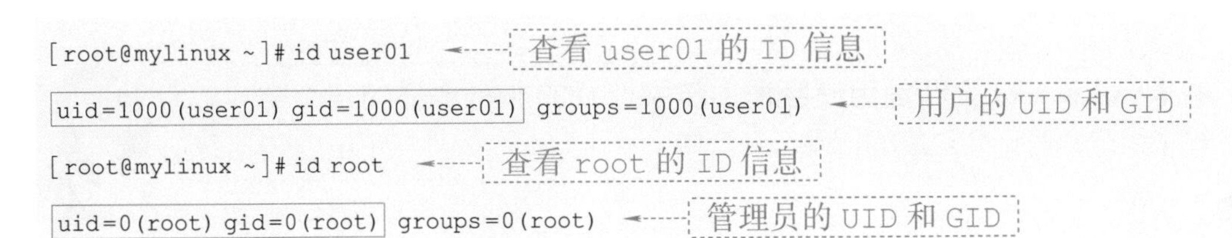

[root@mylinux ~]# id user01
查看 user01 的 ID 信息
uid=1000(user01) gid=1000(user01) groups=1000(user01)
用户的 UID 和 GID
[root@mylinux ~]# id root
查看 root 的 ID 信息
uid=0(root) gid=0(root) groups=0(root)
管理员的 UID 和 GID

如果再新建一个用户，那么这个用户的 UID 应该是1001。依次类推，1001之后就是1002、1003、1004……

是这样的，这是系统默认的规则，虽然可以指定 UID 创建用户，但是建议初学者还是不要这么做，避免产生错误。

4.1.2 用户文件

在学习用户和用户组相关的管理命令之前，需要先了解一些重要的相关文件。这些文件中记录了用户的各种信息，方便系统通过这些文件核对用户身份。/etc/passwd 文件中记录了用户的一些基本属性，/etc/shadow 文件中记录了加密过后的用户密码，/etc/group 文件中记录了用户组和 GID 的相关信息，/etc/shadow 文件中记录了用户组密码相关的信息。

Linux 登录系统的验证流程

用户在登录 Linux 系统时，需要输入用户名和密码，通过系统验证后，才可以顺利登录到系统中。登录系统的验证流程如图 4-2 所示。

如果大家想知道这些用户文件中记录了什么内容，或者内容所表达的含义，可以扫描封底二维码下载相关说明文档获取详细信息。

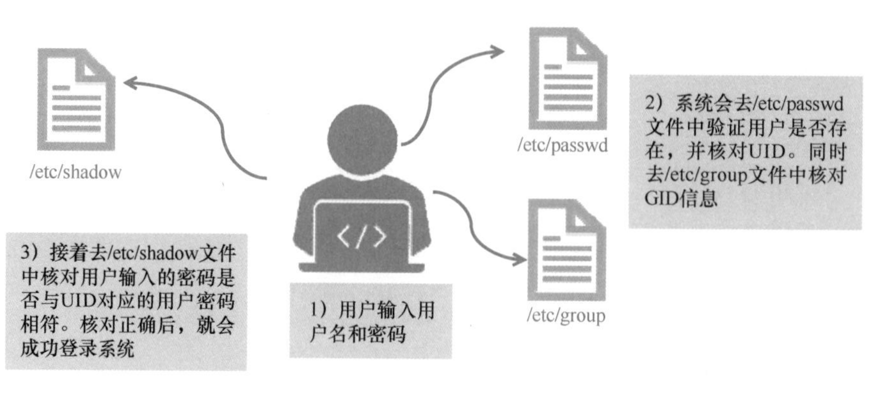
/etc/shadow
/etc/passwd
2）系统会去/etc/passwd文件中验证用户是否存在，并核对UID。同时去/etc/group文件中核对GID信息
3）接着去/etc/shadow文件中核对用户输入的密码是否与UID对应的用户密码相符。核对正确后，就会成功登录系统
1）用户输入用户名和密码
/etc/group

图 4-2　登录系统的验证流程

看来/etc/passwd 文件是用户管理工作中涉及的非常重要的一个文件。每个用户都有一个对应的记录行在其中。

Linux

对，在创建一个新用户之后，关于新用户的记录就会被记录在该文件的末尾。用户可以通过 tail 命令查看该文件的最后几行进行确认。

4.2 管理用户

管理员在管理用户时，主要涉及添加、修改和删除用户，这些操作都需要通过命令来实现。添加用户就是在系统中创建一个新账号，然后为新账号分配用户名、用户组、主目录和登录 shell 等资源。学会管理用户也是系统管理员的必备技能。

4.2.1 useradd 命令

useradd 命令用于创建一个或多个新用户。使用该命令创建用户之后，相关的用户信息会保存在/etc/passwd 文件中。创建用户时需要使用 root 权限。

Linux useradd 命令的语法格式

```
useradd [选项] 用户名
```

以下是选项的相关说明。

- -d：后面指定用户的家目录。默认的家目录在/home 目录下，重新指定家目录时需要使用绝对路径。

- -e：后面指定用户的到期时间。日期格式为 YYYY-MM-DD，该项设置与/etc/shadow 文件中的第八个字段对应。
- -u：后面指定 UID。
- -g：后面指定用户的基本用户组。
- -G：后面指定用户的扩展用户组。
- -s：后面指定 Shell。默认的 Shell 是/bin/bash。

【动手练一练】**创建新用户**

下面在不指定选项的情况下，使用 useradd 命令创建新用户 coco。然后使用 id 命令查看用户的 UID 和 GID，具体如下。

```
[root@mylinux ~]# useradd coco                        ←---- 创建新用户 coco
[root@mylinux ~]# id coco                             ←---- 查看用户的 ID 信息
uid=1001(coco) gid=1001(coco) groups=1001(coco)       ←---- 新用户的 UID 和 GID
```

管理员新建一个用户后，系统会自动在相关的文件中记录该用户的信息。系统默认建立了新用户 coco 的家目录/home/coco，并且权限是 700（rwx）。

```
[root@mylinux ~]# ls -ld /home/coco                   ←---- 查看 coco 的家目录
drwx------. 3 coco coco 78 Oct 13 14:27 /home/coco
[root@mylinux ~]# grep coco /etc/passwd /etc/shadow /etc/group   ←---- 查看 coco 的相关记录
/etc/passwd:coco:x:1001:1001::/home/coco:/bin/bash
/etc/shadow:coco:!!:18548:0:99999:7:::                ←---- 用户的密码信息
/etc/group:coco:x:1001:
```

由于还没有为 coco 设置密码，所以/etc/shadow 文件中密码字段是!!。同时在/etc/group 文件中会默认建立一个与用户同名的用户组。

【动手练一练】**通过指定 UID 新建用户**

在创建用户时使用-u 选项，可以为新用户指定一个 UID，并且这个信息也会被记录在相关的用户文件中，具体命令如下。

```
[root@mylinux ~]# useradd -u 2020 summer              ←---- 指定 UID 新建用户
[root@mylinux ~]# grep summer /etc/passwd /etc/shadow /etc/group
/etc/passwd:summer:x:2020:2020::/home/summer:/bin/bash
/etc/shadow:summer:!!:18549:0:99999:7:::              ←---- 对应文件中的用户信息
/etc/group:summer:x:2020:
```

4.2.2 passwd 命令

passwd 命令用于为指定的用户设置密码。系统管理员 root 可以为自己和其他用户设置密码，普通用户只能使用该命令修改自己的密码。

Linux passwd 命令的语法格式

```
passwd [选项] 用户名
```

以下是选项的相关说明。

- -d：删除密码。
- -l：会在/etc/shadow 文件中的第二个字段的最前面加上！使密码失效。
- -u：与-l 选项相反，解锁密码。
- -n：后面指定天数，表示多少天不可以修改密码，对应/etc/shadow 文件的第四个字段。
- -x：后面指定天数，表示多少天之内必须修改密码，对应/etc/shadow 文件的第五个字段。
- -w：后面指定天数，表示密码过期之前的警告天数，对应/etc/shadow 文件的第六个字段。
- -i：后面指定日期，表示密码的失效日期，对应/etc/shadow 文件的第七个字段。
- -f：强制用户下次登录时修改密码。

【动手练一练】**设置用户密码**

在创建用户 coco 时，并没有为其设置密码。使用 passwd 密码设置该用户密码的具体命令如下。

```
[root@mylinux ~]# passwd coco          ←---- 为用户 coco 设置密码
Changing password for user coco.
New password:          ←---- 在这里直接输入新密码
Retype new password:          ←---- 再次输入新密码
passwd: all authentication tokens updated successfully.
```

管理员为普通用户设置密码时，直接重复输入两次新密码就可以了，而不需要这个用户原来的密码。

【动手练一练】**修改普通用户密码**

如果以 root 身份直接执行 passwd 命令会修改系统管理员的登录密码，不要随意修改管理员的密码。以下命令为以普通用户身份登录系统后，使用 passwd 命令修改其密码。如果不指定用户名，直接执行 passwd 命令就表示用户修改自己的密码。

```
[user01@mylinux ~]$ passwd          ←普通用户 user01 修改自己的密码
Changing password for user user01.
Current password:                   ←输入原来的密码
New password:                       ←输入新密码
Retype new password:                ←再次输入新密码
passwd: all authentication tokens updated successfully.
```

设置密码的要求

为了系统安全起见，无论是 root 用户还是普通用户在设置密码的时候都应该参照密码要求去设置密码。用户在设置密码时，尽量符合下面这些要求。

- 密码中不要包含与用户名相同的字符。
- 密码尽量超过 8 个字符。
- 密码不要使用个人信息，比如手机号、身份证号等。
- 不要将密码设置得过于简单，比如 12345。
- 密码最好使用大小写字母、数字、特殊字符（比如@、_、$ 等）的组合形式。
- 最好不使用 Linux 中的特殊字符串。

如果用户设置的密码过于简单，容易被人破解，从而产生盗用账号登录系统窃取或破坏系统资源的行为，这会危害主机安全。

4.2.3 usermod 命令

usermod 命令用于修改已有用户的属性，包括用户名、用户组和登录 shell 等。如果用户想修改个人的某些属性信息，可以考虑使用这个命令。

Linux usermod 命令的语法格式

```
usermod [选项] 用户名
```

以下是选项的相关说明。

- -l：修改用户名，对应/etc/passwd 文件的第一个字段。
- -u：后面指定 UID，对应/etc/passwd 文件的第三个字段。
- -g：后面指定用户的初始用户组，对应/etc/passwd 文件的第四个字段。
- -c：后面指定用户的说明，对应/etc/passwd 文件的第五个字段。
- -d：后面指定用户的家目录，对应/etc/passwd 文件的第六个字段。
- -m：与-d 组合使用，表示将原有家目录中的数据转移到新指定的家目录中。
- -e：后面指定日期，格式为 YYYY-MM-DD，对应/etc/shadow 文件的第八个字段。
- -s：更改默认的 shell。

- -G：后面指定扩展用户组，对应的信息会在 etc/group 文件中体现出来。

【动手练一练】**修改用户信息**

以下命令为指定-e 选项，使用户 coco 在 2022 年 5 月 3 日失效。指定-c 选项为该用户添加说明信息。

```
[root@mylinux ~]# usermod -e "2022-5-3" -c "coco's info" coco      ←修改用户信息
[root@mylinux ~]# grep coco /etc/passwd /etc/shadow
/etc/passwd:coco:x:1001:1001:coco's info:/home/coco:/bin/bash      ←显示用户的说明信息
/etc/shadow:coco:$6$I7fpAaS9F5MZyVU8$ARZo2knfvUroUMvxt.N7UuYDyjQOTuZtRBQMqFTQIBOxxNo5/
FwverUNTF0NCax3g95tKpS57FOE7xcdnKZeA/:18549:0:99999:7::19115:      ←失效时间
```

/etc/shadow 文件中的 19115 就是从 1970 年 1 月 1 日到 2022 年 5 月 3 日。用户可以通过下面的方式验证这个数字是否正确，如图 4-3 所示。

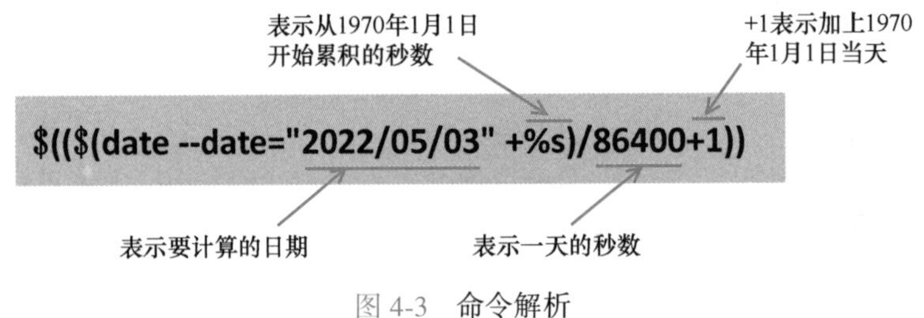
表示从1970年1月1日
开始累积的秒数
+1表示加上1970
年1月1日当天
$(($(date --date="2022/05/03" +%s)/86400+1))
表示要计算的日期
表示一天的秒数

图 4-3　命令解析

```
[root@mylinux ~]# echo $(($(date --date="2022/05/03" +%s)/86400+1))
19115      ←得到的正确的验证结果
```

4.2.4 userdel 命令

userdel 命令用于删除用户的相关数据。如果管理员想清除系统中某个废弃的账户，可以使用该命令将其删除。删除用户就是要将/etc/passwd 等系统文件中的该用户记录删除，必要时还会删除用户的家目录。

Linux userdel 命令的语法格式

```
userdel [选项] 用户名
```

以下是选项的相关说明。

- -r：将用户的家目录一起删除。
- -f：强制删除用户。

只有真的确定不需要某个用户后，才能使用该命令执行删除操作。在任何不确定的情况都不要轻易删除。

【动手练一练】**删除用户 summer 的家目录**

下面使用-r 选项将用户 summer 的家目录一起删除，然后通过 id 命令就看不到该用户的 UID、GID 等相关信息，具体命令如下。

```
[root@mylinux ~]# id summer                  ← 删除之前查看用户的 UID 和 GID 信息
uid=2020(summer) gid=2020(summer) groups=2020(summer)
[root@mylinux ~]# userdel -r summer          ← 删除用户
[root@mylinux ~]# id summer
id: 'summer': no such user                   ← 删除用户后，提示没有这个用户的相关信息
```

现在我们已经明白了用户的基本信息存储在/etc/passwd 文件中；用户密码信息存储在/etc/shadow 文件中；用户群组基本信息存储在/etc/group 文件中；用户组的密码信息存储在/etc/gshadow 文件中；用户个人文件存储在/home 目录中。而 userdel 命令的作用就是从这些用户文件中将指定用户的数据删除。

同时，还要清楚这个 userdel 命令只有 root 用户才能使用。

认识 ACL

在前文介绍权限时，读者了解了 r（可读）、w（可写）和可执行（x）三种权限。通过相关命令可以设置用户、用户组和其他用户对文件的所属权限。如果需要针对某个用户或某个用户组设置特定的权限，就需要了解 ACL 这种机制。

ACL（Access Control List，访问控制列表）可以设置除了所属用户、所属用户组和其他用户这三种身份的 rwx 权限之外的详细权限。比如对某用户或某个文件进行 rwx 权限的设置。ACL 可以从以下三个方面进行权限的控制和规划。

- 用户：针对用户设置特定的权限。
- 用户组：以用户组作为对象设置特定的权限。
- 默认属性：针对目录中的文件或子目录设置特定的权限。

如果想要针对不同的用户和用户组对某个目录有不同的权限时，就需要用到 ACL。读者若想学习更多关于 ACL 的设置，可以扫描封底二维码下载相关说明文档进行学习。

4.3 切换用户身份

一般情况下，在 Linux 系统中使用普通用户的身份进行系统的日常操作即可。如果需要系统维护或者软件更新等需求时才会切换到系统管理员的身份。使用普通用户的身份可以避免因错误地执行一些命令而造成的严重后果。下面学习切换用户身份的两个命令 su 和 sudo。

4.3.1 su 命令

su（switch user）命令用于切换用户的身份。所有用户都可以使用该命令，不过除了 root 之外，使用该命令时都需要输入使用者的密码。这是一个比较简单的用户身份切换命令。

Linux su 命令的语法格式

```
su [选项] 用户名
```

以下是选项的相关说明。

- -c：后面指定需要执行的命令，只执行一次。
- -l：后面指定想要切换的用户。

【动手练一练】直接切换用户身份

下面执行 su -命令从普通用户身份 user01 切换到管理员 root 身份。

```
[user01@mylinux ~]$ su -                ◄---- 直接切换到 root 身份
Password:    ◄---- 需要在这里输入 root 用户的密码
[root@mylinux ~]# exit          ◄---- 退出 su 环境
logout
[user01@mylinux ~]$       ◄---- 回到普通用户的执行环境中
```

如果直接使用 su -命令，就表示从当前身份切换到 root 身份，还需要知道 root 的密码。

【动手练一练】仅执行一次具有 root 权限的命令

如果想执行一次只有 root 才可以执行的命令，就使用-c 选项。这种方式并不会让普通用户切换到 root 的身份，不过还是需要输入 root 的密码。

```
[user01@mylinux ~]$ su - -c "tail -n 3 /etc/shadow"   ◄---- 通过 su -获取 root 权限，在-c 后输入需要执行的命令
```

```
Password:  ←-----输入 root 密码
tcpdump:!!:18512::::::
user01:$6$rygn1Ed981Ww2Z9A$VUP7psE5Po5Wqf4p1qMepcrkM2WTMXPPQeAO0lKwoMiqHPDuiKouayve
4p86CZRAK.UJX05HXTX7R.WsKULaH/:18549:0:99999:7:::
coco:$6$I7fpAaS9F5MZyVU8$ARZo2knfvUroUMvxt.N7UuYDyjQOTuZtRBQMqFTQIBOxxNo5/FwverUNTF
0NCax3g95tKpS57FOE7xcdnKZeA/:18549:0:99999:7::19115:
[user01@mylinux ~]$  ←-----这里仍然是普通用户 user01 的身份环境
```

通过 su 除了可以获取 root 权限，也可以在普通用户之间进行切换吗？

可以呀！在切换用户身份的时候使用-l 选项指定要切换的用户，这样当前所用的工作环境同时也切换为此用户的环境。

【动手练一练】**切换到不同的用户身份环境中**

下面从普通用户 user01 切换到 coco 用户环境，再从 coco 用户环境切换到 root 环境中。想要回到原来的操作环境，就需要退出两次 su 环境。

```
[user01@mylinux ~]$ su -l coco  ←-----从 user01 切换到 coco 用户环境中
Password:  ←-----这里输入的是用户 coco 的密码
[coco@mylinux ~]$ su -  ←-----从 coco 切换到 root 环境
Password:  ←-----这里输入的是 root 的密码
[root@mylinux ~]# exit  ←-----从 root 环境回到 coco 环境
logout
[coco@mylinux ~]$ exit  ←-----从 coco 环境回到 user01 环境
logout
[user01@mylinux ~]$  ←-----回到了最初的环境，即 user01 用户所在的环境
```

su 和 su -

虽然使用 su 命令切换身份很方便，但是它有一个很大的缺点，就是这样会泄漏 root 用户的密码，影响系统的安全性。

如果直接执行 su 命令而不指定-的话，虽然这种方式可以切换到 root 身份，但是很多数据无法使用。比如普通用户身份拥有的变量并不会变成 root 身份才有的变量。这

样在执行很多常用命令时，会受到诸多限制。

执行 su -命令可以直接将身份切换到 root 身份而不受限制，前提是当前用户得知道 root 的密码才行。

4.3.2 sudo 命令

sudo 命令可以以另外一个用户的身份执行命令，但并不是所有人都可以执行该命令。普通用户想要使用 sudo 命令，需要系统管理员审核通过后才可以使用。

Linux sudo 命令的语法格式

```
sudo [选项] 用户名
```

以下是选项的相关说明。

- -l：列出当前用户可以执行的命令。
- -u：后面指定想要切换的用户。
- -b：在后台执行指定的命令。

【动手练一练】以系统用户的身份创建目录

这里的 mail 是系统用户，下面使用 sudo 命令指定-u 选项以 mail 的身份创建目录，具体命令如下。

```
[root@mylinux ~]# sudo -u mail mkdir /tmp/umail        ←以 mail 的身份创建目录
[root@mylinux ~]# ls -ld /tmp/umail
drwxr-xr-x. 2 mail mail 6 Oct 14 15:38 /tmp/umail      ←/tmp/umail 所属用户为 mail
```

如果读者觉得 su 命令有缺陷，可以考虑使用 sudo 命令切换用户身份。

为用户增加权限

sudo 命令默认只有 root 用户才能使用，当用户执行 sudo 命令时，系统会去/etc/sudoers 文件中查看该用户是否有执行 sudo 的权限。如果有权限，就让用户输入自己的密码。正确输入密码后，用户就可以使用 sudo 命令了。root 用户执行 sudo 命令时不需要输入密码。

> 如果想让用户具有sudo的执行权限，需要root用户使用visudo命令编辑/etc/sudoers文件。执行visudo命令后会打开/etc/sudoers文件，找到root用户所在的那一行。输入i可以编辑文件，在root用户所在的那一行下面按照root用户设置的格式，为用户user01增加权限。之后按Esc键后输入：wq保存退出。

```
[root@mylinux ~]# visudo
......(中间省略)......
root     ALL=(ALL)      ALL  ←------ 在这一行下面进行设置
user01   ALL=(ALL)      ALL  ←------ 为用户 user01 增加权限
......(中间省略)......
```

这里在为user01增加权限时指定了ALL，表示这个用户可以使用sudo命令执行任何命令。但是考虑到系统的安全性，上面这种方式并不合适。用户应该尽量少地赋予其他用户的权限，因此可以按照下面的格式为普通用户user01设置可以执行的命令。

```
[root@mylinux ~]# visudo
......(中间省略)......
root     ALL=(ALL)      ALL
user01   ALL=(ALL)      /usr/bin/tail  ←------ 设置 user01 用户使用 sudo 可以执行的命令
......(中间省略)......
```

这样设置后，user01只能使用sudo执行tail这个命令查看/etc/shadow文件的内容。

【动手练一练】从管理员切换到普通用户

在更改了user01用户的一些权限后，切换到该用户环境中查看/etc/shadow文件的最后三行内容，具体命令如下。

```
[root@mylinux ~]# su - user01  ←------ 从 root 切换到 user01
[user01@mylinux ~]$ tail -n 3 /etc/shadow  ←------ 以普通用户身份直接查看/etc/shadow 文件内容
tail: cannot open '/etc/shadow' for reading: Permission denied  ←------ 系统提示无权查看
[user01@mylinux ~]$ sudo tail -n 3 /etc/shadow  ←------ 获取权限后查看
[sudo] password for user01:  ←------ 输入用户 user01 的密码
user01:$6$rygn1Ed981Ww2Z9A$VUP7psE5Po5Wqf4p1qMepcrkM2WTMXPPQeAOOlKwoMiqHPDuiKouayve
4p86CZRAK.UJX05HXTX7R.WsKULaH/:18549:0:99999:7:::
coco:$6$I7fpAaS9F5MZyVU8$ARZo2knfvUroUMvxt.N7UuYDyjQOTuZtRBQMqFTQIBOxxNo5/FwverUNTF
0NCax3g95tKpS57FOE7xcdnKZeA/:18549:0:99999:7::19115:
xwq:$6$/YBBh37fFre8jo2B$AzJOVF/48mbgI1aGZa6a23LnwDfD.ickY8hJabY2jd9Mcw3G5JcE6hiDxU5
TjVwEQIYXlJp9oHQGKYIpXTcWT.:18549:0:99999:7:::
[user01@mylinux ~]$ exit  ←------ 退出 sudo 环境
```

```
logout
[root@mylinux ~]#   ←  回到 root 身份的环境中
```

在实际开发中，使用普通用户身份登录系统，当需要 root 权限时，选择哪一个命令比较好呢？

一般用户切换的身份都是 root，以便获取管理员权限。相比于 su 切换身份需要用户的密码，而 sudo 仅仅需要自己的密码。这样保证了 root 密码的安全性。

在帮助 root 管理系统时，su 是直接将 root 的全部权利交给用户。对于 sudo，只要配置好/etc/sudoers，就能够保障系统更安全。

4.4 管理用户组

每个用户都有一个用户组，系统可以对一个用户组中的所有用户进行集中管理。不同 Linux 系统对用户组的规定有所不同。用户组的管理涉及用户组的添加、删除和修改等操作，这些操作实际上就是对/etc/group 文件的更新。

4.4.1 groupadd 命令

groupadd 命令用于创建一个新的用户组。新增的用户组信息会被记录在/etc/group 和/etc/gshadow 文件中。用户可以使用相关的命令进行查看。

Linux groupadd 命令的语法格式

```
groupadd [选项] 用户组名称
```

以下是选项的相关说明。

- -g：后面指定新用户组的 GID。
- -o：一般与-g 选项同时使用，表示新用户组的 GID 可以与系统已有用户组的 GID 相同。

【动手练一练】**新建用户组**

以下代码用于在系统中新建一个用户组 gstudy。新组的 GID 是在当前已有的最大 GID 基础上加 1，这里是 1003。

```
[root@mylinux ~]# groupadd gstudy          ← 新建用户组 gstudy
[root@mylinux ~]# grepgstudy /etc/group /etc/gshadow
/etc/group:gstudy:x:1003:
/etc/gshadow:gstudy:!::                    ← 文件中新组的相关信息,其中 GID 为 1003
```

通常为了高效管理系统中的用户，会将不同的用户加入同一个组中，方便统一为其赋予权限。这样是不是更方便？

没错，特别是在实际开发时，分组可以更好地为用户分配权限。

4.4.2 groupdel 命令

groupdel 命令用于删除一个已有的用户组。删除的这个用户组必须是没有任何人把该改组作为初始用户组，否则删除将会失败。

Linux groupdel 命令的语法格式

```
groupdel 用户组名称
```

【动手练一练】**删除用户组**

使用 groupdel 命令可以直接删除用户组 gstudy，这是因为系统中没有用户将这个组作为初始用户组。不过在删除 user01 这个用户组时就会失败，这是因为系统中有 user01 这个用户将组 user01 作为自己的初始用户组。删除用户组的具体命令如下。

```
[root@mylinux ~]# groupdel gstudy          ← 成功删除用户组 gstudy
[root@mylinux ~]# groupdel user01          ← 删除用户组 user01 失败
groupdel: cannot remove the primary group of user 'user01'
```

不能使用 groupdel 命令随意删除群组，胡乱地删除群组可能会给其他用户造成不小的麻烦，因此更改文件数据要格外慎重。

明白了，其实使用 groupdel 命令删除群组就是删除/etc/gourp 文件和/etc/gshadow 文件中有关目标群组的数据信息。

4.4.3 groupmod 命令

groupmod 命令用于修改用户组的名称和 GID。这个命令与之前介绍的修改用户信息的 usermod 命令类似。

Linux groupmod 命令的语法格式

```
groupmod [选项] 用户组名称
```

以下是选项的相关说明。

- -g：后面指定 GID，表示修改指定用户组的 GID。
- -n：后面指定新组的名称，表示修改指定用户组的组名。

【动手练一练】**修改用户组名称**

以下命令用于将系统中已有的用户组 gmystu 的名称修改成 mystudy，对应文件/etc/group 和/etc/gshadow 中的信息也会进行相应更新。

```
[root@mylinux ~]# groupmod -n mystudy gmystu        ← 将用户组 gmystu 的名称修改为 mystudy
[root@mylinux ~]# grepmystudy /etc/group /etc/gshadow   ← 查看修改后的信息
/etc/group:mystudy:x:1003:
/etc/gshadow:mystudy:!::                             ← 用户组的名称已更改为 mystudy
```

在修改用户组信息时，需要特别注意不能随意修改 GID，这样容易造成系统资源的混乱。

第5章

Chapter 5

vim编辑器

知识架构

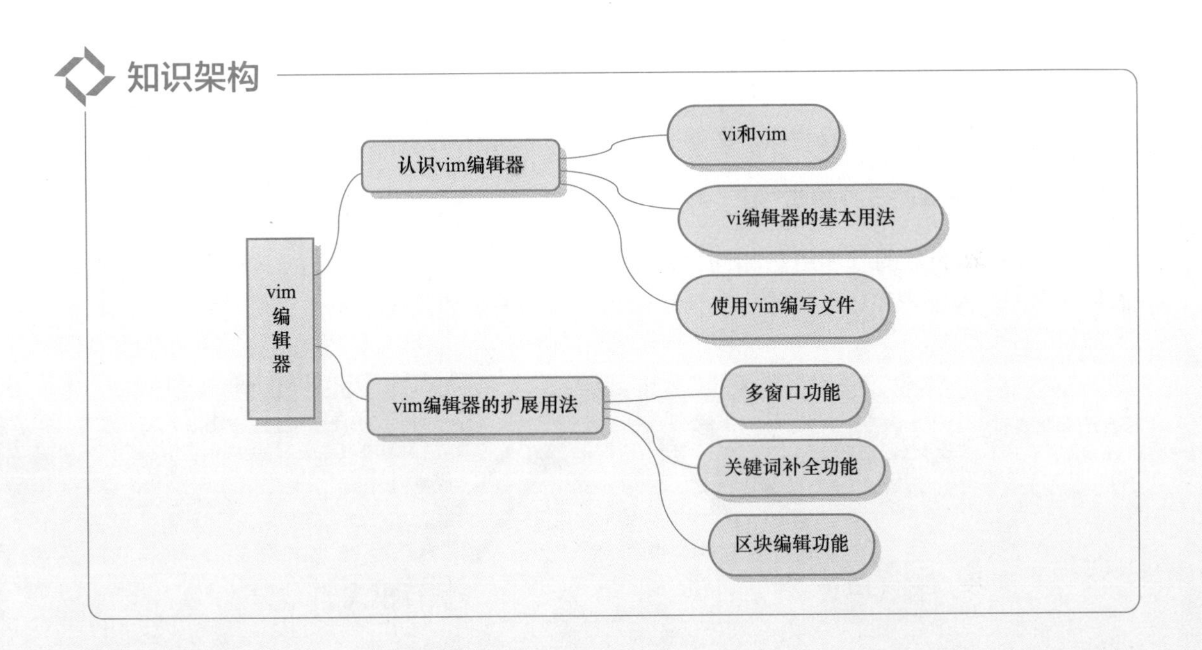

无论是使用 Linux 系统进行学习还是日常工作，都免不了要编写文档，这就要求大家必须学会使用至少一种文本编辑器。这里将带大家学习使用 vim 编辑器。vim 编辑器默认已经安装在 Linux 系统中，是一款使用非常方便的文本编辑器。

终于可以编辑文件了，之前只会创建空白文件。

使用 vim 编辑文件，需要掌握一些按键操作来实现粘贴、复制和删除等功能，这些可不是通过鼠标操作实现的啊。

5.1 认识 vim 编辑器

这里将通过 vi 学习 vim，vi 和 vim 都是文本编辑器。vi 是 Linux 发行版上默认支持的一款文本编辑器，vim 是 vi 的高级版本，支持的功能更多。因此，读者有必要掌握这两种文本编辑器的使用方法。

5.1.1 vi 和 vim

文本编辑器虽然有很多，但是 vi 是所有 Linux 发行版内置的文本编译器，很多软件的编辑接口都会主动调用 vi，所以大家需要掌握它的用法。vi 和 vim 的基本用法都是相同的，只不过 vim 有一些扩展的高级功能，比如支持正则表达式的查找方式、进行多文本编辑等。

Linux vi 编辑器的三种模式

vi 和 vim 编辑器的基本用法相同，这里以 vi 编辑器为例，介绍它的三种模式，分别是命令模式、插入模式和底行模式。这三种模式之间的关系如图 5-1 所示。

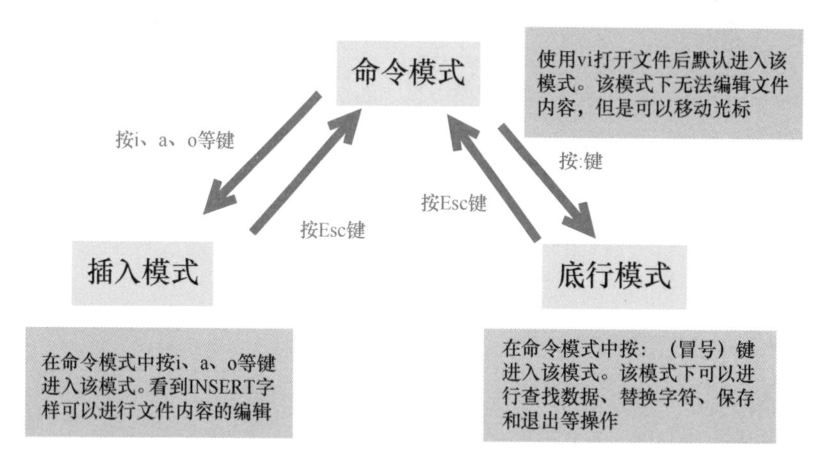

图 5-1　三种模式之间的关系

原来三种模式之间可以来回切换呀！

需要注意的是：命令模式可以分别与插入模式和底行模式相互切换，但是插入模式和底行模式之间是不能相互切换的。

5.1.2 vi 编辑器的基本用法

使用 vi 编辑器打开文件很简单，以“vi 文件名”的形式就可以了。如果文件是系统中已经存在的，通过 vi 可以直接打开这个文件。如果这个文件不存在，那么 vi 会直接新建该文件并打开它。

【动手练一练】**打开空白文件**

在终端输入 vi hello.txt 可以创建并打开空白文件 hello.txt，具体命令如下。

```
[root@mylinux ~]# vi hello.txt    ←创建并打开空白文件
```

文件打开后，光标默认会停在文件的开头处。中间区域中显示的~表示没有插入任何内容。底部显示的信息并不是文件中的内容，只是提示信息。使用 vi 编辑器打开空白文件的结果如图 5-2 所示。

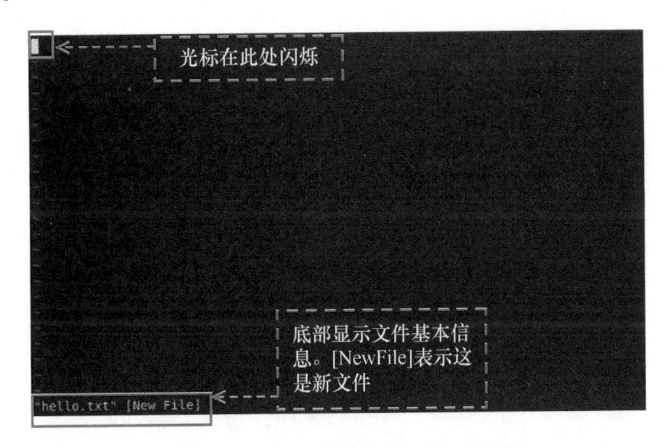

图 5-2 使用 vi 编辑器打开空白文件

【动手练一练】**打开非空白文件**

这里使用 vi 编辑器打开非空文件 etc/sudo.conf，如图 5-3 所示。在图中显示的是文件内容，最后一行是文件的提示信息，包括文件名、文件的行数和总字符数。以#开头的行表示注释内容，其他内容是设置项。

```
#
# Default /etc/sudo.conf file
#
# Format:
#   Plugin plugin_name plugin_path plugin_options ...
#   Path askpass /path/to/askpass
#   Path noexec /path/to/sudo_noexec.so
#   Debug sudo /var/log/sudo_debug all@warn
#   Set disable_coredump true
#
# Sudo plugins:
#
# The plugin_path is relative to ${prefix}/libexec unless fully qualified.
# The plugin_name corresponds to a global symbol in the plugin
#   that contains the plugin interface structure.
# The plugin_options are optional.
#
# The sudoers plugin is used by default if no Plugin lines are present.
Plugin sudoers_policy sudoers.so
Plugin sudoers_io sudoers.so
#
# Sudo askpass:
"/etc/sudo.conf" 57L, 1786C
```

显示了文件名（/etc/sudo.conf）、行数（57行）和总字符数（1786个字符）

图 5-3　使用 vi 打开非空文件

这样就会打开一个没有文件名的文件，在退出 vi 界面时需要输入文件名才能保证编辑的文件内容被保存在磁盘中。

【动手练一练】**编辑文件内容**

在编辑空白文件时，需要按 i 键，从命令模式切换到插入模式。在文件底部看到 INSERT 字样就可以输入内容了，其间按 Enter 键可以换行。输入完毕后，光标会停在此时输入的最后一行上，如图 5-4 所示。

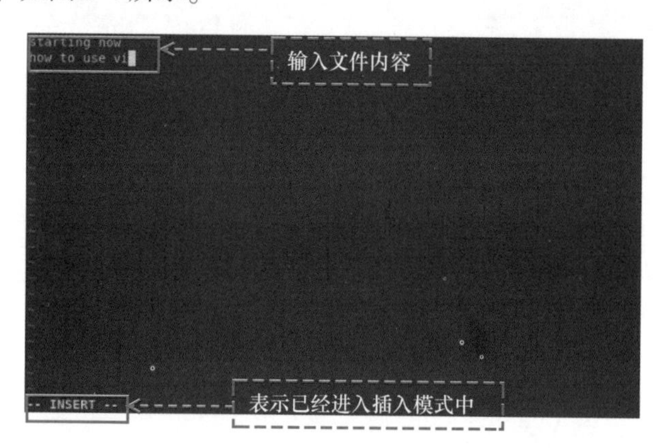

图 5-4　编辑文件内容

在完成文件编辑后想要保存并退出时，需要按 Esc 键从插入模式回到命令模式，此时文件底部的 INSERT 字样会消失。然后输入：（冒号）进入底行模式，再输入 wq，按 Enter 键就可以保存并退出 vi 编辑器了，如图 5-5 所示。

图 5-5　保存文件并退出

常用按键说明

除了上面提到的一些基本按键之外，vi 和 vim 编辑器还有很多的按键。不同的模式下使用的按键不同，在使用常用按键时也要注意当前所在的模式。

在补充介绍常用按键时，以 vi 编辑器为例（vi 和 vim 通用）。如果读者想学习更多关于按键的用法，请扫描封底二维码下载相关说明文档获取详细介绍信息。

如果想使用 vi 打开文件后直接定位在文件的特定行中，可以在 vi 指定文件时加上行号，比如 vi +5 test 表示使用 vi 打开 test 文件并定位到该文件的第5行。

5.1.3 使用 vim 编写文件

到现在为止，大家应该已经学会使用 vi 编辑器打开和编辑文件了。其实 vim 与 vi 的用法基本相同，下面介绍使用 vim 打开文件的界面与 vi 的不同之处。

【动手练一练】打开一个非空文件

使用 vim 编辑文件时，界面上显示的内容会有颜色的区分。比如使用 vim 打开/etc/sudo.conf 文件，如图 5-6 所示。底部显示的文件信息格式与 vi 有所不同。

与 vi 编辑器的界面相比，使用 vim 编辑器浏览文件更能清晰地分辨正文和注释内容。底部显示的光标位置也可以让用户在浏览或编辑文件时更容易操作。

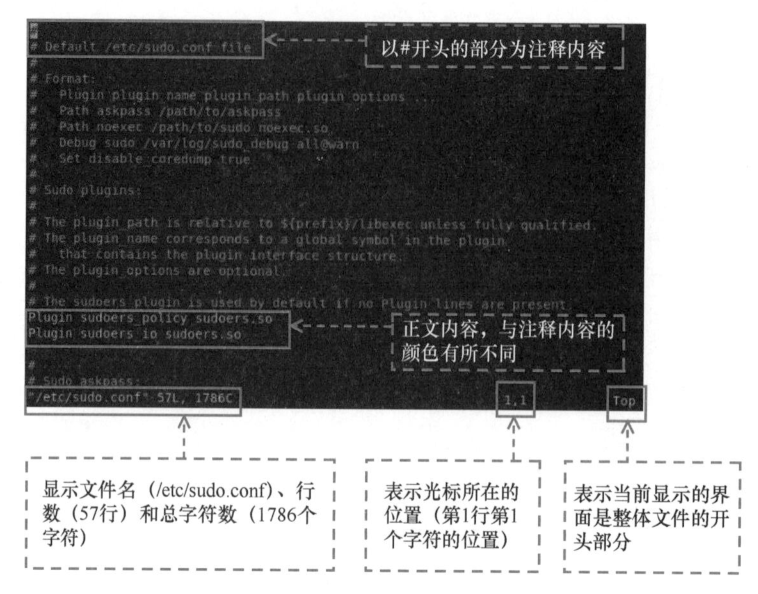

图 5-6　使用 vim 打开非空文件

使用 vim 浏览和编辑文件时，如果向下移动光标的位置，那么文件底部显示的就不再是 Top 字样，而是一个百分比数字，表示当前界面占整体文件的百分比数。如果浏览到文件的最底部，显示的则是 Bot 字样。

【动手练一练】**编写文本内容**

下面使用 vim 编写文本内容。文件 info.txt 不存在，vim 会自动创建并打开这个新文件。使用 vim 打开 info.txt 文件时，光标会自动停在第 1 行第 1 个字符的位置。此时文件中没有任何字符内容，处于命令模式，如图 5-7 所示。

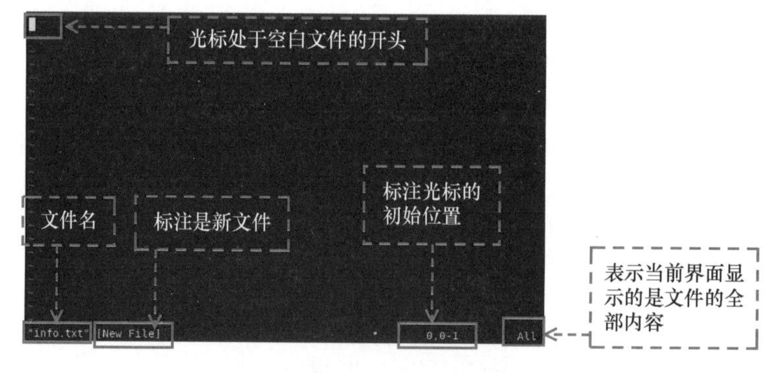

图 5-7　使用 vim 打开空白文件

在命令模式下按 i 键，进入插入模式，文件底部显示 INSERT 字样。此时向文件中输入内容，如图 5-8 所示。这里底部的“3，13”表示的是光标在第 3 行的第 13 个字符的位置。在区分行时，以句末的换行符为准，而不是肉眼看到的行数。在下面显示的内容里，看起来有 5 行，实际上只有 3 行（第 2 行和第 3 行都有折行）。

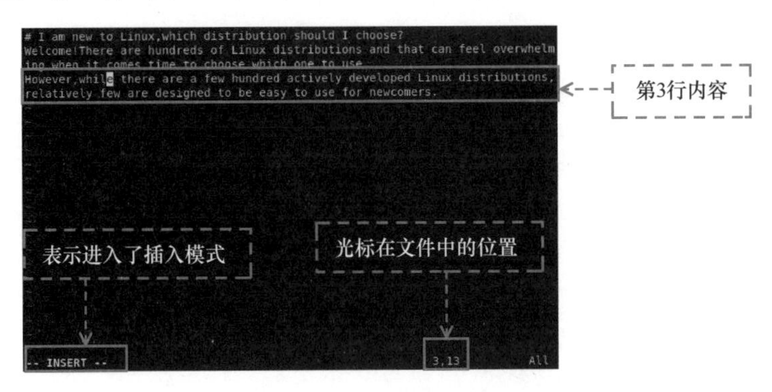

图 5-8　编辑文件内容

内容输入完毕后，按 Esc 键回到命令模式。然后输入：进入底行模式，如图 5-9 所示。此时再输入 wq 按 Enter 键，就可以保存退出 vim 编辑器界面了。

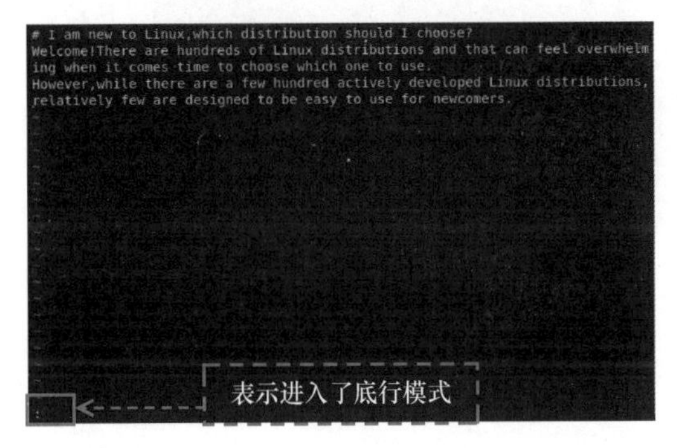

图 5-9　进入底行模式

进入 vim 后，就可以使用键盘取代鼠标了？

对的。vim 是公认的 Linux 中简单易用的编辑器，每一种模式下都有很多操作按键供用户使用，用来编辑文件内容，因此完全不需要任何鼠标操作。

5.2　vim 编辑器的扩展用法

vi 和 vim 的基本用法是相同的，只不过使用 vim 编辑器打开文件时的显示界面略有不同。在掌握了基础用法后，顺便学习一下 vim 的扩展用法吧。

5.2.1 多窗口功能

当用户在编辑一个很长的配置文件时，上下来回翻看同一个文件很麻烦。尤其是在编辑文件后面的内容时，需要翻看前半部分内容。这时通过 vim 编辑器的多窗口功能，可以轻松解决这种困扰。

【动手练一练】**在多窗口显示同一个文件**

在使用 vim 编辑器打开一个长文件后，在命令模式下输入：sp，可以让同一个文件显示在两个窗口中，如图 5-10 所示。比如打开文件/etc/sudo.conf，可以同时看到这个文件不同部分的内容。

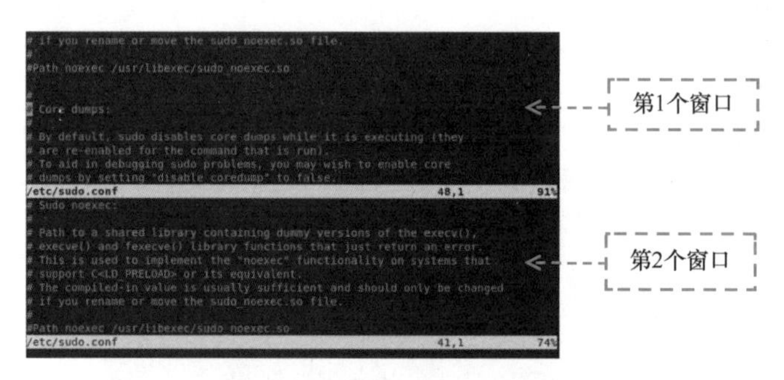

图 5-10　同时打开两个窗口

当存在多个窗口的情况下，如果想关闭光标所在的窗口，直接在命令模式下输入：close 即可。

通过多个窗口打开同一个文件，尤其适用内容较长的文件。当需要查看或编辑文件的不同位置时，可以通过多窗口方式打开文件。

【动手练一练】**在多窗口显示不同的文件**

如果想要对比两个不同的文件，可以在已经打开一个文件的情况下，在命令模式中输入：sp，然后再输入另一个文件的文件名。比如使用 vim 打开/etc/sudo.conf 文件后，在该文件的命令模式下输入：sp /etc/services 后按 Enter 键，就可以在两个窗口中显示不同的文件内容了，如图 5-11 所示。

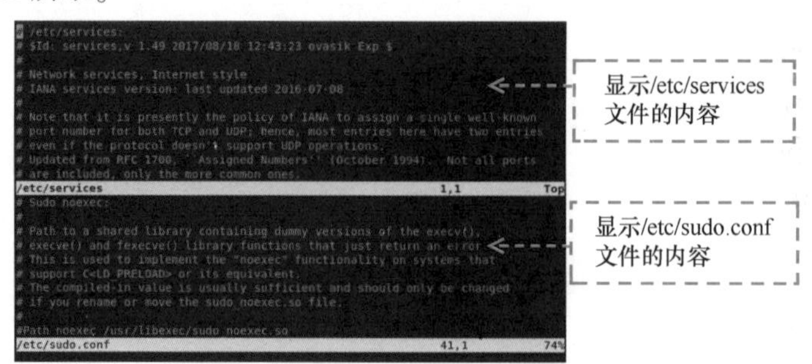

图 5-11　多窗口打开不同文件

使用同样的方法可以继续打开第三个文件。这个功能在修改配置文件时非常适用，尤其是在需要修改多个文件的情况下。

多窗口切换按键

在使用 vim 编辑器的多窗口切换功能时，经常需要在两个或多个不同的文件之间来回切换。两个文件之间的切换操作需要用到不同按键的组合，比如从当前窗口切换到下一个窗口。多窗口切换按键如表 5-1 所示。

表 5-1　多窗口切换按键

按　键	说　明
Ctrl+w+k 或 Ctrl+w+↑	将光标移动到上面的窗口
Ctrl+w+j 或 Ctrl+w+↓	将光标移动到下面的窗口
：close	关闭光标所在窗口

5.2.2 关键词补全功能

在 Linux 中通过终端输入命令时可以使用 Tab 键补全命令。在使用一些软件编写程序时，也会有代码补全功能。vim 中也有这种关键词补全功能。比如通过文件的扩展名判断文件类型给出需要补齐的关键词提示。

Linux 关键词补全按键

下面是 vim 编辑器中使用的关键词补全按键，如表 5-2 所示。

表 5-2　关键词补全按键

按　键	说　明
先 Ctrl+x 后 Ctrl+o	根据文件扩展名以 vim 内置的关键词补齐
先 Ctrl+x 后 Ctrl+n	根据当前正在编辑的文件内容作为关键词补齐

【动手练一练】**在网页文件中使用关键词补全功能**

创建扩展名为.html 的网页文件 test.html，vim 会根据扩展名调用正确的语法。通过上下键可以选择需要的关键词，如果文件的扩展名不正确，将无法出现任何关键词。在网页文件中使用关键词补全功能的具体命令如图 5-12 所示。

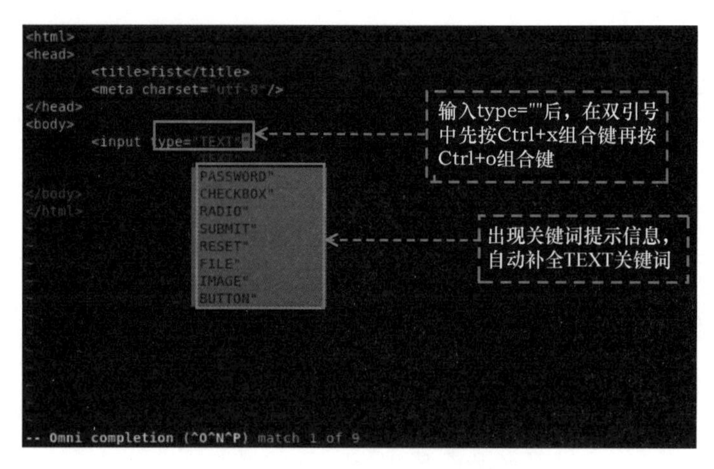

图 5-12　使用关键词补全功能

5.2.3　区块编辑功能

在之前的 vim 操作中都是以行为单位进行操作的。如果想要编辑整列内容，就需要用到 vim 的区块编辑功能了。

区块编辑功能指的是可视区块功能，它可以实现以列的形式操作文件内容的效果。比如一次性复制文件中的某一列。

Linux　区块编辑的按键

下面是 vim 编辑器中使用的区块编辑按键，如表 5-3 所示。在接下来的操作中，使用 Ctrl+v 组合键选择数据。

表 5-3　区块编辑按键

按　键	说　明
v	选择字符，会将光标经过的字符选中
Ctrl+v	可视区块，以矩形的形式选择数据区域
V	选择行，会将光标经过的行选中
y	将光标选中的数据区域进行复制
p	将复制的数据区域粘贴在光标所在的地方
d	将光标选中的数据删除

【动手练一练】 **复制整列的部分内容**

iphost 文件中存储了 IP 地址和对应的主机名称，存储格式如图 5-13 所示。现在需要将 host01 至 host15 进行复制，并粘贴到每一行后面的对应位置，即“192.168.10.1　host01.com　host01”这种形式。

使用 vim 编辑器打开 iphost 文件，在命令模式下将光标移动至第一行 host01 中的 h 处。然后按 Ctrl+v 组合键，这时左下角会出现 VISUAL BLOCK 字样。

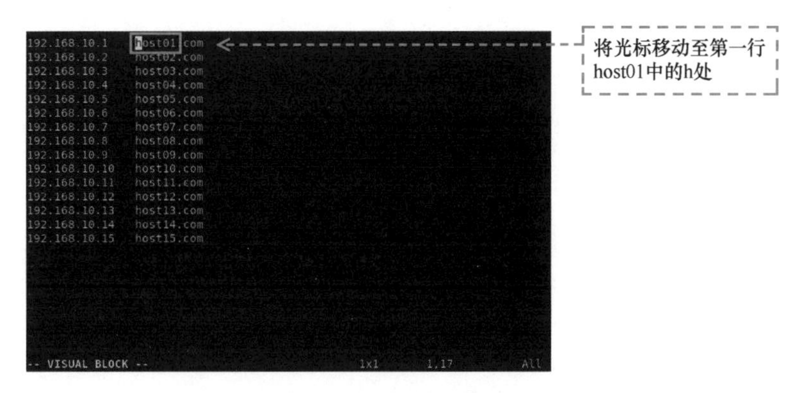

图 5-13　移动光标至指定位置

将光标从第一行 host01 中的 h 处移动至 host15 的 5 处，此时光标移动过的区域就是选中状态，如图 5-14 所示。选中数据之后，按 y 键进行复制。按下 y 键之后，光标将会定位在 host01 的 h 处。

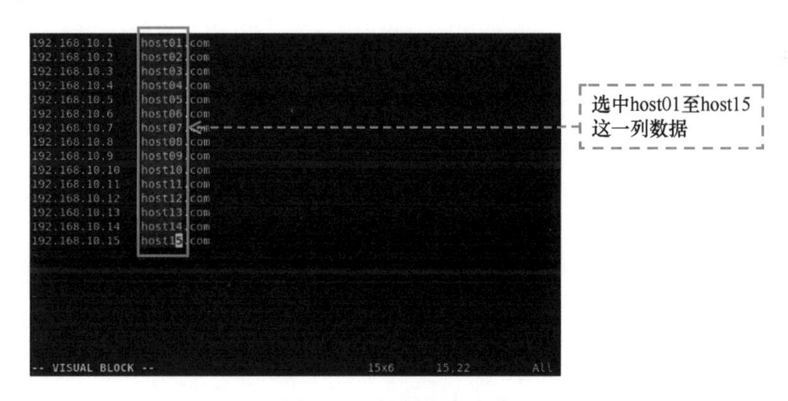

图 5-14　复制指定内容

将光标移动至第一行的最右边，按 i 键进入插入模式，然后向右按几个空格键。按 Esc 键回到命令模式后，再按 p 键，数据就会整列进行粘贴，如图 5-15 所示。

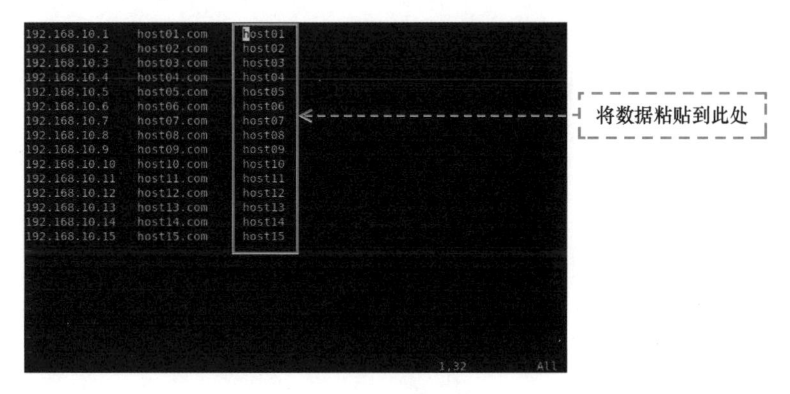

图 5-15　粘贴内容

通过上面这种功能，用户可以对一整个数据区块进行复制、粘贴等操作。对于这种有特定格式的文件进行操作非常方便。

多人同时编辑文件的情况

因为 Linux 是多用户、多任务的系统，所以出现多人同时编辑同一个文件是常态。如果在多人编辑的情况下，大家同时保存编辑后的文件，那么这个文件内容将会变得非常杂乱。为了避免此类问题的出现，vim 会出现警告窗口，解决方法如下。

- 找到同时编辑文件的另一方，让对方结束 vim 的编辑操作，然后自己再继续处理当前文件。
- 如果自己只是浏览文件内容，并不会进行编辑等涉及修改的操作，可以选择开启只读模式（输入 o 键）。

一般情况下，在登录到其他计算机中查看文件时，如果发现对方在编辑这个文件，这时可以开启只读模式查看该文件的内容即可。

第6章 文件系统与磁盘管理

Chapter 6

知识架构

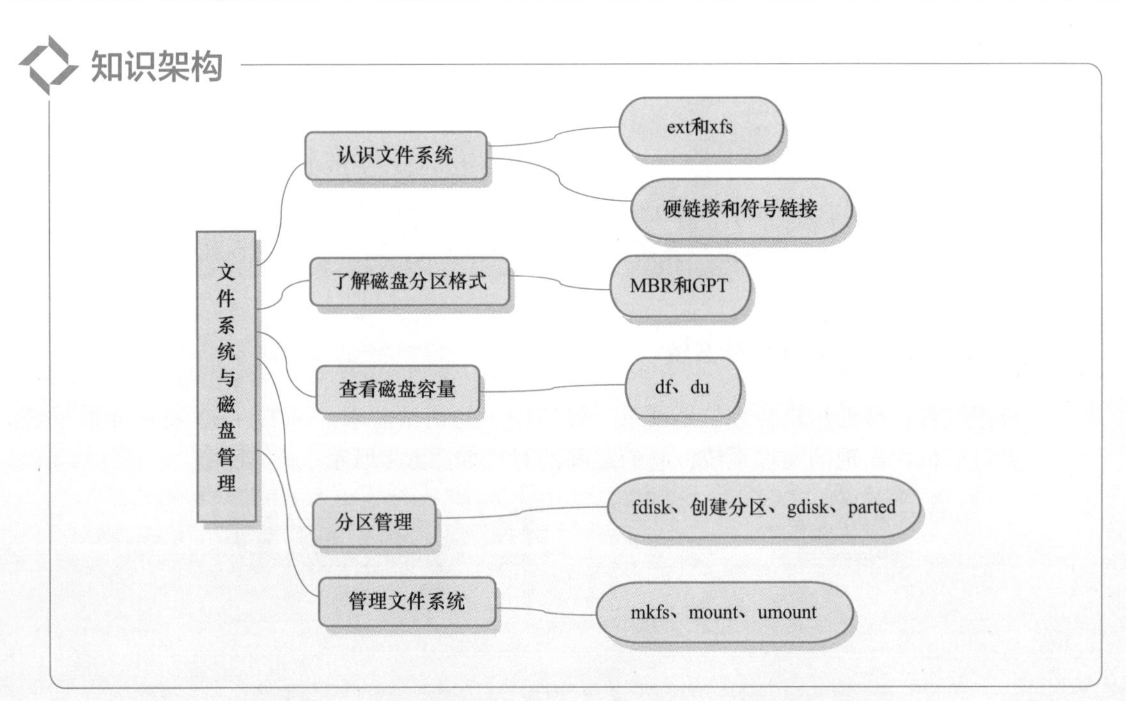

现在，大家已经对 Linux 系统的树形存储结构有了一些了解，并掌握了一些常用的文件和目录的管理命令。下面来认识磁盘，文件系统就是建立在磁盘上面的。

这些知识之前完全不了解啊。

对于一块新的磁盘存储设备，用户首先需要对它进行分区，然后在分区上创建文件系统（格式化文件系统），最后挂载后才能正常使用文件系统。下面，要准备学习更深一层的 Linux 知识了，加油！

6.1 认识文件系统

不同的操作系统使用的文件系统各不相同。Linux 文件系统中的文件是数据的集合，文件系统不仅包含文件中的数据，也包含了文件系统的结构，所有 Linux 用户和程序中的文件、目录、链接文件及文件保护信息等都存储在其中。

6.1.1 ext 文件系统

在 Linux 系统支持的文件系统类型中，ext2、ext3 和 ext4 是 Red Hat 和 CentOS 采用的默认文件系统类型。ext2、ext3、ext4 是依次升级的 ext 文件系统版本，这些不同的文件系统的高版本是向下兼容的。ext 系列虽然支持度很广，但是格式化较慢，特别是磁盘容量较大时，这种缺点尤其明显。

Linux ext2、ext3 和 ext4 文件系统

文件系统可以帮助用户合理规划硬盘，保证用户的正常需求。ext2、ext3 和 ext4 都是经过不断升级后依次出现的文件系统，它们之间的对比如图 6-1 所示。

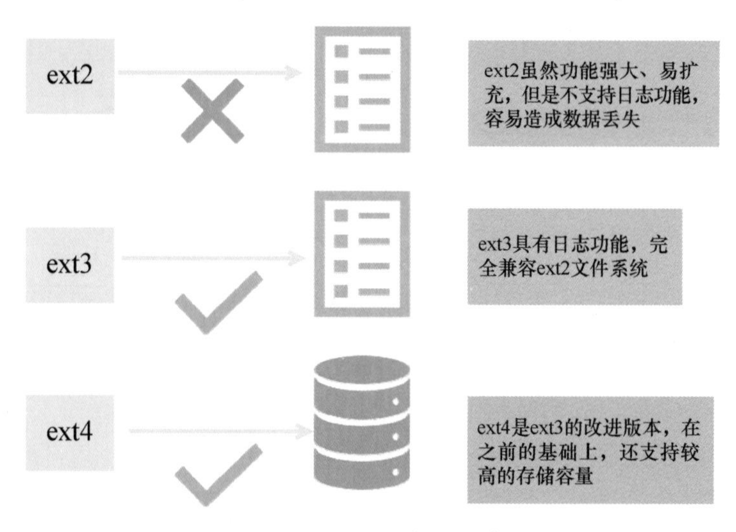

图 6-1　ext2、ext3 和 ext4 对比

6.1.2 xfs 文件系统

从 CentOS 7 开始，默认的文件系统由 ext4 更改为了 xfs。xfs 是一种高性能的日志文件系统，当机器宕机时，它可以快速地恢复被破坏的文件，而且只需要很低的计算量和存储性能。

Linux xfs 文件系统的主要特性

通过与之前的 ext4 文件系统进行对比，xfs 有以下几个主要的特性，如图 6-2 所示。

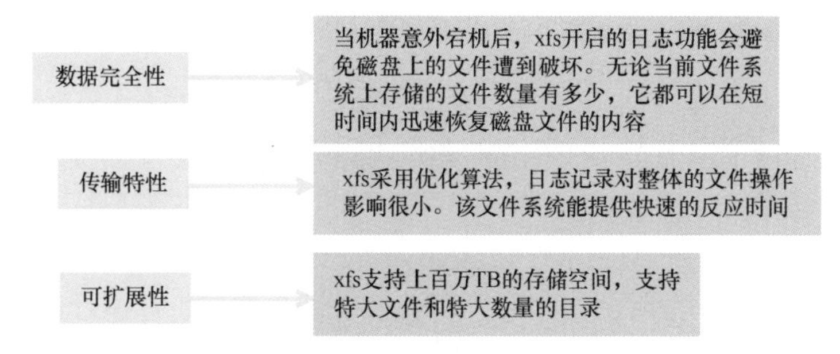

图 6-2　xfs 的主要特性

xfs 具备了 ext4 文件系统大部分的功能。ext4 受限于磁盘容量和兼容问题，可扩展性不如 xfs。经过多年的发展，xfs 的各种细节已经优化得比较完善了。

Linux inode 与文件系统

文件系统通常会将权限等属性存放在 inode（节点）中，实际数据则存放在数据区块中。如果文件较大时，会占用多个区块。inode 与文件系统的关系如图 6-3 所示。

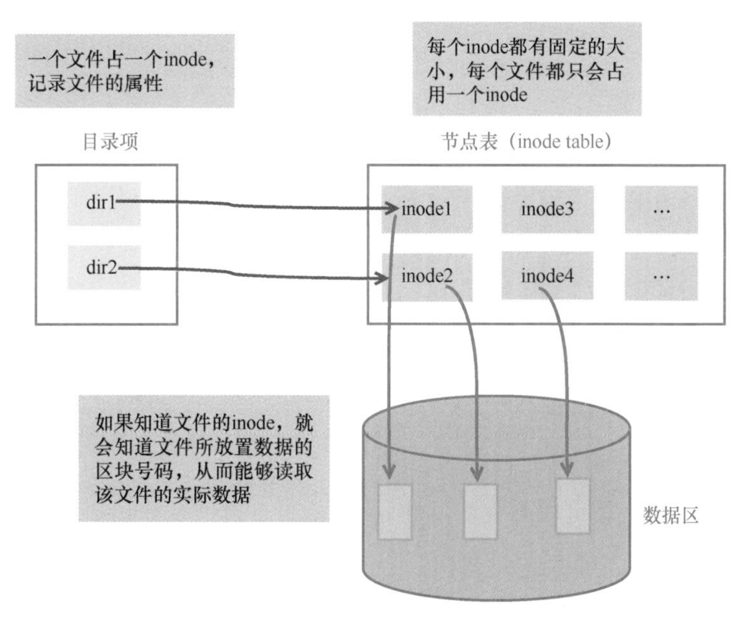

图 6-3　inode 与文件系统的关系

6.1.3 硬链接

Linux 系统中的链接文件有两种，分别是硬链接文件和符号链接文件。虽然创建这两种文件时都会用到 ln 命令，但是创建方法和特点有所不同。这里先介绍硬链接文件。

硬链接（Hard Link）通过文件系统的 inode 进行链接，并不会产生新的文件。硬链接文件和原始文件其实是同一个文件，只是名字不同。即使将原始文件删除，也可以通过硬链接文件访问文件的内容。默认情况下，使用 ln 命令不加任何选项，执行后会产生硬链接文件。

Linux 硬链接与原始文件的关系

每创建一个硬链接，文件的 inode 连接数就会增加 1，只有当这个文件的 inode 连接数变成 0，才算是彻底删除了这个文件。不过硬链接不能跨文件系统，也不能链接目录。硬链接与原始文件的关系如图 6-4 所示。

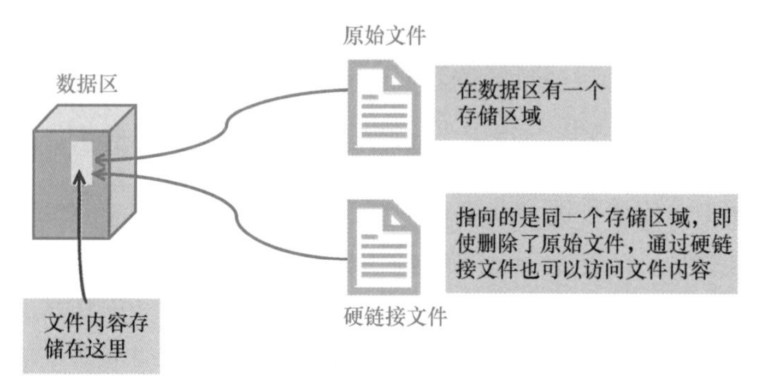

图 6-4　硬链接与原始文件的关系

硬链接文件相当于这个文件的另一个访问入口。即使原始文件这个入口损坏了，也可以通过硬链接正常访问文件中的内容。

Linux 硬链接的语法格式

```
ln 原始文件 硬链接文件
```

这里的硬链接文件其实和普通的文件没什么区别，inode 指向的是硬盘中的同一个存储区域。

【动手练一练】创建硬链接文件

/etc/fstab 文件用来存放文件系统的静态信息。下面使用 ln 命令为这个文件创建硬链接文件。指定 ls 命令的-i 选项可以查看文件的 inode 信息，具体命令如下。

```
[root@mylinux ~]# ln /etc/fstab fstab_hl          ← 创建硬链接文件 fstab_hl
[root@mylinux ~]# ls -li /etc/fstab fstab_hl      ← 查看 inode 信息
16777347 -rw-r--r--. 2 root root 579 Sep  7 11:48 /etc/fstab
16777347 -rw-r--r--. 2 root root 579 Sep  7 11:48fstab_hl
```

两个文件的 inode 号码相同，而且除了 inode 号码，这两个文件的其他属性也是相同的

6.1.4 符号链接

符号链接（Symbolic Link）也叫软链接，可以快速链接到原始文件，与 Windows 中的快捷方式功能类似。

符号链接和原始文件有不同的 inode，符号链接中记录了指向原始文件的路径信息，可以跨文件系统进行链接，也可以链接目录。

与创建硬链接不同，创建符号链接时需要搭配 ln 命令的相关选项。

Linux 符号链接与原始文件的关系

如果原始文件被删除，符号链接仍然存在，但是指向的将会是一个无效的链接。符号链接与原始文件的关系如图 6-5 所示。

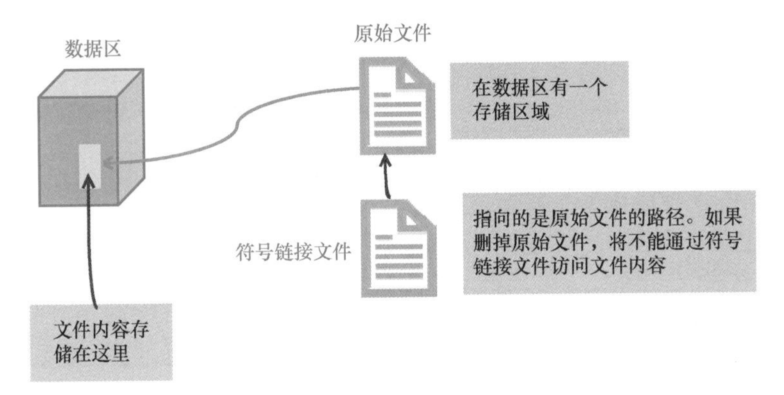

图 6-5　符号链接与原始文件的关系

将原始文件删掉后，符号链接文件依然存在，但是就无法访问文件内容了。

Linux 符号链接的语法格式

```
ln [选项] 原始文件 符号链接文件
```

以下是选项的相关说明。

- -s：创建符号链接文件。
- -f：强制创建文件或目录的链接。
- -v：显示创建链接的过程。

【动手练一练】**创建符号链接文件**

创建符号链接时需要指定-s 选项。以下命令用于分别创建硬链接和符号链接，读者可以对比两者的区别。

```
[root@mylinux ~]# ln file1 file1_hl          ◄---- 创建硬链接 file1_hl
[root@mylinux ~]# ln -s file1 file1_sl       ◄---- 创建符号链接 file1_sl
[root@mylinux ~]# ls -li file1*
35845728 -rw-r--r--. 2 root root 41 Oct  9 15:13 file1       ◄---- 原始文件
35845728 -rw-r--r--. 2 root root 41 Oct  9 15:13 file1_hl    ◄---- 硬链接文件
35845710 lrwxrwxrwx. 1 root root  5 Oct  9 15:15 file1_sl -> file1
```

符号链接文件的 inode　　　　符号链接文件

符号链接可以跨文件系统吗？

当然可以。如果对链接文件的内容进行修改，原始文件的内容也会随之改变。由于硬链接的种种限制，符号链接的应用更广泛一些。符号链接在建立时会生成一个新的 inode，并记录了指向源文件 inode 的路径，所以符号链接的 inode 与原始文件的 inode 不一样。这也是为什么符号链接能够跨越不同文件系统的原因。

【动手练一练】**删除原始文件**

当用户删除原始文件 file1 时，硬链接文件 file1_hl 可以正常读取，而符号链接文件 file1_sl则无法打开，会出现没有那个文件或目录的提示信息，具体命令如下。

```
[root@mylinux ~]# cat file1        ◄---- 查看原始文件 file1 的内容
I am a TEST file
Hard Link
Symbolic Link
[root@mylinux ~]# rm file1         ◄---- 删除原始文件 file1
rm: remove regular file 'file1'? y
[root@mylinux ~]# cat file1_hl     ◄---- 查看硬链接 file1_hl 的内容
I am a TEST file
Hard Link
Symbolic Link
[root@mylinux ~]# cat file1_sl
cat: file1_sl: No such file or directory   ◄---- 提示无法查看符号链接 file1_sl 的内容
```

硬链接占用存储空间吗？

硬链接没有重新生成 inode，而是相当于原始文件的副本。由于一个文件系统有相同的 inode，所以硬链接不可以跨文件系统。删除原始文件或硬链接文件中的其中一个，inode 都不会释放，只有指向同一个 inode 的文件名都被删除了，inode 才会释放。因此，硬链接实际上是不占用存储空间的。

硬链接和符号链接原来还有这种区别啊。

6.2 了解磁盘分区格式

磁盘是计算机重要的一个部件，计算机中的数据保存在磁盘中，对于系统管理员来说，磁盘的管理是非常重要的一个部分。在对磁盘分区之前，首先需要确认磁盘分区表的格式是 MBR 还是 GPT。只有了解磁盘分区的基础知识，用户才能更好地利用分区管理工具对磁盘进行合理的分区。

6.2.1 MBR 分区格式

MBR（Master Boot Record，主引导记录）分区分为主分区、扩展分区和逻辑分区。一块磁盘最多只能创建 4 个主分区，一个扩展分区会占用一个主分区的位置，而逻辑分区是基于扩展分区创建出来的。

先有扩展分区，然后在扩展分区的基础上再创建逻辑分区。也就是说用户要使用逻辑分区，必须先要创建扩展分区。扩展分区的空间是不能被直接使用的，必须在扩展分区的基础上建立逻辑分区才能够被使用。

Linux MBR 分区格式之间的关系

当用户将磁盘以 MBR 格式进行分区时，分区结构如图 6-6 所示。

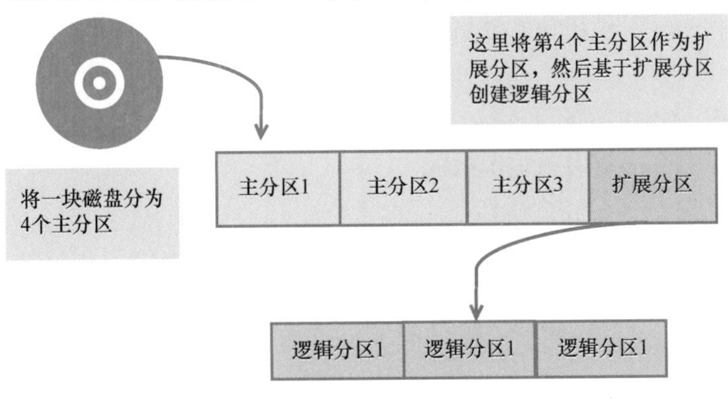

图 6-6　MBR 分区结构

如果查看磁盘分区后显示的是 msdos，其实就是 MBR 分区格式。通常情况下，用户的磁盘采用 MBR 分区，但是 MBR 磁盘最大仅能支持2T 的空间，那么对于2T 以上的空间就得采用 GPT 分区格式。

6.2.2 GPT 分区格式

GPT（GUID Partition Table，全局唯一标识分区表）是一个较新的分区机制，解决了 MBR 的很多缺点。GPT 支持超过 2TB 的磁盘，并且向后兼容 MBR。

GPT 分区结构解决了 MBR 只能分 4 个主分区的缺点。理论上说，GPT 分区格式对分区的数量是没有限制的，但某些操作系统可能会对此有所限制。

Linux GPT 分区格式之间的关系

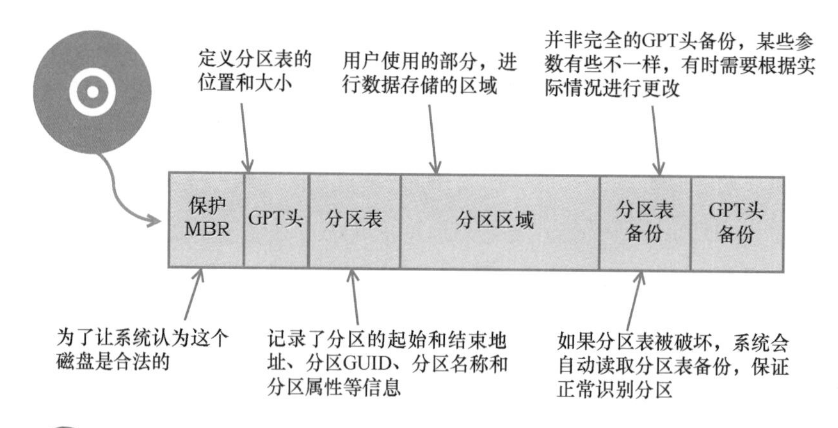

物理设备的命名规则

Linux 中所有的设备都被抽象为一个文件，保存在/dev/目录下。下面介绍一些常见的硬件设备和文件名称。

- SCSI、SATA、USB：/dev/sd［a-p］。一台主机可以有多块硬盘，a 到 p 代表 16 块不同的硬盘，默认从 a 开始分配。
- Virtio 接口：/dev/vd［a-p］用于虚拟机内。
- CD-ROM、DVD-ROM：/dev/scd［0-1］通用，/dev/sr［0-1］CentOS 中较常见，/dev/cdrom 为当前 CD-ROM。
- 软盘驱动器：/dev/fd［0-1］。
- 打印机：/dev/lp［0-2］用于 25 针打印机，/dev/usb/lp［0-15］用于 USB 接口的打印机。
- 鼠标：/dev/usb/mouse［0-15］用于 USB 接口，/dev/psaux 用于 PS/2 接口。

6.3 查看磁盘容量

在使用分区管理工具对磁盘分区之前，用户还需要了解磁盘的整体使用情况。磁盘的整体数据在超级区块（superblock）中，每个文件的容量记载在 inode 中。下面将会介绍两个查看磁盘容量的命令，帮助用户了解这些数据的具体情况。

6.3.1 df 命令

df（disk free）命令用于查看文件系统的整体磁盘使用情况。通过这个命令，用户可以查看磁盘已经被使用的空间和剩余的空间。

Linux df 命令的语法格式

```
df [选项] 文件名
```

以下是选项的相关说明。

- -a：显示所有的文件系统，包括虚拟文件系统。
- -h：以易读的 KB、MB、GB 等格式显示。
- -k：以 KB 的格式显示文件系统信息。
- -m：以 MB 的格式显示文件系统信息。
- -i：列出 inode 信息。

【动手练一练】以默认格式显示文件系统的使用情况

不加任何选项执行 df 命令可以将系统中所有的文件系统全部列出来，并且是以 1KB 的容量列出来，具体命令如下。

```
[root@mylinux ~]# df  <------ 显示的默认格式
Filesystem          1K-blocks   Used     Available   Use% Mounted on
devtmpfs             909016     0        909016       0%  /dev
tmpfs                924732     0        924732       0%  /dev/shm
tmpfs                924732     9776     914956       2%  /run
tmpfs                924732     0        924732       0%  /sys/fs/cgroup
/dev/mapper/cl-root 31441920    5088536 26353384     17%  /
/dev/sda1            487634     135022   322916      30%  /boot
tmpfs                184944     28       184916       1%  /run/user/42
tmpfs                184944     3496     181448       2%  /run/user/0
```

上面的执行结果包含了 6 个字段，下面详细介绍它们的含义。

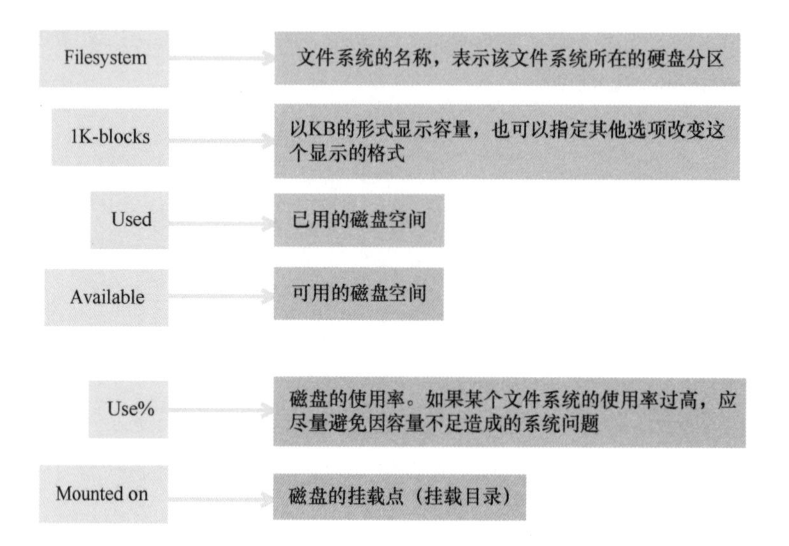
Filesystem
文件系统的名称，表示该文件系统所在的硬盘分区
1K-blocks
以KB的形式显示容量，也可以指定其他选项改变这个显示的格式
Used
已用的磁盘空间
Available
可用的磁盘空间
Use%
磁盘的使用率。如果某个文件系统的使用率过高，应尽量避免因容量不足造成的系统问题
Mounted on
磁盘的挂载点（挂载目录）

【动手练一练】**以易读的方式显示文件系统的信息**

指定-h 选项可以以易读的格式显示文件系统的信息，这里文件系统的大小以 MB 为单位显示，相比之前较大的数字，这样更容易让人理解，具体命令如下。

```
[root@mylinux ~]# df -h   ←显示的默认格式
Filesystem                Size  Used Avail Use% Mounted on
devtmpfs             888M   0      888M  0%  /dev
tmpfs                904M   0      904M  0%  /dev/shm
tmpfs                904M   9.6M   894M  2%  /run
tmpfs                904M   0      904M  0%  /sys/fs/cgroup
/dev/mapper/cl-root  30G    4.9G   26G   17% /
/dev/sda1            477M   132M   316M  30% /boot
tmpfs                181M   28K    181M  1%  /run/user/42
tmpfs                181M   3.5M   178M  2%  /run/user/0
```

在查看磁盘使用情况时，要特别留意根目录（/）的可用空间。如果根目录的可用空间较少或者为0时，整个系统将会出现问题。

【动手练一练】**查看/etc 目录的使用情况**

以易读的方式查看/etc 目录下可用的磁盘容量。以下命令会自动帮用户分析这个文件或目录所在的硬盘分区，然后显示磁盘分区的容量。

```
[root@mylinux ~]# df -h /etc
Filesystem           Size  Used Avail Use% Mounted on
/dev/mapper/cl-root  30G   4.9G  26G  17%  /   ←/etc 目录的基本使用情况
```

从上面的执行结果可以看到，/etc 已经使用的空间为17%，说明空间比较充足。

对的，还有26GB 的空间可供使用呢。/etc 目录中存放了配置文件、重要的脚本文件。当 Linux 系统运行时，会读取/etc 目录中的各种配置文件。

【动手练一练】**列出可用的 inode 数量**

搭配使用-i 和-h 可以将当前分区中可用的 inode 数量列出来，具体命令如下。

```
[root@mylinux ~]# df -ih    ← 显示可用的 inode 数量
Filesystem          Inodes IUsed IFree IUse% Mounted on
devtmpfs              222K  381  222K    1% /dev
tmpfs                 226K  1    226K    1% /dev/shm
tmpfs                 226K  816  225K    1% /run
tmpfs                 226K  17   226K    1% /sys/fs/cgroup
/dev/mapper/cl-root 15M    117K 15M      1% /
/dev/sda1             126K  309  125K    1% /boot
tmpfs                 226K  22   226K    1% /run/user/42
tmpfs                 226K  37   226K    1% /run/user/0
```

6.3.2 du 命令

du（disk usage）命令用于查看磁盘的使用情况，统计文件或目录（包括子目录）使用的磁盘空间。

Linux du 命令的语法格式

```
du [选项] 文件名
```

以下是选项的相关说明。

- -a：显示所有文件和目录的大小。默认只显示目录下的文件大小。
- -h：以易读的 K、M、G 等格式显示。
- -m：以 MB 为单位显示容量信息。
- -s：只显示目录或文件的总容量，而不是显示每个目录占用的空间。

【动手练一练】**显示当前目录下所有子目录的容量**

du 命令会直接去文件系统中查找所有的文件信息。不加任何选项执行 du 命令，只会显示目录的容量，并不会包括文件的容量，输出的容量以 KB 为单位，具体命令如下。

```
[root@mylinux ~]# du    ← 显示当前目录下所有子目录的容量
4./.cache/dconf
......(中间省略)......
444./Pictures
0./Videos
```

```
0./.pki
16288.      /etc 目录的基本使用情况
```

既然 df 和 du 都可以查看磁盘的占用空间，那么，它们什么不同吗?

这么说吧！du 和 df 就像一对同门师兄弟，du 主要侧重查看文件和目录的磁盘占用情况，而 df 则侧重查看文件系统的磁盘占用情况。

【动手练一练】 **查看/etc 目录下文件和子目录占用的容量**

查看目录总容量的时候可以搭配通配符 * 表示每个目录，具体命令如下。

```
[root@mylinux ~]# du -s /etc/*      匹配/etc 目录下所有文件和子目录
4  /etc/adjtime
4  /etc/aliases
12  /etc/alsa
4  /etc/alternatives
......(中间省略)......
0  /etc/yum.conf
48  /etc/yum.repos.d
```

如果想查看根目录下每个目录占用的容量，也可以使用通配符的方式，比如 du -s / *。

添加硬盘设备

默认情况下，Linux 中只有一块硬盘设备，就是/dev/sda。如果想要添加一块硬盘设备，默认排序就是/dev/sdb。学会添加硬盘，可以方便用户后面使用分区管理命令对磁盘进行分区。

在虚拟机中添加硬盘时，虚拟机需要处于关机的状态，然后在虚拟机的管理主界面单击“编辑虚拟机设置”按钮后进行相关设置。用户可以扫描右侧二维码观看添加硬盘设备的详细步骤。

6.4 分区管理

用户在进行分区管理时，需要明确 MBR 分区和 GPT 分区的区别。创建 MBR 分区需要使用 fdisk 命令，创建 GPT 分区需要使用 gdisk 命令，而 parted 命令则可以支持创建这两种不同的分区类型。这里将以 MBR 分区格式为例，介绍如何进行分区管理。

6.4.1 fdisk 命令

fdisk 命令可以对磁盘进行分区（MBR 分区格式），它是一个创建和维护分区表的程序，最大支持划分 2TB 的磁盘。

Linux fdisk 命令的语法格式

```
fdisk [选项] 设备名称
```

以下是选项的相关说明。

- 列出所有的分区表，包括没有挂载的分区和 USB 设备。

【动手练一练】查看分区情况

在分区之前，用户可以执行 fdisk -l 命令查看分区的情况，具体命令如下。

```
[root、@mylinux ~]# fdisk -l
Disk /dev/sda: 100 GiB, 107374182400 bytes, 209715200 sectors   ← /dev/sda 的大小
Units: sectors of 1 *  512 = 512 bytes
Sector size (logical/physical): 512 bytes / 512 bytes
I/O size (minimum/optimal): 512 bytes / 512 bytes
Disklabel type: dos
Disk identifier: 0x2511abaf
Device     Boot  Start       End  Sectors  Size Id Type
/dev/sda1  *      2048   1026047  1024000  500M 83 Linux            ← 默认的/dev/sda
/dev/sda2       1026048 68151295 67125248   32G 8e Linux LVM           分区情况

Disk /dev/sdb: 20 GiB, 21474836480 bytes, 41943040 sectors   ← 添加的/dev/sdb 设备，
                                                                  未分区的状态
Units: sectors of 1 *  512 = 512 bytes
Sector size (logical/physical): 512 bytes / 512 bytes
I/O size (minimum/optimal): 512 bytes / 512 bytes
......(以下省略)......
```

在执行 fdisk 命令的过程中还会用到一些常用的参数，下面进行详细讲解。

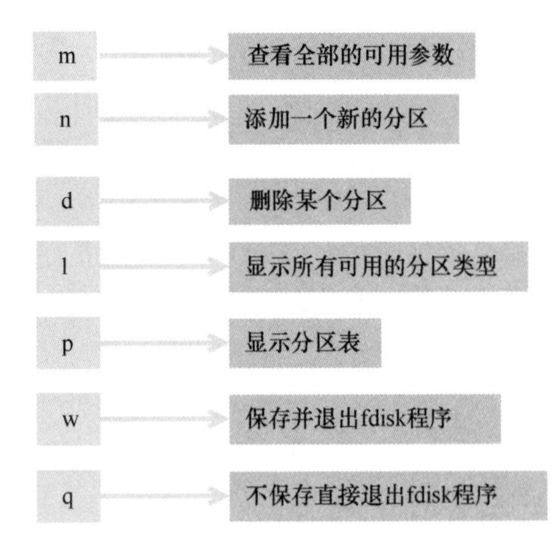
m
查看全部的可用参数
n
添加一个新的分区
d
删除某个分区
l
显示所有可用的分区类型
p
显示分区表
w
保存并退出fdisk程序
q
不保存直接退出fdisk程序

记住这些常用的参数，在使用 fdisk 命令创建或管理分区的时候，才能游刃有余。

【动手练一练】 **查看/dev/sdb 分区信息**

这里以/dev/sdb 为例演示分区操作。开始分区之前，先输入参数 p 了解分区信息，包括硬盘大小、扇区数量等，具体命令如下。

```
[root@mylinux ~]# fdisk /dev/sdb    ← 指定硬盘设备的名称,查看基本信息
Welcome to fdisk (util-linux 2.32.1).
Changes will remain in memory only, until you decide to write them.
Be careful before using the write command.
Device does not contain a recognized partition table.
Created a new DOS disklabel with disk identifier 0x5378d6fa.
Command (m for help): p    ← 输入 p 查看分区信息

Disk /dev/sdb: 20 GiB, 21474836480 bytes, 41943040 sectors    ← /dev/sdb 设备的大小为 20GB

Units: sectors of 1 * 512 = 512 bytes
Sector size (logical/physical): 512 bytes / 512 bytes
I/O size (minimum/optimal): 512 bytes / 512 bytes
Disklabel type: dos
Disk identifier: 0x5378d6fa
```

6.4.2 创建分区

在使用 fdisk 命令了解分区情况和/dev/sdb 分区的基本信息后，可以开始创建主分区、扩展分区和删除分区等操作。

【动手练一练】 **创建并查看主分区**

输入参数 n 可以开始创建新的分区。Partition type（分区类型）有两种，分别是主分区

p 和扩展分区 e，这里先从主分区开始创建。主分区的编号（Partition number），主分区编号是从 1 到 4，默认从 1 开始。由于系统会自动帮助计算靠前且空闲的扇区位置，所以在起始扇区的位置（First sector）不需要输入任何参数，直接按 Enter 键，具体命令如下。

```
Command (m for help): n   ←---- 输入 n 开始创建新的分区
Partition type
  p   primary (0 primary, 0 extended, 4 free)            ←---- 两种分区类型
  e   extended (container for logical partitions)
Select (default p): p   ←---- 输入 p 创建主分区
Partition number (1-4, default 1): 1   ←---- 输入主分区编号 1
First sector (2048-41943039, default 2048):   ←---- 起始扇区的位置,直接按 Enter 键
Last sector, +sectors or +size{K,M,G,T,P} (2048-41943039, default 41943039): +5G
                                         ↑ 输入+5G 表示创建创建一个大小为 5G 的主分区
Created a new partition 1 of type 'Linux' and of size 5 GiB.
Command (m for help): p   ←---- 输入 p 查看新建分区的信息
Disk /dev/sdb: 20 GiB, 21474836480 bytes, 41943040 sectors
Units: sectors of 1 *  512 = 512 bytes
Sector size (logical/physical): 512 bytes / 512 bytes
I/O size (minimum/optimal): 512 bytes / 512 bytes
Disklabel type: dos
Disk identifier: 0x5378d6fa
Device      Boot Start       End  Sectors Size Id Type
/dev/sdb1         2048 10487807 10485760   5G 83 Linux   ←---- 分区/dev/sdb1 的信息
```

在创建分区时，要留有扩展分区的存储空间。一般在创建完主分区后，创建扩展分区。

【动手练一练】**创建扩展分区**

使用同样的方式可以继续创建主分区/dev/sdb2 和/dev/sdb3。之后在此基础上创建扩展分区。在分区类型时输入 e，可以创建扩展分区。具体命令如下。

```
Command (m for help): n   ←---- 输入 n 开始创建新的分区
Partition type
  p   primary (3 primary, 0 extended, 1 free)
  e   extended (container for logical partitions)
Select (default e): e   ←---- 输入 e 创建扩展分区
Selected partition 4   ←---- 这里默认分区编号为 4
First sector (23070720-41943039, default 23070720):   ←---- 此处按 Enter 键
Last sector, +sectors or +size{K,M,G,T,P} (23070720-41943039, default 41943039): +3G
                                         ↑ 指定扩展分区的大小为 3G
```

```
Created a new partition 4 of type 'Extended' and of size 3 GiB.
Command (m for help): p   ←查看主分区和扩展分区的信息
Disk /dev/sdb: 20 GiB, 21474836480 bytes, 41943040 sectors
Units: sectors of 1 *  512 = 512 bytes
Sector size (logical/physical): 512 bytes / 512 bytes
I/O size (minimum/optimal): 512 bytes / 512 bytes
Disklabel type: dos
Disk identifier: 0x5378d6fa
Device     Boot     Start       End  Sectors Size Id Type
/dev/sdb1            2048  10487807 10485760   5G 83 Linux
/dev/sdb2        10487808  14682111  4194304   2G 83 Linux      ←3 个主分区
/dev/sdb3        14682112  23070719  8388608   4G 83 Linux
/dev/sdb4        23070720  29362175  6291456   3G  5 Extended   ←1 个扩展分区
```

从已有的结果中可以看到，分区按照顺序从 sdb1到 sdb4排列。从分区的类型（Type）中可以区分主分区和扩展分区。

【动手练一练】 删除分区

如果想要删除一个分区，就输入参数 d，然后输入需要删除的分区编号，比如删除编号为 2 的分区。成功删除后，就没有/dev/sdb2 这个分区的信息了，具体命令如下。

```
Command (m for help): d   ←输入 d 删除一个分区
Partition number (1-4, default 4): 2   ←输入分区的编号，删除第二个分区
Partition 2 has been deleted.
Command (m for help): p   ←再次查看分区信息
Disk /dev/sdb: 20 GiB, 21474836480 bytes, 41943040 sectors
Units: sectors of 1 *  512 = 512 bytes
Sector size (logical/physical): 512 bytes / 512 bytes
I/O size (minimum/optimal): 512 bytes / 512 bytes
Disklabel type: dos
Disk identifier: 0x5378d6fa
Device     Boot     Start       End  Sectors Size Id Type
/dev/sdb1            2048  10487807 10485760   5G 83 Linux
/dev/sdb3        14682112  23070719  8388608   4G 83 Linux     ←还有两个主分区和
/dev/sdb4        23070720  29362175  6291456   3G  5 Extended    一个扩展分区
```

如果使用 file 命令出现无法打开的提示信息，说明系统没有自动将分区信息同步到 Linux 内核。这时可以连续执行两次 partprobe 命令或重启系统。

【动手练一练】 保存分区

在完成分区操作后，输入参数 w 会保存并退出 fdisk 分区程序，具体命令如下。

```
Command (m for help): w          ←----保存分区信息,退出 fdisk 分区程序
The partition table has been altered.
Calling ioctl() to re-read partition table.
Syncing disks.
[root@mylinux ~]# file /dev/sdb1          ←----查看/dev/sdb1 的属性
/dev/sdb1: block special (8/17)          ←----表示/dev/sdb1 是一个设备文件
```

6.4.3 gdisk 命令

gdisk 命令（又称 GPT fdisk）可以对磁盘进行分区，主要用来划分容量大于 2T 的硬盘，最大支持 18EB。

需要注意的是，不要去处理正在使用的分区，这会造成内核无法更新分区表信息的问题，也会造成文件系统与 Linux 系统的稳定性问题。

Linux gdisk 命令的语法格式

```
gdisk [选项] 设备名称
```

以下是选项的相关说明。

- -l：列出一个磁盘上的所有分区表。

gdisk 命令和 fdisk 命令的使用方式很相似，也有几个常用的参数，如表 6-1 所示。

表 6-1　gdisk 常用参数

参　数	说　明
n	增加一个新的分区
d	删除一个分区
p	显示分区表信息
w	保存分区信息并退出 gdisk 程序
q	不保存直接退出 gdisk 程序
i	显示分区的详细信息
l	列出已知分区的类型

【动手练一练】对/dev/sdb 硬盘设备分区

使用 gdisk 命令对/dev/sdb 硬盘设备分区，以下命令执行后的结果表示已经进入 gdisk 工具的管理界面。

```
[root@mylinux ~]# gdisk /dev/sdb          ←----指定硬盘设备的名称
GPT fdisk (gdisk) version 1.0.3
Partition table scan:
  MBR: not present
  BSD: not present
  APM: not present
```

```
  GPT: not present
Creating new GPT entries.
Command (? for help):  ◄------ 指定硬盘设备的名称
```

输入参数 n 开始新建分区，分区号默认从 1 开始。

```
Command (? for help): n  ◄------ 输入 n 开始创建分区
Partition number (1-128, default 1): 1  ◄------ 输入分区号码
First sector (34-41943006, default = 2048) or {+-}size{KMGTP}:  ◄------ 直接按 Enter 键
Last sector (2048-41943006, default = 41943006) or {+-}size{KMGTP}: +3G
                                                                 ▲
Current type is 'Linux filesystem'                          指定容量
Hex code or GUID (L to show codes, Enter = 8300):  ◄------ 直接按 Enter 键
Changed type of partition to 'Linuxfilesystem'
```

读者熟悉了 fdisk 创建分区后，再使用 gdisk 命令创建分区会比较容易理解。

【动手练一练】**查看分区**

输入 p 可以查看分区表信息，上半部分显示的是磁盘整体的状态，下半部分显示的是每个分区的信息，具体命令如下。

```
Command (? for help): p  ◄------ 查看分区表信息
Disk /dev/sdb: 41943040 sectors, 20.0 GiB  ◄------ 显示磁盘文件名、扇区数和容量
Model: VMware Virtual S
Sector size (logical/physical): 512/512 bytes
Disk identifier (GUID): 110A707F-BF34-44A1-8600-B6DD6AAC4E6A  ◄------ 磁盘的 GPT 标识码
Partition table holds up to 128 entries
Main partition table begins at sector 2 and ends at sector 33
First usable sector is 34, last usable sector is 41943006
Partitions will be aligned on 2048-sector boundaries
Total free space is 35651517 sectors (17.0 GiB)  ◄------ 磁盘空闲的容量
Number  Start (sector)    End (sector)  Size       Code  Name
  1           2048         6293503   3.0 GiB     8300  Linux filesystem ◄------ 第一个分区的信息
```

分区表下半部分各字段的含义如表 6-2 所示。

表 6-2　字段含义

字　段	说　明
Number	分区编号
Start（sector）	每一个分区开始扇区的号码
End（sector）	每一个分区结束扇区的号码

（续）

字　段	说　明
Size	分区的容量
Code	该分区内可能的文件系统类型。Linux 为 8300，swap 为 8200
Name	文件系统的名称

使用同样的方法可以创建第二个分区，现在的系统中已经有了两个分区。以下是两个分区的信息。

```
Command (? for help): p   ←-----查看两个分区的信息
Disk /dev/sdb: 41943040 sectors, 20.0 GiB
Model: VMware Virtual S
Sector size (logical/physical): 512/512 bytes
Disk identifier (GUID): 110A707F-BF34-44A1-8600-B6DD6AAC4E6A
Partition table holds up to 128 entries
Main partition table begins at sector 2 and ends at sector 33
First usable sector is 34, last usable sector is 41943006
Partitions will be aligned on 2048-sector boundaries
Total free space is 31457213 sectors (15.0 GiB)              第一个分区

Number  Start (sector)    End (sector)  Size       Code  Name
   1          2048         6293503   3.0 GiB    8300  Linux  filesystem
   2       6293504        10487807   2.0 GiB    8300  Linux  filesystem
                                                              第二个分区
```

gdisk 只有 root 用户才有权限执行。在执行的过程中，不用死记硬背这些功能指令，gdisk 会有“? for help”的提示，只要按下?，就能够看到 gdisk 提供的功能指令。

【动手练一练】**删除分区**

在以下命令中，输入的参数 d 用于删除一个分区，这里选择删除第二个分区，所以输入分区编号 2。再次输入参数 p 可以看到第二个分区已经被删除了。

```
Command (? for help): d   ←-----删除一个分区
Partition number (1-2): 2   ←-----输入分区编号
Command (? for help): p   ←-----再次查看分区表信息
Disk /dev/sdb: 41943040 sectors, 20.0 GiB
Model: VMware Virtual S
Sector size (logical/physical): 512/512 bytes
Disk identifier (GUID): 110A707F-BF34-44A1-8600-B6DD6AAC4E6A
Partition table holds up to 128 entries
Main partition table begins at sector 2 and ends at sector 33
```

```
First usable sector is 34, last usable sector is 41943006
Partitions will be aligned on 2048-sector boundaries
Total free space is 35651517 sectors (17.0 GiB)          只有一个分区信息
Number  Start (sector)    End (sector)  Size       Code  Name
   1           2048         6293503   3.0 GiB     8300  Linux filesystem
```

只要没有执行保存退出操作，就可以反复进行分区的创建和删除。

【动手练一练】**保存分区**

完成分区的创建后，输入参数 w 可以保存并退出 gdisk 分区程序。如果查看后没有问题的话，就输入 Y，具体命令如下。

```
Command (? for help): w  ◄-----保存并退出
Final checks complete. About to write GPT data. THIS WILL OVERWRITE EXISTING
PARTITIONS!!
Do you want to proceed? (Y/N): Y  ◄-----输入 Y 继续执行保存和退出操作
OK; writing new GUID partition table (GPT) to /dev/sdb.
The operation has completed successfully.  ◄-----提示成功
```

6.4.4 parted 命令

parted 命令可以同时支持 MBR 和 GPT 两种分区类型，是一个非常实用的命令。它支持 2TB 以上的磁盘分区，并且允许调整分区的大小。

Linux parted 命令的语法格式

```
parted [选项] 设备名称 [子命令]
```

以下是选项的相关说明。

- -l：列出所有设备的分区信息。

parted 命令有很多子命令，这一点与前面介绍的 fdisk 和 gdisk 两个命令不同。parted 搭配不同的子命令可以使用一行命令完成分区。该命令的子命令如表 6-3 所示。

表 6-3 parted 命令的子命令

子　命　令	说　明
mkpart [分区类型] [文件系统类型] [起始位置] [结束位置]	分区类型有 primary（主分区）、logical（逻辑分区）和 extended（扩展分区），文件系统类型有 ext4、xfs、linux-swap、ntfs 和 fat32 等
mklable [标签类型]	指定分区表格式，比如 msdos（MBR）或 GPT
print	打印分区表信息

（续）

子 命 令	说 明
rm [分区编号]	删除指定的分区
quit	退出 parted 程序

【动手练一练】打印指定设备的分区表信息

使用 parted 命令搭配子命令 print 可以打印指定设备的分区表信息，具体命令如下。

```
[root@mylinux ~]# parted /dev/sdb print  ◄------ 打印分区表信息
Model: VMware, VMware Virtual S (scsi)  ◄------ 磁盘类型
Disk /dev/sdb: 21.5GB  ◄------ 磁盘文件名和大小
Sector size (logical/physical): 512B/512B  ◄------ 每个扇区的大小
Partition Table: gpt  ◄------ 分区表类型
Disk Flags:
Number  Start   End     Size    File system  Name             Flags
1       1049kB  3222MB  3221MB                Linux filesystem
```

在上面显示的分区表信息中的 6 个字段含义如表 6-4 所示。

表 6-4　parted 命令中分区表字段含义

字 段	说 明
Number	分区编号。1 表示/dev/sdb1 这个分区
Start	分区的起始位置，即/dev/sdb1 分区的起始位置在这块磁盘的 1049KB 处
End	分区的结束位置，即/dev/sdb1 分区的结束位置在这块磁盘的 3222MB 处
Size	分区的大小。由 End 和 Start 可以得到该值
File system	表示可能的文件系统类型
Name	文件系统的名称

解决显示单位不一致问题

Start 和 End 的显示单位会有不一致的情况，比如上面/dev/sdb1 分区起始位置的单位是 KB，而结束位置的单位是 MB。如果用户想统一使用 MB 显示的话，可以使用下面这种方式。该方式会让读者更容易理解 Start、End 和 Size 三者之间的联系。

```
[root@mylinux ~]# parted /dev/sdb unit mb print
Model: VMware, VMware Virtual S (scsi)
Disk /dev/sdb: 21475MB
Sector size (logical/physical): 512B/512B
Partition Table: gpt
```

```
Disk Flags:
Number  Start   End     Size    File system  Name              Flags
1       1.05MB  3222MB  3221MB               Linux filesystem
```

单位已经由之前的 KB 变成了 MB

fdisk 命令虽然可以对硬盘进行快速分区，但对高于2TB 的硬盘分区，该命令却无能为力，此时就需要使用 parted 命令。parted 命令可以在命令行直接分区和格式化，也可以使用交互模式进行相关操作。

【动手练一练】**新建主分区**

下面使用 parted 命令和 mkpart 子命令新建一个主分区，文件系统类型为 xfs。新分区的起始位置需要在前一个分区结束位置的后面，所以这里需要明确前一个分区的结束位置。该分区的结束位置就是分区容量加上该分区的起始位置，即 3.22GB+2GB=5.22GB，具体命令如下。

```
[root@mylinux ~]# parted /dev/sdb unit gb print      以 GB 的方式显示分区表信息
Model: VMware, VMware Virtual S (scsi)
Disk /dev/sdb: 21.5GB
Sector size (logical/physical): 512B/512B
Partition Table: gpt
Disk Flags:
Number  Start   End     Size    File system  Name              Flags
1       0.00GB  3.22GB  3.22GB               Linux filesystem
[root@mylinux ~]# parted /dev/sdb mkpart primary xfs 3.22GB 5.22GB      新建分区
[root@mylinux ~]# parted /dev/sdb unit gb print      再次显示分区表信息
Model: VMware, VMware Virtual S (scsi)
Disk /dev/sdb: 21.5GB
Sector size (logical/physical): 512B/512B
Partition Table: gpt
Disk Flags:
Number  Start   End     Size    File system  Name              Flags
1       0.00GB  3.22GB  3.22GB               Linux filesystem
2       3.22GB  5.22GB  2.00GB               primary
```

使用同样的方式可以创建多个分区，这种通过一行命令就可以创建分区的方式很方便。

使用 parted 创建分区后同样也需要保存吗？

要注意的是，parted 中所有的操作都是立即生效的，没有保存生效的概念。这一点和 fdisk 交互命令明显不同，所以用户的所有操作都要小心，以免误操作。

【动手练一练】**删除分区**

如果想删除一个分区可以使用 rm 子命令，具体命令如下。

```
[root@mylinux ~]# parted /dev/sdb rm 2  ←----- 指定分区编号删除分区
[root@mylinux ~]# parted /dev/sdb unit gb print  ←----- 再次查看分区表信息
Model: VMware, VMware Virtual S (scsi)
Disk /dev/sdb: 21.5GB
Sector size (logical/physical): 512B/512B
Partition Table: gpt
Disk Flags:
Number  Start   End     Size    File system  Name              Flags
1       0.00GB  3.22GB  3.22GB               Linux filesystem
```

从上面显示的分区表中可以看到，已经删除了分区编号为 2 的分区。另外，还可以通过 mklable 子命令转化分区表类型。比如将/dev/sdb 分区由之前的 GPT 类型改成 MBR 类型，可以执行 parted /dev/sdb mklable mbr 命令。不过，这种转换方式会损坏后续的分区，并不建议这种转换操作。

那创建分区时该选择哪一种命令呢?

这完全看个人习惯，一般情况下会使用 fdisk 命令。

6.5 管理文件系统

当用户新添加了一个块硬盘后，首先需要分区，然后格式化分区，将分区格式化为文件系统后，才能执行挂载操作并使用文件系统管理文件。下面将在之前分区的基础上学习如何创建、挂载和卸载文件系统。

6.5.1 mkfs 命令

mkfs（make file system）命令用来在特定的分区上建立 Linux 文件系统，该命令将常用的文件系统名称以扩展（后缀）的方式保存成了多个命令文件。在终端输入 mkfs 命令后再连续按两次 Tab 键，可以看到该命令的不同用法。总结起来，mkfs 命令的用法就是 mkfs.文件系统类型名称。比如用户需要将分区格式化为 xfs 文件系统类型，可以使用 mkfs.xfs 命令。

Linux mkfs.xfs 命令的语法格式

```
mkfs.xfs [选项] 设备名称
```

以下是选项的相关说明。

- -b [block 大小]：此选项指定文件系统的基本块大小。
- -i：与 inode 相关的设置。

【动手练一练】将分区格式化为文件系统

使用 mkfs.xfs 命令不加任何选项来直接指定分区创建文件系统的速度很快，这里以/dev/sdb1 为例，具体命令如下。

```
[root@mylinux ~]# mkfs.xfs /dev/sdb1  ◄---- 将分区/dev/sdb1 格式化为文件系统
meta-data =/dev/sdb1              isize=512       agcount=4, agsize=196608 blks
          =                       sectsz=512      attr=2, projid32bit=1
          =                       crc=1           finobt=1, sparse=1, rmapbt=0
          =                       reflink=1
data      =                       bsize=4096      blocks=786432, imaxpct=25
          =                       sunit=0         swidth=0 blks
naming    =version 2              bsize=4096      ascii-ci=0, ftype=1
log       =internal log           bsize=4096      blocks=2560, version=2
          =                       sectsz=512      sunit=0 blks, lazy-count=1
realtime  =none                   extsz=4096      blocks=0, rtextents=0
```

分区完成后，如果不进行格式化写入文件系统的操作，该分区则不能正常使用。这时需要使用 mkfs 命令对硬盘分区进行格式化。

【动手练一练】查看文件系统信息

格式化操作会很快完成，上面的参数都是默认值。完成格式化操作后可以使用 blkid 命令确定创建好的文件系统。blkid 命令可以查看设备名称、UUID（Universally Unique Identifier，全局唯一标识码）、文件系统的类型（TYPE）等信息。

```
[root@mylinux ~]#blkid /dev/sdb1  ◄---- 查看文件系统信息
/dev/sdb1:        UUID="b0ba79ae-eaca-4637-998e-d7ed238f9560"
TYPE="xfs"        PARTLABEL="Linux          filesystem"
PARTUUID="af9e4aac-d601-4b9f-b6da-66b8cf5327b0"
```

6.5.2 mount 命令

mount 命令用来挂载一个文件系统。该命令的用法很多，这里主要介绍常用的挂载操作。挂载文件系统之前，还需要明确作为挂载点的这个目录不要重复挂载多个文件系统，而且单一的文件系统也不要被重复挂载到多个挂载点中。最好是一个挂载点只挂载一个文件系统。如果读者想知道这个命令的更多用法，可以使用 man 命令查看。

Linux mount 命令的语法格式

```
mount [选项] [设备名称] [目录名称]
```

以下是选项的相关说明。

- -t [文件系统类型]：指定想要挂载的文件系统的类型，支持 xfs、ext3、ext4、vfat、iso9660（光盘格式）等。

【动手练一练】**挂载文件系统**

在执行挂载操作之前，需要先创建一个目录作为挂载点。然后使用 mount 命令将/dev/sdb1 挂载到/mfile 目录中。最后使用 df -h 命令可以查看挂载状态和硬盘使用的情况等信息，具体如下。

```
[root@mylinux ~]# mkdir /mfile          ←创建空目录作为挂载点
[root@mylinux ~]# mount /dev/sdb1 /mfile   ←执行挂载操作
[root@mylinux ~]# df -h      ←查看挂载信息
Filesystem             Size  Used   Avail Use% Mounted on
devtmpfs               888M   0     888M  0%  /dev
tmpfs                  904M   0     904M  0%  /dev/shm
tmpfs                  904M   9.6M  894M  2%  /run
tmpfs                  904M   0     904M  0%  /sys/fs/cgroup
/dev/mapper/cl-root    30G    4.9G  26G   17%  /
/dev/sda1              477M   132M  316M  30%  /boot
......(中间省略)......
/dev/sdb1              3.0G  54M  3.0G  2%  /mfile   ←已挂载的文件系统
```

完成挂载后，就可以正常使用这个文件系统了。

6.5.3 umount 命令

umount 命令用于卸载文件系统，在该命令后面指定设备命令或挂载点就可以卸载文件系统了。与挂载操作相比，卸载操作相对更简单一些。

Linux umount 命令的语法格式

umount [选项] [设备名称或挂载点]

以下是选项的相关说明。

- -n：卸载时不将信息写入/etc/mtab 文件中。
- -l：立即卸载文件系统，将文件系统从文件层次结构中分离出来。
- -f：强制卸载。

对于正在使用的文件系统，不可以直接执行卸载操作。

【动手练一练】**卸载文件系统**

虽然可以使用设备名卸载文件系统，但是最好还是通过挂载点来卸载，这样可以避免一个设备有多个挂载点的情况。如果是正在使用的文件系统，需要先退出这个挂载点，再进行卸载，具体命令如下。

```
[root@mylinux mfile]# umount /mfile        ← 在挂载点中卸载
umount: /mfile: target is busy.             ← 提示用户正在使用中
[root@mylinux mfile]# cd ~                  ← 退出挂载点
[root@mylinux ~]# umount /mfile             ← 卸载成功
```

创建交换分区并检查文件系统

交换分区 swap 是一块特殊的硬盘空间，当实际内存不够用时，系统会从内存中取出一部分暂时不用的数据放在交换分区中，这样可以为当前运行的程序腾出更多的内存空间。

系统在运行中难免会出现一些问题，如果文件系统在运行时发生磁盘与内存数据异步的情况，有可能会导致文件系统出现问题。因此，掌握几种文件系统检验的方法还是比较重要的。

用户可以扫描封底二维码下载相关说明文档获取使用交换分区的创建方法和文件系统的几种检查方法。

第7章 正则表达式与文本处理

Chapter 7

知识架构

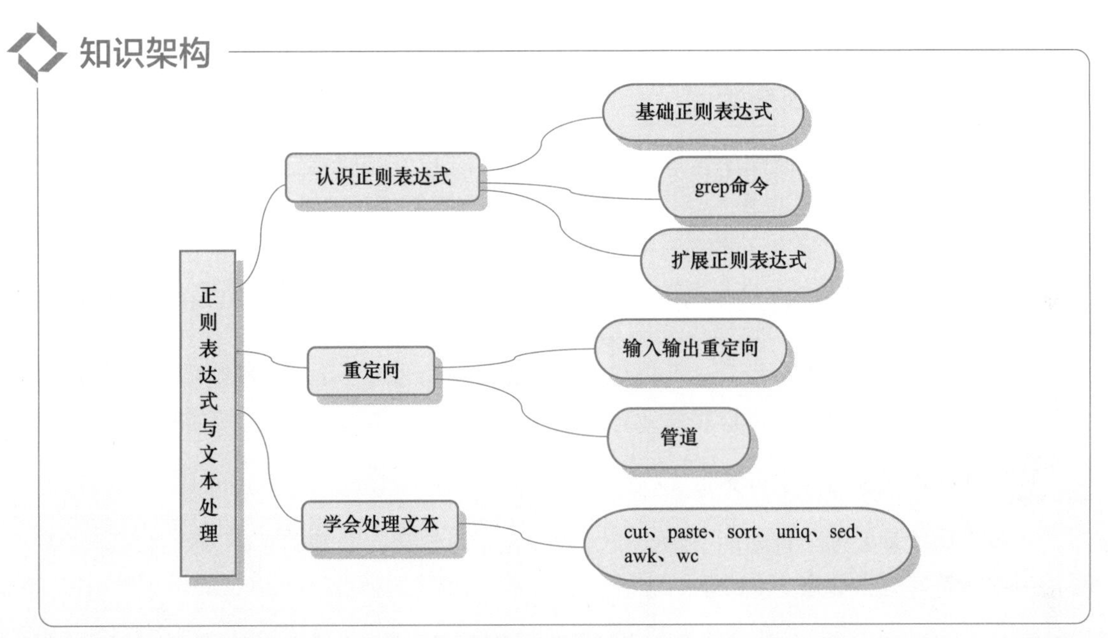

在使用 Linux 系统的过程中，会产生很多信息。用户可以通过正则表达式筛选出重要的信息，过滤掉不重要的通知信息。如果想借助正则表达式处理文本字符，就需要使用支持正则表达式的工具程序，比如 sed、awk 等。

听说 sed、awk 还有 grep 被称为 Linux 三剑客，感觉好厉害啊。

对呀！这里将会对此进行详细介绍，用户可以结合正则表达进行文本处理。

7.1 认识正则表达式

正则表达式（Regular Expression）的应用非常广泛，比如其可以帮助系统管理员筛选重要的信息，简化系统的管理流程。在很多文本编辑器或工具中，正则表达式通常被用来检索、替换那些匹配某个模式的文本。因此，懂得一些正则表达式的相关使用技巧对于日常工作来说是很有必要的。

7.1.1 基础正则表达式

正则表达式可以通过不同的特殊字符，帮助用户轻松地完成特定字符串的处理，比如查找、删除和替换等操作。简单来说，正则表达式就是能用某种模式去匹配一类字符串的公式，它是由一串字符和元字符构成的字符串。

正则表达式分为基础正则表达式（Basic Regular Expression）和扩展的正则表达式（Extended Regular Expression），这里先介绍基础正则表达式。

正则表达式可以与很多命令进行搭配使用，比如 grep 命令。Linux 系统中 grep 命令是一种强大的文本搜索工具，它可以结合正则表达式搜索文本，然后把匹配行打印出来。

Linux 基础正则表达式字符集合

正则表达式是处理字符串的一种表示方式，在学习编写一些基础正则表达式之前，需要了解一些字符集合，如表 7-1 所示。

表 7-1 基础正则表达式字符集合

字符	说明
^	^word：搜索以 word 开头的内容
$	word $：搜索以 word 结尾的内容
^$	表示空行，不是空格
.	代表且只能代表任意一个字符（不匹配空行）
\	转义字符，去除特殊字符表示的特殊含义
*	重复 0 个或多个前一个正则表达式字符
\d	任意数字
[list]	匹配字符集合内的任意一个字符
[^list]	匹配不包含 ^ 后的任意字符

7.1.2 grep 命令

grep 命令用于查找文件中符合条件的字符串或者查找内容包含指定样式的文件，并不会改变文件中原有的内容。如果搜索多个文件，grep 命令的结果只显示在文件中发现匹配模式的文件名。如果搜索的是单一文件，则显示每一个包含匹配模式的行。

Linux grep 命令的语法格式

```
grep [选项] '样式' [文件名]
```

以下是选项的相关说明。

- -c：输出匹配样式的次数。
- -i：不区分大小写。
- -n：显示匹配行以及行号。
- -v：显示不包含匹配样式的所有内容。

【动手练一练】 **查找匹配行**

使用 grep 命令查找以 file 开头的文件中包含 am 的行。结果找到了三个相关文件 file1、file1_hl 和 file1_sl，具体命令如下。

```
[root@mylinux ~]# grep 'am' file*     ← 查找以 file 开头文件中包含 am 的行
file1:I am a TEST file
file1_hl:I am a TEST file
file1_sl:I am a TEST file
```

下面文件中搜索带有 good 的行，指定-n 选项可以显示行号和内容，在 hello.txt 文件中匹配到了第 3 行和第 4 行。

```
[root@mylinux ~]# grep -n 'good' hello.txt     ← 查找文件中带有 good 的行并显示行号
3:this file is good
4:the food taste good
```

在 Linux 运维中，时刻都会面对大量带有字符串的文本配置、命令输出等工作。因此用户需要熟练掌握 grep 命令的常用技巧。

【动手练一练】 **匹配链接文件**

将 ls -l 命令与 grep 命令搭配使用，匹配链接文件，具体命令如下。

```
[root@mylinux ~]# ls -l | grep '^l'     ← 会匹配到文件的 lrwxrwxrwx 属性
lrwxrwxrwx. 1 root root     5 Oct  9 15:26 file1_sl -> file1
```

7.1.3 扩展正则表达式

为了更方便地简化操作，需要了解一些扩展正则表达式的使用方法。扩展正则表达式是针对基础正则表达式的一些补充。实际上，扩展正则表达式比基础正则表达式多了几个重要的符号。

Linux 扩展正则表达式的特殊字符

下面介绍一些扩展表达式中的特殊字符，如表 7-2 所示。

表 7-2 扩展正则表达式的特殊字符

字　符	说　明
+	重复前一个字符一次或一次以上，前一个字符连续一个或多个。比如 ro+t 就可以匹配 rot、root 等
?	重复前面一个字符 0 次或 1 次（. 是有且只有 1 个），如 ro? t 仅能匹配 rot 或 rt
|	用“或”的方式过滤多个字符
( )	分组过滤被括起来的东西表示一个整体（一个字符），后向引用

【动手练一练】 **匹配文件中带有！的行**

需要注意的是，！在正则表达式中并不是特殊字符。如果想要查找文件中带有！的行，可以在匹配样式中写为'［！］'，具体命令如下。

```
[root@mylinux ~]# grep -n '[!]' hello.txt    ◄------ 匹配文件中带有！的行
3: this file is good!
```

grep 命令的高级选项

grep 命令在数据中查询字符串时，以行为单位选取数据。如果一个文件中有 20 行数据，其中两行符合查找条件，则只会显示那两行。在学习了 grep 命令的基本用法之后，下面列出了该命令的一些高级选项的用法。

- -A：显示符合关键字符的行，后面可加数字，比如-A3 和-A 3 都可以，表示除了列出该行外，后续的 3 行也会列出来。
- -B：显示符合关键字符的行，后面可加数字，比如-B3 和-B 3 都可以，表示除了列出该行外，前面的 3 行也会列出来。
- -C：显示符合关键字符的行，后面可加数字，比如-C3 和-C 3 都可以，表示除了列出该行外，前后的 3 行都会列出来。

7.2 重定向

重定向就是数据流重定向，指的是将数据定向输入或输出到指定的地方。比如将某个命令的执行结果传输到某个文件中。当用户执行命令时，该命令会从指定的文件中读取数据，经过处理后再将数据输出到屏幕中。另外，管道的使用也非常广泛，它经常和不同的命令搭配使用，这里也将一并详细介绍。

7.2.1 输入输出重定向

输入重定向就是将文件导入到命令中，输出重定向是指将输出到屏幕上的数据写入指定的文件中，使用较多的是输出重定向。

Linux 重定向的分类

一般情况下，用户使用最多的是输出重定向，它的分类情况如表 7-3 所示。

表 7-3　重定向的分类

分　类	说　明
标准输入重定向（stdin）	文件描述符为 0，默认从键盘输入，也可以从文件或命令中输入数据，使用<或<<符号
标准输出重定向（stdout）	文件描述符为 1，默认输出到屏幕上，使用>或>>符号。一般情况下符号的左侧是命令，右侧是文件
错误输出重定向（stderr）	文件描述符为 2，默认输出到屏幕上，使用 2>或 2>>符号

为了高效地让 Linux 程序协同工作，用户需要对命令的输入输出进行重定向。

Linux 重定向的符号

在使用重定向时，经常将重定向符号搭配不同的命令，其作用也各不相同。重定向符号说明如表 7-4 所示。

表 7-4　重定向符号说明

符　号	说　明
命令　<　文件	将文件作为命令的标准输入
命令　<<　分界符	从标准输入中读入，直到碰到分界符
命令　>　文件	将标准输出重定向到一个文件中。如果该文件中有数据，将会清空原有文件的数据
命令　>>　文件	同样是将标准输出重定向到一个文件中。将数据追加到原有文件中，不会清空文件的原有数据
命令　< 文件 1 >　文件 2	将文件 1 作为命令的标准输入，然后将标准输出到文件 2 中
命令　2>　文件	将错误输出重定向到一个文件中，会清空文件中的原有内容
命令　2>>　文件	同样是将错误输出重定向到文件中，会向文件中追加内容，但不会清空文件的原有数据

注意，错误输出重定向的文件描述符是不可以省略的，但是标准输入输出重定向的文件描述符是可以省略的。

【动手练一练】**将标准输出重定向到文件中**

下面将 ls 命令的输出结果写入文件/tmp/dir1/filein 中。这里利用>符号可以将输出结果写入文件。如果使用>>符号可以追加新内容到文件中，具体命令如下。

```
[root@mylinux ~]# ls        ← 列出当前路径下的文件
anaconda-ks.cfg  example1.sh  fstab_hl    initial-setup-ks.cfg  Templates
Desktop          file1        hello.sh    Music                 Videos
Documents        file1_hl     hello.txt   Pictures
Downloads        file1_sl     index.html  Public
[root@mylinux ~]# ls  > /tmp/dir1/filein    ← 将 ls 的输出结果重定向到文件中
[root@mylinux ~]# cat /tmp/dir1/filein      ← 查看文件内容，显示的是 ls 命令的执行结果
anaconda-ks.cfg

Desktop
......(中间省略)......
file1_sl
fstab_hl
hello.sh
......(中间省略)......
Templates
Videos
```

这样用户就可以将需要的命令执行结果保存到文件中了。

【动手练一练】**将错误输出重定向到文件中**

下面命令用于指定文件描述符将错误输出重定向的信息写入文件中。设定当前目录中没有 dir1 这个子目录。执行 cd dir1 命令会出现错误提示信息，这就是错误输出重定向。将这个错误信息写入文件中，需要用到 2>符号。

```
[root@mylinux ~]# cd dir1
bash: cd: dir1: No such file or directory    ← 错误输出重定向
[root@mylinux ~]# cd dir1 2> /tmp/dir1/err_info    ← 将错误输出重定向的内容写入文件
[root@mylinux ~]# cat /tmp/dir1/err_info
bash: cd: dir1: No such file or directory    ← 文件中的错误输出重定向信息
```

如果想保存正确的输出结果，错误的结果直接删除，不保存也不在标准文档中输出打印，应该怎么办呢?

用户可以将错误输出重定向到/dev/null 文件中，这是一个黑洞文件，它就像是一个无底洞，把信息放进去就会不见。

【动手练一练】 **设置结束输入的标志**

下面结合>和<<两个符号，将输入的信息输出到文件中（文件不存在则自动创建）。<<后面的 stp 是结束输入的标志，具体命令如下。

```
[root@mylinux ~]# cat > outfile << "stp"     ← 将输入的信息输出到文件 outfile 中
> this is a test file                         ← 输入两行内容
> line linux ls
> stp                                         ← 结束输入操作
[root@mylinux ~]# cat outfile                 ← 查看文件内容
this is a test file
line linux ls
```

这里不会将结束符号 stp 输入到文件中，大家快试试吧，看看这种效果。

7.2.2 管道

在前面学习正则表达式的相关命令时（动手练一练：匹配链接文件），大家已经接触过管道命令（|）。它就像一根管子连接两个命令，将前一个命令的输出当作后一个命令的标准输入。管道命令只会处理标准输出，会忽略错误输出。

管道命令的使用方式为“命令 1 | 命令 2”，后面的命令必须可以接受标准输入的数据，比如 more、less 和 head 等，ls、cp 和 mv 等命令不会接受来自标准输入的数据，因此不能作为管道命令。

管道命令需要和其他命令结合使用才能发挥它的作用，比如 head 命令搭配 cut 命令实现指定字段的提取操作。

Linux 管道在命令之间的连接

管道命令虽然简单，只是通过 | 符号表示，但是它却连接着不同的命令，可以实现很多实用功能，如图 7-1 所示。

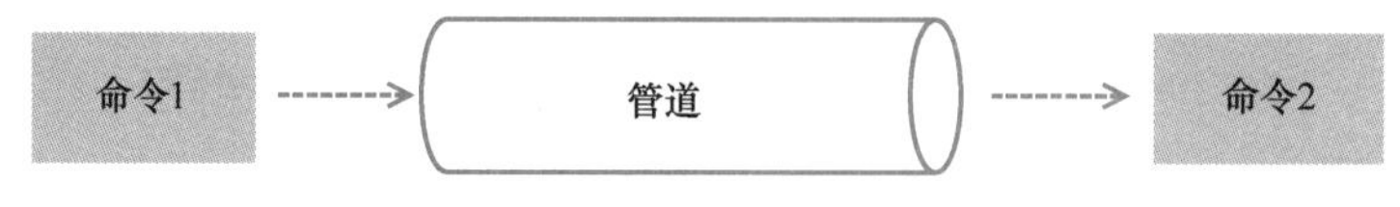

图 7-1　管道在命令之间的连接

【动手练一练】 **显示文件中的指定内容**

通过管道命令（ | ）将 cat 和 grep 两个命令连接起来，查看 iphost 文件中指定的行，具体命令如下。

```
[root@sum ~]# catiphost
192.168.10.1     host01.com     host01
192.168.10.2     host02.com     host02
192.168.10.3     host03.com     host03
192.168.10.4     host04.com     host04
192.168.10.5     host05.com     host05   ◄---- 要查找的目标行
192.168.10.6     host06.com     host06
......(中间省略)......
[root@sum ~]# cat iphost  | grep -n 'host05'   ◄---- 通过 |连接两个命令
5:192.168.10.5     host05.com     host05   ◄---- 显示查询结果
[root@sum ~]#
```

有了管道命令可以将多个命令串联起来，得到用户想要的执行结果。

管道命令的注意事项

管道命令与连续执行命令不一样，它仅能处理通过前一个命令传递的正确信息，也就是标准输出的信息，没有直接处理标准错误的能力。以下是管道命令的两个注意事项。

- 管道命令仅会处理标准输出，而会忽略标准错误。
- 管道命令要接收前一个命令的数据成为标准输入才能继续处理（传递给下一个命令）。

在使用管道命令连接两个或多个命令时，要注意前后命令的用法。

7.3 学会处理文本

Linux 系统中存在各种文件，比如用户的配置文件、日志文件等。学习使用命令对这些文件进行查看或修改是非常有必要的。这里将会带领大家学习一些常用的文本处理命令，包括 awk、sed 等命令。

7.3.1 cut 命令

cut 命令用于从文件中提取一部分信息，以行为单位处理信息。在介绍这个命令时，会结合管道（|）和其他命令一起进行说明。

Linux cut 命令的语法格式

```
cut [选项] [文件名]
```

以下是选项的相关说明。

- -d：后接分隔符。默认的分隔符是 Tab，可以更改为其他分隔符。
- -f：根据-d 指定的分隔符将信息划分成多个部分，提取-f 指定的部分。常与-d 一起使用，根据特定的分隔符和列出的字段提取数据。

【动手练一练】**提取文件中的指定字段**

/etc/passwd 文件以：分隔每一行的不同字段，以下命令先使用 head 命令查看文件的前 3 行内容，然后使用 cut 命令结合-d 和-f 选项可以提取以：分隔后的第 1 个字段数据。

```
[root@mylinux ~]# head -n 3 /etc/passwd | cut -d':' -f 1
root
bin
daemon
```

通过管道将两个命令的实现效果连接起来

提取了文件中指定的字段，达到了最终的结果

当然，用户也可以单独使用 cut 命令处理数据。

7.3.2 paste 命令

paste 命令用于合并文件的列，该命令会把每个文件以列对列的方式加以合并。不同的列之间通过 Tab 键自动隔开。

Linux paste 命令的语法格式

```
paste [选项] [文件名]
```

以下是选项的相关说明。

- -s：以串列的形式合并文件内容。
- -d：指定间隔符替代默认的间隔符。

如果不指定任何选项，paste 命令会将不同文件中的内容并排合并在一起。

【动手练一练】**合并两个文件中的内容**

以下为使用 paste 命令合并文件 file1 和 file2 的内容。

```
[root@sum ~]# cat file1
Alice 200
Bob   300
Candy 350
[root@sum ~]# cat file2
Wendy 400
Coco   450
root@ sum ~]# paste file1 file2 | cat
Alice 200   Wendy 400
Bob   300   Coco   450      ←默认的合并效果
Candy 350
[root@sum ~]# paste -s file1 file2 | cat
Alice 200   Bob   300   Candy 350      ←指定-s 后的合并效果
Wendy 400   Coco   450
```

7.3.3 sort 命令

sort 命令用于将文本中的内容进行排序，可以根据不同的数据形式排序（比如根据英文字母的顺序进行排序）。sort 是很常见的命令，文件中有数字的情况下，可以根据数字对这些信息进行排序。

Linux sort 命令的语法格式

```
sort [选项] [文件名]
```

以下是选项的相关说明。

- -n：按数值大小进行排序。
- -b：忽略每行前面开始的空格字符。
- -r：以相反的顺序排序。
- -u：遇到重复的行，只对其中一个进行排序。
- -o：将排序后的结果存入指定的文件。

sort 是 Linux 系统中非常实用且常用的一个排序命令。

【动手练一练】**对指定文件进行排序**

下面命令用于对/etc/group 文件内容进行排序，默认以第一个字段的英文字母顺序排序。首先通过 head 命令显示文件的前 5 行内容，然后使用 sort 命令对这 5 行内容进行排序。

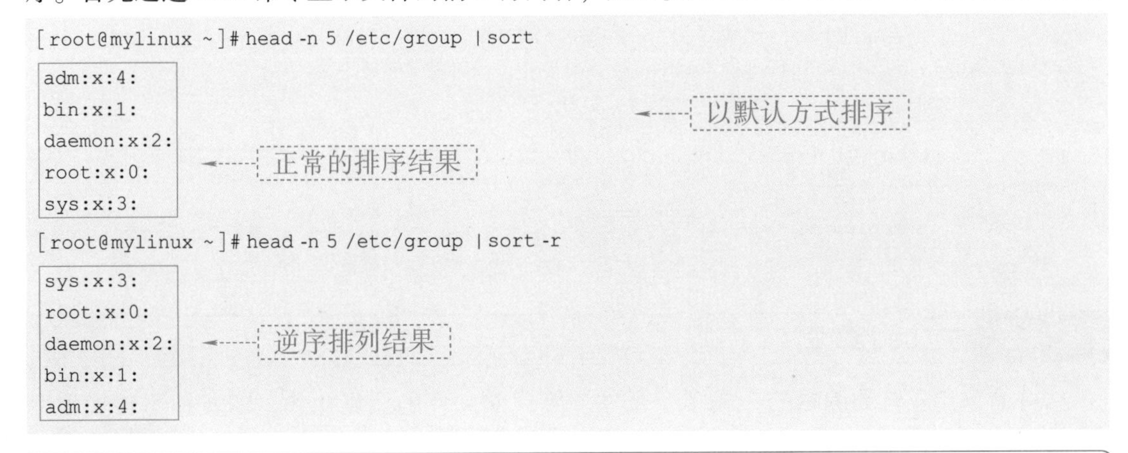

```
[root@mylinux ~]# head -n 5 /etc/group | sort
adm:x:4:
bin:x:1:
daemon:x:2:
root:x:0:
sys:x:3:
[root@mylinux ~]# head -n 5 /etc/group | sort -r
sys:x:3:
root:x:0:
daemon:x:2:
bin:x:1:
adm:x:4:
```


7.3.4 uniq 命令

uniq 命令可以用来检查文件中重复出现的内容，一般会结合 sort 命令使用。该命令可以检查文本文件中重复出现的行和列。

uniq 命令可以将重复的行删除并只显示一个结果，搭配 sort 命令会得到比较简洁明了的信息。

Linux uniq 命令的语法格式

```
uniq [选项] [文件名]
```

以下是选项的相关说明。

- -c：在每一列旁边显示该行重复出现的次数。
- -d：仅显示重复出现的行列。
- -f：忽略字符大小写的不同。

> 如果文件中有较多重复的行，可以使用这个命令筛查掉重复内容并以此结果进行显示。

【动手练一练】**统计文件中重复出现的行数**

原文件 hello.txt 有 7 行，包括重复的行。使用 cat 命令查看该文件的内容，然后通过管道传输到 sort 命令对文件进行排序，再通过管道将文件排序后的结果传输到 uniq 命令这里统计重复的行，具体命令如下。

```
[root@mylinux ~]# cat hello.txt
starting now
```

```
how to use vi
this file is good!
the food taste good
this file is good!
how to use vi
use vi
[root@mylinux ~]# cat hello.txt | sort | uniq -c    ← 排序并统计重复行
      2 how to use vi    ← 有两行重复的内容
      1 starting now
      1 the food taste good
      2 this file is good!    ← 有两行重复的内容
      1 use vi
```

7.3.5 sed 命令

sed 命令用于自动编辑一个或多个文件、简化对文件的反复操作，以及编写转换程序等。读者在学习了一些基本的正则表达式规则后，再搭配这样的命令工具进行相关操作，可以提升数据的处理效率。

Linux sed 命令的语法格式

```
sed [选项] '操作' [文件名]
```

以下是选项的相关说明。

- -n：只显示经过 sed 处理的那一行。
- -e：在命令行模式中进行 sed 的操作编辑。
- -f：将 sed 操作写入文件。

以下是操作的相关说明。

- a：新增行。后面可以接字符串，表示在当前的下一行新增。
- c：替换指定的行。
- d：删除指定的行。
- i：插入。后面可以接字符串，表示在当前的下一行插入新内容。
- p：将指定的数据打印出来。
- s：替换，搭配正则表达式进行替换操作。

【动手练一练】**删除文件中第 2 行和第 3 行的内容**

以文件 hello.txt 为例，带行号显示文件内容并删除第 2 行和第 3 行。sed 命令后面的' 2，3d '表示删除第 2 行到第 3 行。注意这是通过命令输出显示的结果，并不是文件本身的内容被删除了，具体命令如下。

```
[root@mylinux ~]# nl hello.txt | sed '2,3d'    ← 显示除第 2 行和第 3 行之外的内容，并带有行号
```

```
1  starting now
4  the food taste good
```

sed 命令常常需要搭配其他命令实现最终的结果，因此用法比较多样和灵活。

【动手练一练】 **删除文件中第 4 行到最后一行的内容**

sed 的操作内容需要在单括号中进行编辑，下面删除/etc/passwd 文件中第 4 行到最后一行的内容，只显示前 3 行内容，具体如下。

```
[root@mylinux ~]# nl /etc/passwd | sed '4, $ d'
```

排除第 4 行及之后的内容，只显示前 3 行的内容，并带有行号

```
1  root:x:0:0:root:/root:/bin/bash
2  bin:x:1:1:bin:/bin:/sbin/nologin
3  daemon:x:2:2:daemon:/sbin:/sbin/nologin
```

7.3.6 awk 命令

与 sed 命令相比，awk 命令更擅长处理一行中分成多个字段的数据，默认的字段分隔符是空格键或者 Tab 键。awk 是一个实用的数据处理工具，也是一种处理文本文件的语言，还是一个强大的文本分析工具。

Linux awk 命令的语法格式

```
awk '操作' [文件名]
```

在 awk 中的操作要比 sed 中更复杂一些，通常搭配 print 将指定的字段列出来。

【动手练一练】 **列出指定字段的信息**

以下为使用 last 命令搭配 awk 命令列出的第 1 个字段和第 5 个字段的信息，并使用 Tab 键隔开。

```
[root@mylinux ~]# last -n 3 |awk '{print $ 1 "\t" $ 5}'
```

列出三行结果，同时显示第 1 个字段和第 5 个字段

```
root      Oct
reboot    Tue
root      Oct
```

两个字段之间使用 Tab 键隔开

awk 会把文件逐行读入，空格、制表符为默认分隔符将每行切片，切开的部分再进行各种分析处理。

除了使用 sed 命令，看来 awk 命令也是一个好用的文本处理工具，大家要多多挖掘一下它的新用法。

7.3.7 wc 命令

wc 命令用于计算输出信息的整体数据，比如计算文件的字数、字节数。使用此命令用户们还可以计算文件的列数，如果不指定文件名称或者文件名为-，那么 wc 命令将会从标准输入设备读取数据。

Linux wc 命令的语法格式

```
wc [选项] [文件名]
```

以下是选项的相关说明。

- -c：只显示字节数。
- -l：只显示行数。
- -w：只显示单词数。
- -m：只显示字符数。

【动手练一练】**计算文件的整体数据**

默认情况下，wc 会显示文件中包含的行数、单词数和字节数，相当于-lwc 选项的组合。下面首先使用 cat 命令显示文件内容，然后使用 wc 命令计算文件内容。通过 wc 命令也可以计算多个文件，具体命令如下。

```
[root@mylinux ~]# cat /etc/services | wc          ←对单个文件进行计算
11473   63130   692241                              ←文件包含的行数、单词数和字节数
[root@mylinux ~]# wc /etc/services /etc/passwd    ←同时对两个文件进行计算
11473   63130 692241 /etc/services
   47     106   2574 /etc/passwd
11520   63236 694815 total                          ←两个文件总共的行数、单词数和字节数
```

如果用户想统计多个文件的信息，就想想 wc 命令的使用技巧吧，执行该命令可以显示当前文件的数据量。

通过该命令对比不同文件的数据量真是太方便了，这下可以使用 wc 命令统计更多文件信息了。

一些重要的环境变量

在 Linux 系统中，经常能看到变量名称是大写的，这是一种约定成俗的规范。通过变量名可以提取对应的变量值，特别是在 Linux 系统中有一些重要的环境变量与系统运行有关。这些系统中的环境变量有很多，使用 env 命令可以查看系统中所有的环境变量。用户需要深入了解的是下面这些相对重要一些的环境变量。

- PATH：定义 Shell 会到哪些目录中寻找命令或程序。
- HOME：定义了用户的家目录。
- SHELL：用户正在使用的 Shell 名称。
- MAIL：用户的邮件保存路径。
- HOSTNAME：当前主机的名称。
- LANG：系统语言、语系名称。
- USER：当前用户的名称。
- PWD：当前用户所在的目录。
- HISTSIZE：输出的历史命令记录条数。

下面使用 env 命令查看了当前系统中的这些重要的环境变量。

```
[root@mylinux dir1]# env
PATH=/usr/local/bin:/usr/local/sbin:/usr/bin:/usr/sbin:/root/bin
HOME=/root
SHELL=/bin/bash
......(以下省略)......
```

另外，Linux 系统中还有一些与管道搭配使用的命令，请大家扫描封底二维码下载相关说明文档了解更多详细信息。

Chapter 8

第8章 认识Shell

知识架构

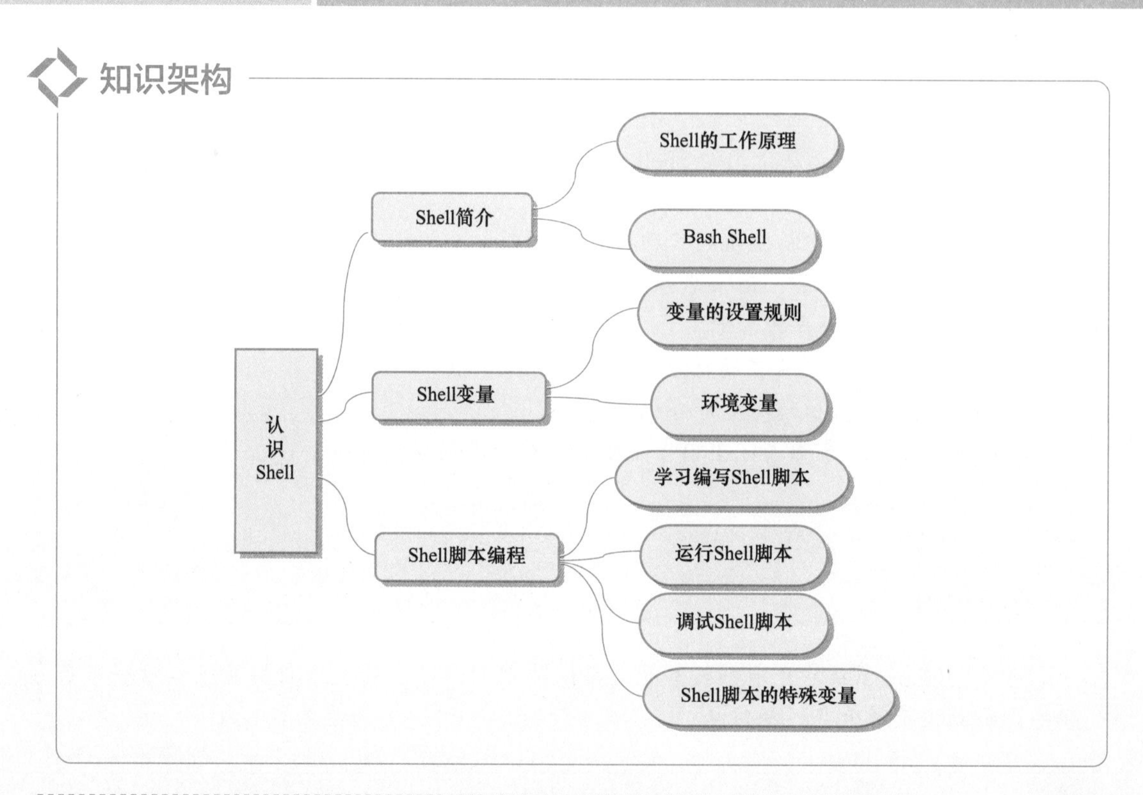

管理计算机硬件的是内核，而内核是被保护起来的，一般用户无法直接和内核产生联系。只有通过 Shell 才能帮用户和内核建立联系。Shell 可以将用户输入的命令传达给内核，然后让内核执行相应地指令。

Shell 还真是神奇，竟然可以帮助用户和内核进行沟通。

学习 Linux 不能过多依赖窗口界面，因为不同的 Linux 发行版自行设计的窗口界面也会有所不同。但是如果掌握了 Shell 就可以轻松地转换并使用不同的 Linux 发行版。

8.1 Shell 简介

计算机不能直接识别人类所用的语言，只能识别由 0 和 1 组成的机器码（即机器指令码）。但是由 0 和 1 组成的一长串机器码对于人类来说难以记忆，这就需要用到命令解释器作为人与机器的沟通桥梁。人类在命令解释器中输入英文命令，它会将命令解析后传达给计算机执行。在 Linux 系统中，这个命令解释器就是 Shell。

8.1.1 Shell 的工作原理

当用户以命令行的方式登录到 Linux 系统后，就进入了 Shell 应用程序。如果用户以图形界面登录 Linux 系统，当开启一个终端窗口后，也将进入 Shell 应用程序的控制范围。

Shell 负责将用户输入的命令翻译成 Linux 内核能够理解的语言。这样，Linux 的内核才能真正地操作计算机的硬件。简而言之，Shell 就是用户与计算机沟通的桥梁。

Linux Shell 在用户与内核之间的位置

大家可以将 Shell 看成用户与内核之间的一个接口，它用来接收用户输入的命令，然后传给内核，最后由内核来执行这些命令。Shell 在用户与内核之间的位置如图 8-1 所示。

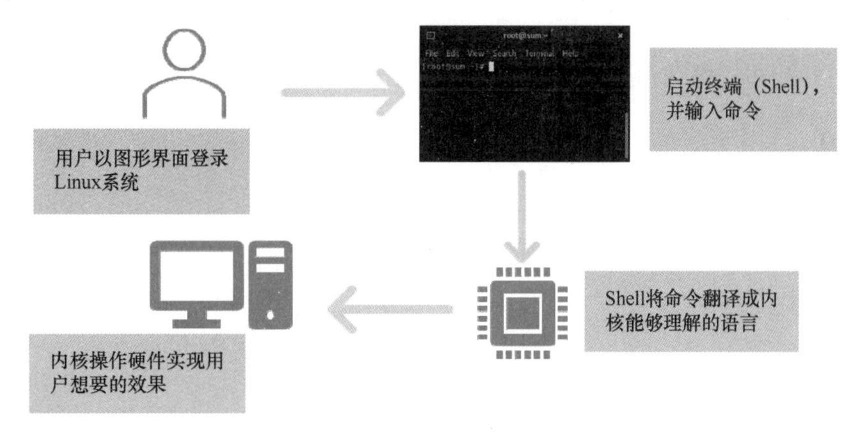

图 8-1　Shell 在用户与内核之间的位置

如果把 Linux 内核想象成一个球体的中心，那么 Shell 就是围绕内核的外层。当从 Shell 或其他程序向 Linux 传递命令时，内核会做出相应的反应。

这么一说，就明白啦！

8.1.2 Bash Shell

由于参与开发 Linux 系统的人员众多，根据需求开发出了多种不同类型的 Shell，所以 Linux 系统中有多种 Shell。不过这些 Shell 的基本功能都是相同的，只是扩展功能有所不同。这里主要介绍的是 Bash Shell（Bourne Again Shell），它由 GNU 项目开发，是 Linux 中的标准 Shell。如果用户在系统中看到 bash 指的就是这个 Bash Shell。

Linux 认识常见的 Shell 类型

Linux 的常见 Shell 类型如表 8-1 所示。

表 8-1 常见的 Shell 类型

Shell 类型	说　明
Bourne Shell (/usr/bin/sh 或/bin/sh)	该类型是最初使用的 Shell，在 Shell 编程方面很优秀，但是处理与用户交互方面不如其他几种 Shell
Bourne Again Shell (/bin/bash)	该类型是 Bourne Shell 的一个扩展版本，几乎包含了 Shell 具有的所有功能，是大部分 Linux 系统默认使用的 Shell
C Shell (/usr/bin/csh)	该类型使用的是类 C 语法，是一种具有 C 语言风格的一种 Shell
K Shell (/usr/bin/ksh)	该类型语法和 Bourne Shell 相同，同时具备了 C Shell 的易用性。与 Bash Shell 相比有一定的限制性

【动手练一练】**查看当前用户使用的 Shell 类型**

如果想查看某个用户默认的 Shell 类型，那么在该用户登录 Linux 系统后，查看/etc/passwd 即可，具体命令如下。

```
[root@sum ~]# whoami          ← 确定当前登录的用户
root
[root@sum ~]# cat /etc/passwd          ← 查看/etc/passwd
root:x:0:0:root:/root:/bin/bash          ← root 用户的 Shell 类型为 bash
bin:x:1:1:bin:/bin:/sbin/nologin
......(以下省略)......
```

这里是以管理员身份登录的系统，在/etc/passwd 文件的第一行记录了关于 root 的信息。如果是以普通用户身份登录的系统，可以直接查看该文件的最后几行，找到指定用户的记录信息即可确认当前的 Shell 类型。

8.1.3 Bash Shell 的功能

无论学习哪种 Linux 版本，都要了解 Bash Shell 的功能。在命令行执行不同的命令时，通过上下键可以快速调出之前使用过的命令，使用 Tab 键还可以补全输入的命令。当然，Bash Shell 的功能还远不止这些。

Linux Bash Shell 的功能

下面针对 Bash Shell 的功能进行简要的说明，如表 8-2 所示。

表 8-2 Bash Shell 的功能

功　能	说　明
记录历史命令	记录用户使用过的命令，通过上下键可以调出前后的历史命令。这样可以查询曾经执行过的命令，作为排除错误的重要流程
命令补全	按 Tab 键可以补全命令和文件名。在输入命令的前几个字符后，按 Tab 键可以补全该命令剩余的部分
设置命令别名	通过设置命令的别名，可以简化输入的命令。在命令行输入 alias 命令可以查询目前命令的别名有哪些
任务管理	任务管理可以让用户随时将任务放在后台执行，而不用担心误操作导致停止程序的执行。使用前台和后台的控制也可以让任务进行得更顺利
程序化脚本	Linux 中的 Shell 脚本可以进行主机的检测工作，也可以借助 Shell 提供的环境变量及相关命令进行设计
支持通配符	除了完整的字符串之外，Bash Shell 还支持很多通配符来帮助用户查询与执行命令

查询 Bash Shell 的内置命令

通过 man 命令可以查看一个命令的帮助手册，也就是说明文件。那么在命令行执行 man bash 则会看到有关 bash 的详细说明文档，其中包含了很多命令的具体用法，这些都是 Bash Shell 的内置命令。如果想了解一个命令是内置命令还是外置命令（不是 Bash Shell 提供的命令），可以使用 type 命令进行查询。

8.2 Shell 变量

变量在 Shell 中非常重要，它是内存中一个有名字的临时存储区。变量可以让字符串表达不同的含义，Shell 变量通过一组文字或符号替换一些设置或数据。为了方便系统的管理和维护，Linux 中预定义了一些常用的变量，用户可以直接使用。

8.2.1 变量的设置规则

在 Bash Shell 中，当一个变量名称还没有被设置时，默认的内容为空。在设置 Shell 变量时需要符合某些规定，否则设置会失效。

通过 echo 命令可以查看 Shell 变量。变量被使用时，前面需要加上 $ 符号，在定义时则不需要加上这个符号。

Linux **Shell 变量名的设置规则**

在设置 Shell 变量名时需要遵循一些基本规则，主要的规则如图 8-2 所示。

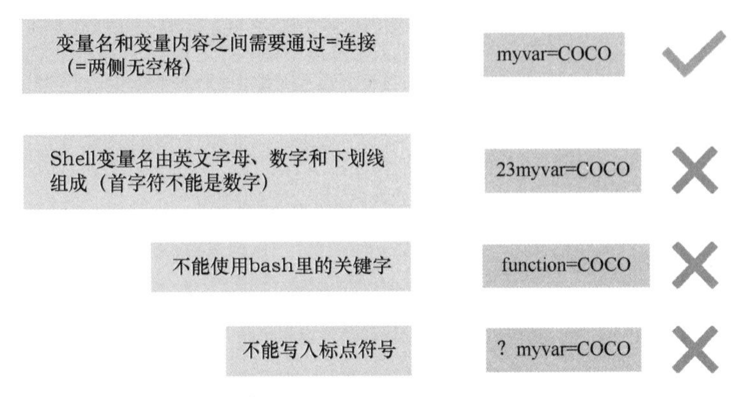

图 8-2　Shell 变量名的主要规则

【动手练一练】设置 Shell 变量

以下命令基于前面所讲解的规则进行设置并显示变量。定义变量后，在变量名前面加 $ 符号就可以通过 echo 命令显示变量内容。在变量名外面加上 {} 则是为了帮助解释器识别变量的边界，注意，该符号是可选的。

```
[root@mylinux ~]# myvar=COCO        ←--- 将变量名 myvar 的内容设置为 COCO
[root@mylinux ~]# echo $ myvar      ←--- 显示 myvar 变量的内容
COCO
[root@mylinux ~]# echo ${myvar}     ←--- 以 ${}的方式显示变量内容
COCO
```

如果将之前设置的变量取消，可以使用“unset 变量名”的方式。比如取消 myvar 变量的命令设置如下。

```
[root@mylinux ~]# unset myvar       ←--- 取消变量设置
[root@mylinux ~]# echo $ myvar      ←--- 再次查看变量内容
                                    ←--- 内容为空
[root@mylinux ~]#
```

8.2.2 环境变量

环境变量可以帮助用户实现很多实用功能，包括根目录的变换、提示字符的显示等。要想查询目前 Shell 环境中有多少默认的环境变量，可以使用 env 和 export 命令进行查询。

【动手练一练】使用 env 命令查看环境变量

使用 env 命令可以查看 Linux 系统中的环境变量，以下命令列出的是部分环境变量。

```
[root@sum ~]#env
LS_COLORS=rs=0:di=38;5;......(中间省略)......  ◄----- 颜色设置
LANG=en_US.UTF-8  ◄----- 语系相关的设置
HOSTNAME=sum  ◄----- 当前主机名称
USERNAME=root  ◄----- 当前用户名称
USER=root  ◄----- 当前系统使用者的名称
PWD=/root  ◄----- 当前用户所在的工作目录
HOME=/root  ◄----- 当前用户的家目录
MAIL=/var/spool/mail/root  ◄----- 当前用户使用的 mailbox 位置
SHELL=/bin/bash  ◄----- 当前环境下使用的 Shell
LOGNAME=root  ◄----- 当前用户用来登录系统的账户名称
PATH=/usr/local/bin:/usr/local/sbin:/usr/bin:/usr/sbin:/root/bin
_=/usr/bin/env  ◄----- 上次使用命令的最后一个参数
[root@sum ~]#
```

Linux 常见环境变量的含义

使用 env 会列出所有的环境变量，几个常见的环境变量的含义如表 8-3 所示。

表 8-3　常见的环境变量

环境变量	说　明
HOME	用户的根目录。使用 cd 命令可以回到用户的根目录中，很多程序都会用到这个变量的值
PATH	执行文件的查找路径。目录与目录之间以冒号分隔，文件的查找顺序是由该变量指定的目录顺序决定的
SHELL	当前系统中使用的 Shell 类型
MAIL	在使用 mail 命令收取信件时，系统会读取指定的邮箱文件
LANG	语系数据。当系统启动某些程序语言文件时，该变量会主动分析语系数据文件

Shell 还有一个重要的特性就是自身是一个解释型的程序设计语言，支持绝大多数高级语言中能见到的程序元素，比如函数、变量和数组等。Shell 编程语言简单易学，之后会编写一些常用的 Shell 脚本供大家参考。

环境变量的数据被子进程引用的原因

变量也有使用范围，超过指定的范围就会失效。环境变量可以被子进程引用，但是其他的自定义变量内容不会存在于子进程中。环境变量的数据被子进程引用的原因如下。

- 当启动一个 Shell 后，操作系统会分配一个内存区域给 Shell 使用。此内存中的变量可以让子进程使用。
- 如果在父进程中使用 export 功能，可以让自定义变量的内容写入指定的内存区域（环境变量）中。
- 当加载另一个 Shell，即启动子进程离开原本的父进程，子 Shell 可以将父 Shell 的环境变量所在的内存区域导入自己的环境区块中。

由于内存配置的关系，用户可以让某些变量在相关的进程之间存在，以帮助自己更方便地操作环境。

8.3 Shell 脚本编程

要想管理好一台主机不是一件容易的事情，系统管理员每天要进行大量的维护工作，比如日志查询、监控用户状态、跟踪流量以及查询软件更新状态等。这些工作有的是需要手动处理的，有的是需要自动处理分析的。用户可以编写相应的 Shell 脚本完成自动处理的部分工作。

8.3.1 学习编写 Shell 脚本

Shell 脚本（Shell Script）就是利用 Shell 功能编写的一个程序。只不过这个程序使用纯文本文件，包含了一些 Shell 的语法和命令，搭配了正则表达式、管道命令和重定向等，以达到想要实现的效果。

Shell 脚本最基本的功能就是将很多命令集合在一起，让用户可以通过轻松的方式处理复杂的操作。除此之外，Shell 脚本还提供了数组、循环、条件和逻辑判断等重要功能，让用户可以直接通过 Shell 编写程序，而不必使用 C 等程序语言来编写。

Shell 脚本是自动化管理的重要依据，可以跟踪和管理系统的重要工作。Shell 编程与其他编程一样，只要有一个能编写代码的文本编辑器和一个能解释执行的脚本解释器就可以了。

【动手练一练】 编写一个 Shell 脚本

下面介绍如何使用 vim 编辑器编写一个 Shell 脚本，具体命令如下。Shell 脚本是从上往下执行的，#后面的内容被认为是注释内容。

```
[root@mylinux ~]# vim hello.sh  ◄-----编写名为 hello.sh 的脚本
#! /bin/bash  ◄-----声明 Shell 解释器
#This example displays "Hello World!" and lists file information.  ◄-----注释
echo "Hello World!"  ◄-----用于显示 Hello World!
```

```
pwd  ←-- 用于列出当前所在目录
ls -l file*  ←-- 用于列出文件名中包含 file 的文件
```

Linux 中的 Shell 脚本名都要以.sh 结尾吗?

一般情况下，新建的 Shell 脚本文件的扩展名是. sh（sh 代表 shell）。扩展名不影响脚本的执行，主要是方便用户识别这个文件是否为 Shell 脚本。

8.3.2 运行 Shell 脚本

在完成 Shell 脚本的编写后，需要运行这个脚本以观察运行结果。Shell 脚本的运行方式主要有四种，不同的脚本运行方式会出现不同的结果。有的运行方式还需要事先设置脚本文件的执行权限。

Linux Shell 脚本运行的四种方式

下面是运行 Shell 脚本的四种方式，其中第二种 ./与 Shell 脚本之间没有空格，具体说明如表 8-4 所示。

表 8-4　运行 Shell 脚本的方式

运行方式	执行示例	说　明
bash Shell 脚本	$ bash hello.sh	Bash 命令以解释器的形式在子 Shell 中启动并执行脚本，脚本文件不需要执行权限
./Shell 脚本	$ ./hello.sh	在当前 Shell（父 Shell）中开启子 Shell 环境，脚本文件需要执行权限
. Shell 脚本	$. hello.sh	在当前 Shell 环境中执行脚本，脚本文件不需要执行权限
sourceShell 脚本	$ source hello.sh	在当前 Shell 环境中执行脚本，脚本文件不需要执行权限

【动手练一练】使用 bash 的方式运行 Shell 脚本

在上一节实例的基础上，下面介绍如何使用 bash hello.sh 方式执行脚本文件，这种方式一般在正式脚本里使用，即使脚本没有可执行权限或没有指定解释器也可以使用，具体命令如下。

```
[root@mylinux ~]# bash hello.sh  ←-- 以 bash 方式运行
Hello World!  ←-- 显示的是 echo"Hello World!"的执行结果
```

```
/root                                                   ← 显示的是 pwd 的执行结果
-rw-rw-r--+ 2 root root 20 Oct 15 17:11 file1
-rw-rw-r--+ 2 root root 20 Oct 15 17:11 file1_hl       ← 显示的是 ls -l file* 的执行结果
lrwxrwxrwx. 1 root root  5 Oct  9 15:26 file1_sl -> file1
```

在编写 Shell 脚本时，脚本文件的第一行“#!/bin/bash”一定要写对，这是为了方便系统查找到正确的解释器。

说得没错。另外，bash 是一个外部命令，Shell 会在/bin 目录中找到对应的应用程序，也就是/bin/bash。通过 bash 命令会找到 bash 解释器所在的目录，然后运行脚本文件。

【动手练一练】 **使用./的方式运行 Shell 脚本**

使用./hello.sh 的方式执行脚本文件时，如果没有先为用户授予执行权限，直接执行脚本文件时会提示权限不够。这时需要使用 chmod 命令新增执行权限，具体命令如下。

```
[root@mylinux ~]# ./hello.sh                  ← 以./方式运行
bash: ./hello.sh: Permission denied           ← 提示权限不够
[root@mylinux ~]# chmod a+x hello.sh          ← 为用户授予执行该文件的权限
[root@mylinux ~]# ./hello.sh                  ← 授予权限后，可以顺利执行
Hello World!
/root
-rw-rw-r--+ 2 root root 20 Oct 15 17:11 file1
-rw-rw-r--+ 2 root root 20 Oct 15 17:11 file1_hl
lrwxrwxrwx. 1 root root  5 Oct  9 15:26 file1_sl -> file1
```

./表示当前目录，这就是执行当前目录下脚本的意思吗？

是的。如果不指定./，Linux 会到系统路径（由 PATH 环境变量指定）下查找这个脚本文件，而系统路径下显然不存在这个脚本，最后就会导致执行失败的结果。

【动手练一练】 **使用.（点）的方式运行 Shell 脚本**

以下代码为使用. hello.sh 的方式执行脚本文件，注意.（点）和脚本文件之间有一个空格。

```
[root@mylinux ~]# . hello.sh  ←------ 以.方式运行
Hello World!
/root
-rw-rw-r--+ 2 root root 20 Oct 15 17: 11 file1
-rw-rw-r--+ 2 root root 20 Oct 15 17: 11 file1_ hl
lrwxrwxrwx. 1 root root  5 Oct  9 15: 26 file1_ sl -> file1
```

这种以点的方式执行 Shell 脚本的情况是在当前的 Shell 环境中执行的。

【动手练一练】 **使用 source 的方式运行 Shell 脚本**

以下代码为使用 source hello.sh 方式执行脚本文件。

```
[root@mylinux ~]# source hello.sh  ←------ 以 source 方式运行
Hello World!
/root
-rw-rw-r--+ 2 root root 20 Oct 15 17:11 file1
-rw-rw-r--+ 2 root root 20 Oct 15 17:11 file1_hl
lrwxrwxrwx. 1 root root  5 Oct  9 15:26 file1_sl -> file1
```

当然 Shell 脚本还有其他的运行方式，比如 sh hello.sh。在掌握了这四种基本的运行方式后，也可以了解一下其他的运行方式。

8.3.3 调试 Shell 脚本

在编写脚本文件时，难免会出现语法等问题。如果可以在执行文件之前确定语法问题，那么将会大大减少之后的问题。这里使用 sh 命令调试 Shell 脚本。

Linux sh 命令的语法格式

```
sh [选项] 脚本文件
```

以下是选项的相关说明。

- -n：不执行脚本，仅查询脚本文件是否存在语法问题。
- -x：将脚本的执行过程全部列出来，包括显示脚本内容。
- -v：在执行脚本前，将脚本文件的内容输出到屏幕中。

【动手练一练】 **编写测试脚本文件并查看执行效果**

使用 vim 编辑器编写名为 info.sh 的脚本文件。除了显示 Linux and Users 字符串之外，还会列出当前目录、同时创建的 file12 和 file13 文件，以及以 file 开头的文件信息，具体命令如下。

```
#! /bin/bash
# Information
echo "Linux and Users"  <------ 显示 Linux and Users
pwd  <------ 列出当前目录
touch file12 file13  <------ 同时创建两个文件
ls -l file*  <------ 列出以 file 开头的文件信息
```

以 bash 的方式执行 info.sh 脚本文件，可以看到脚本文件的正常执行结果。

```
[root@sum ~]# bash info.sh  <------ 以 bash 的方式执行脚本文件
Linux and Users
/root
-rw-r--r--. 1 root root 30 Jun 29 11:33 file1
-rw-r--r--. 1 root root  0 Jul  1 09:34 file12
-rw-r--r--. 1 root root  0 Jul  1 09:34 file13
-rw-r--r--. 1 root root 20 Jun 29 11:33 file2
[root@sum ~]#
```

在执行这个 info.sh 脚本文件后，除了用户看到的脚本执行结果，同时也在当前目录下创建了 file12和 file13两个文件，在列出的文件信息中也可以看到这两个文件。

【动手练一练】**调试脚本文件**

在不指定任何选项的情况下，直接使用 sh 调试脚本文件，只会显示脚本文件的正常执行结果。指定-n 选项后，如果脚本文件没有语法问题，将不会显示任何信息，具体命令如下。

```
[root@sum ~]# sh info.sh  <------ 不指定选项直接执行脚本文件
Linux and Users
/root
-rw-r--r--. 1 root root 30 Jun 29 11:33 file1
-rw-r--r--. 1 root root  0 Jul  1 09:35 file12
-rw-r--r--. 1 root root  0 Jul  1 09:35 file13
-rw-r--r--. 1 root root 20 Jun 29 11:33 file2
[root@sum ~]# sh -n info.sh  <------ 仅查询语法问题
[root@sum ~]#
```

指定-x 选项调试脚本文件，可以将脚本文件的执行过程显示出来。

```
[root@sum ~]# sh -x info.sh  <------ 将执行过程显示出来
+ echo 'Linux and Users'
Linux and Users
+ pwd
```

```
/root
+ touch file12 file13
+ ls -l file1 file12 file13 file2
-rw-r--r--. 1 root root 30 Jun 29 11:33 file1
-rw-r--r--. 1 root root  0 Jul  1 09:35 file12
-rw-r--r--. 1 root root  0 Jul  1 09:35 file13
-rw-r--r--. 1 root root 20 Jun 29 11:33 file2
[root@sum ~]#
```

8.3.4 Shell 脚本的特殊变量

Shell 脚本提供了一些重要的特殊变量来存储参数信息，在接收命令行参数时根据参数的位置顺序接收数据。在脚本文件中加入这些特殊变量可以更好地满足用户的实时需求。

Linux 特殊变量以及说明

下面是 Shell 脚本的特殊变量及说明，如表 8-5 所示。

表 8-5 Shell 脚本的特殊变量

特殊变量	说明
$ 0	当前 Shell 脚本文件名
$ n	获取当前执行 Shell 脚本的第 n 个参数
$ #	获取当前执行 Shell 脚本接收参数的数量
$ *	将所有非 $ 0 参数存储为单个字符串
$?	退出状态，0 表示成功，非 0 表示失败
$ $	获取脚本运行进程的进程号

Shell 特殊变量是由 Shell 程序设置的。在编写脚本文件时常常会用到这些特殊变量来传递参数。

那么，大家可以尝试编写脚本文件一个一个试试它们所表达的含义。

【动手练一练】 特殊变量的实际应用

使用 vim 编写脚本文件 example1.sh，使用特殊变量分别显示脚本文件名、参数的总数、具体的参数值以及第 2 个参数。在运行脚本文件时，可以在脚本文件的后面指定具体的参数值，具体命令如下。

```
[root@mylinux ~]# vim example1.sh    ←---- 编写新的 Shell 脚本
#! /bin/bash
echo "当前脚本文件的名称: $ 0"    ←---- 显示当前 Shell 脚本文件的名称
```

```
echo "参数的总数：$ #，这些参数分别是：$ * "    ← 显示接收的参数总数和每一个参数
echo "第 2 个参数是：$ 2"    ← 显示接收的第 2 个参数
[root@mylinux ~]# bash example1.sh user01 coco linux
当前脚本文件的名称：example1.sh    ← Shell 脚本名称，与 $ 0 对应
参数的总数：3，这些参数分别是：user01 coco linux    ← 接收了 3 个参数，与 $ #对应；分别显示了接收的三个参数，与 $ * 对应
第 2 个参数是：coco    ← 接收的第 2 个参数为 coco，与 $ 2 对应
```

知识拓展

PS1 变量

Shell 脚本提供了一些重要的特殊变量来存储参数信息，比如 PS1 变量。这个变量可以用来设置提示字符，就是用户平常见到的命令提示符，比如［root@mylinux ~］# 这个命令提示符就是通过 PS1 变量来设置的。

通过 set 命令可以看到 PS1='[\u@\h \W]\$'，这些都是 PS1 的特殊符号。

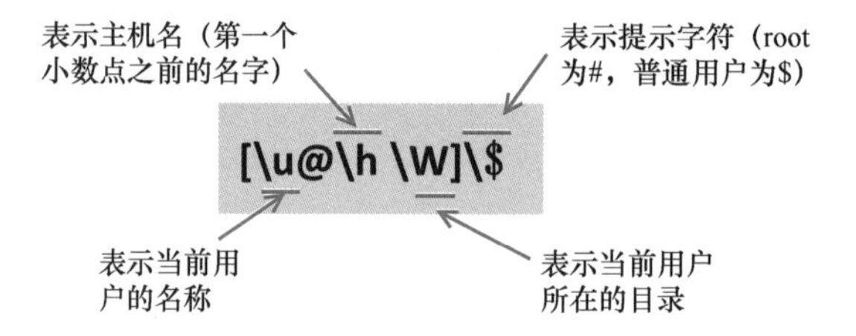
表示主机名（第一个小数点之前的名字）
表示提示字符（root为#，普通用户为$）
[\u@\h \W]\$
表示当前用户的名称
表示当前用户所在的目录

当然，Shell 脚本还有其他特殊变量，比如 $ 0、$ #、$ $ 等，在脚本文件中加入这些特殊变量可以更好地满足用户的实际需求。

第9章 软件包管理

Chapter 9

知识架构

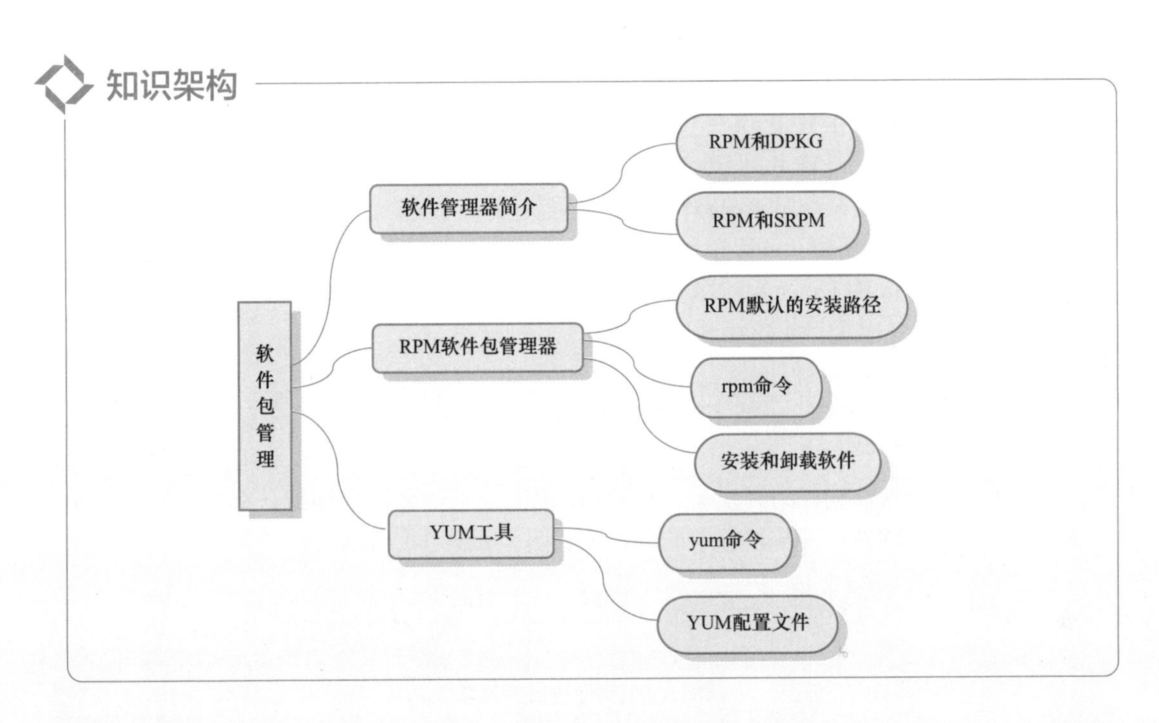

在Linux系统中，软件的安装、删除和更新等操作也是可以通过命令来实现的吧?

是的。一般来说，Linux软件包管理工具是一组命令的集合，其作用是提供在操作系统中管理软件的方法，并提供对系统中所有软件状态信息的查询。通过指定的软件管理机制可以实现不同Linux发行版中软件的管理。不同的发行版本支持的软件管理命令也不一样。

9.1 软件管理器简介

Linux 开发商会先在固定的硬件和操作系统平台上将需要安装或升级的软件编译好，然后将相关文件进行打包并发布。客户端获取后，只需要通过特定的命令就可以进行安装，安装完成后还会将软件信息写入软件管理机制中，以便将来进行升级和删除等操作。这种软件管理机制就是软件管理器。

9.1.1 RPM 和 DPKG

在 Linux 发行版中主要的软件管理器有两种，分别是 RPM 和 DPKG。RPM（RedHat Package Manager）最早是由 Red Hat 公司开发的，由于它的实用性，后来很多发行版就使用它作为软件的管理方式，包括 CentOS、Fedora 等。

DPKG 最早是由 Debian Linux 社区开发的，通过这种软件管理机制可以简单地安装软件。只要是衍生于 Debian 的 Linux 发行版，大多使用 DPKG 管理软件，包括 Ubuntu、B2B 等。

Linux 软件的依赖问题

无论是 RPM 还是 DPKG，或多或少都会有软件属性依赖的问题。依赖问题主要是软件包与软件包之间的依赖关系。依赖问题的产生主要是因为 Linux 软件采用共享资源库的方式，这样可以减少软件编程的开发量。在 Linux 中无论是安装还是卸载，都有可能涉及包的依赖问题。以下是软件在安装过程中的依赖示意图，如图 9-1 所示。

图 9-1 软件包依赖关系

要想安装 bind-chroot 软件包，就要先安装它的依赖包 bind。

Linux RPM 和 DPKG 各自的特点

RPM 和 DPKG 都可以用来安装软件，两者各有特点，如表 9-1 所示。

表 9-1 RPM 和 DPKG 各自的特点

软件包	特点
RPM	• RPM 内包含了已经编译过的程序与配置文件等数据，用户不需要重新编译。 • 在安装之前会先检查系统硬盘容量、操作系统版本等，避免软件被错误安装。 • 提供了软件版本信息、依赖属性检查、软件用途说明和相关文件等数据，便于用户了解该软件。 • 使用数据库的方式记录 RPM 文件的相关参数，便于升级、删除、查询与验证

（续）

软 件 包	特 点
DPKG	• 离线安装软件包，即只能安装本地软件。 • 不会解决软件之间的依赖问题。 • 会绕过 apt 包管理数据库，从而对软件包进行操作

9.1.2 RPM 和 SRPM

通常不同的 Linux 发行版发布的 RPM 文件并不能用在其他 Linux 发行版中。有的时候相同的 Linux 发行版的不同版本之间也无法互通。

如果想要安装其他 Linux 发行版提供的 RPM 软件包，可以通过 SRPM 来实现。SRPM（Source RPM）提供的软件内容没有经过编译，提供的是源代码。

通常 SRPM 的扩展名“ * .src.rpm”格式。它与 RPM 不同的是，SRPM 提供了参数配置文件。如果下载的是 SRPM 格式文件，那么在安装时，必须先将该软件以 RPM 的方式编译，然后将编译完成的 RPM 文件安装到 Linux 系统中。

Linux RPM 和 SRPM 的对比

通常一个软件在发布的时候，都会同时发布该软件的 RPM 和 SRPM 两种格式文件。RPM 文件必须要在相同的 Linux 环境中才能安装，而 SRPM 虽然是源代码格式，但是可以通过修改 SRPM 内的参数配置文件，然后重新编译生成适合安装的 RPM 文件。这样可以将该软件正常安装到系统中，而不用与原作者打包的 Linux 环境相同。RPM 和 SRPM 的对比如表 9-2 所示。

表 9-2 RPM 和 SRPM 的对比

软件包格式	文件名格式	是否可以直接安装	内含程序类型
RPM	.rmp	可以	已编译
SRPM	.src.rpm	不可以	未编译

RPM 会将用户要安装的软件先进行编译，并打包成 RPM 机制的文件，通过打包好的软件里面默认的数据库，记录这个软件在安装时必须具备的依赖属性软件。当安装软件时，RPM 会先依照软件里的数据查询 Linux 主机的依赖属性软件是否满足。如果满足则会安装，如果不满足则不会安装。在安装时会将软件的信息整个写入 RPM 的数据库中，以便未来的查询、验证与反安装可以运行得更加顺利。

9.2 RPM 软件包管理器

之前已经介绍了，经过不断发展，Linux 发行版的软件管理各不相同，形成了两个主流的软件管理器 RPM 和 DPKG。RPM 是一种通过互联网下载包的打包及安装工具，它包含在某些 Linux 发行版中。这里以 RPM 为例，介绍如何使用软件包管理器管理系统中的软件。

9.2.1 RPM 默认的安装路径

一般情况下，在安装 RPM 类型的文件时，会先读取文件内记录的设置参数，然后将该数据与 Linux 环境进行对比，找出是否具有属性依赖的软件尚未安装的问题。

如果环境检查合格，就会开始安装软件。安装完成后，该软件的相关信息会被写入到/var/lib/rpm 目录中的数据库文件里。如果有软件升级的需求，版本之间的比较就来自这个数据库。如果想查询已经安装的软件，也是从这里开始进行查询操作。RPM 提供的数字签名信息也是记录在这个目录中的。

Linux 相关目录的说明

在学习目录与文件的时候，已经介绍了部分目录的含义。这里再次对相关目录进行说明，如表 9-3 所示。

表 9-3 Linux 相关目录说明

目　录	说　明
/etc	部分配置文件存放的目录
/usr/bin	存放一些可执行文件
/usr/lib	一些程序使用的动态函数库
/usr/share/doc	一些基本的软件使用手册与说明文件
/usr/share/man	存放部分 man page 文件

9.2.2 rpm 命令

RPM 软件包管理器使用的主要命令是 rpm 命令。RPM 会以数据库记录的方式将需要的软件安装到系统中，并且也会将软件的依赖属性记录到默认数据库中。

RPM 会查询软件是否具有依赖属性，如果能满足依赖属性，就会安装该软件。安装软件的时候也会将软件的相关信息写入数据库中，这样方便后续的软件查询、升级等操作。

在安装软件时需要获取 root 权限，因为这是系统管理员的工作。

Linux rpm 命令的语法格式

```
rpm [选项] 软件包名称
```

以下是选项的相关说明。

- -q：显示已安装软件的版本。
- -a：显示已安装的 rpm 软件包信息列表。
- -R：显示指定软件包所依赖的 rpm 软件包名称。
- -i：安装软件包。
- -v：显示更详细的安装信息。
- -h：使用#显示安装进度。
- --nodeps：忽略依赖项并安装。
- --force：即使已安装指定的软件包，也会执行覆盖安装。
- -e：卸载安装包。

在安装软件的时候，一般都会使用-ivh 这三个选项的组合。这样可以同时看到软件安装进度和软件信息。

挂载光盘

使用 rpm 安装软件的时候需要将光盘挂载到/mnt 目录下。可以在/mnt 目录下新建一个 cdrom 目录，然后执行 mount -t iso9660 /dev/cdrom /mnt/cdrom 命令，将光盘挂载到/mnt/cdrom 目录下。使用 cd 命令进入/mnt/cdrom/AppStream/Packages 目录中就可以使用 rpm 安装软件了。注意，此处提到的挂载光盘指虚拟机中的光盘设备文件，并非光驱中的实体光盘。

9.2.3 安装和卸载软件

使用 rpm 安装软件时，需要先查询该软件是否已经被安装在系统中。确定没有安装后，再指定选项进行安装。一般在安装软件时，会将-i、-v 和-h 三个选项组合在一起使用。卸载软件则直接使用-e 选项即可。

【动手练一练】 **安装软件**

安装软件之前先使用-q 选项查询一下该软件是否已经被安装在系统中。在指定软件名字的时候可以通过 Tab 键自动补齐软件的名称，具体命令如下。

```
[root@mylinux Packages]# rpm -q zziplib    ←---- 查询软件信息
package zziplib is not installed    ←---- 提示没有安装
[root@mylinux Packages]# rpm -ivh zziplib-0.13.68-7.el8.x86_64.rpm    ←---- 安装软件
Verifying...                          ################################# [100% ]
```

```
Preparing...                    ################################# [100%]
Updating / installing...
  1:zziplib-0.13.68-7.el8       ################################# [100%]
```

安装软件时，如果对其他软件包有依赖性，则必须同时安装所需的软件包，否则安装将会停止。

【动手练一练】 **卸载软件**

在卸载软件时，如果存在软件依赖性，一般不要轻易删除互相依赖的软件包。因为不清楚删除后对系统有没有影响。卸载软件的具体命令如下。

```
[root@mylinux ~]# rpm -q zziplib        ←查询到软件已安装
zziplib-0.13.68-7.el8.x86_64
[root@mylinux ~]# rpm -e zziplib        ←卸载软件
[root@mylinux ~]# rpm -q zziplib        ←再次查询可以看到软件已被卸载
package zziplib is not installed
```

无论是安装还是卸载尽量不要使用暴力安装或暴力卸载的方式，也就是尽量不要通过指定--force 选项进行强制安装。否则可能会出现不可预期的问题。

RPM 验证

在进行验证时主要就是向管理员提供一个有用的管理机制，使用/var/lib/rpm 中的数据库内容对比目前 Linux 环境中所有的安装文件。当用户的数据不小心丢失或误删时，可以使用以下方式验证原文本，以便让用户清晰地明白到底是修改了哪些文件。

- rpm -V：后面指定软件名，如果该软件包含的文件被修改才会显示。
- rpm -Va：列出目前系统上所有可能被修改过的文件。
- rpm -Vf：显示某个文件是否被修改过。
- rpm -Vp：后面指定文件名，列出在该软件内可能被修改过的文件。

一般情况下，修改配置文件是比较正常的情况。如果是二进制程序文件被修改，则需要多加注意。

9.3 YUM 工具

YUM（Yellow dog Update Manager）通过分析 RPM 的标头数据，根据各软件的相关性制作出属性依赖时的解决方案，并自动处理软件的依赖属性问题，以便解决软件安装、删除或升级时所遇到的问题。YUM 是一个自由开源的命令行软件包管理工具，运行在基于 RPM 包管理的 Linux 系统中。

9.3.1 yum 命令

软件的安装和卸载使用的是 rpm 命令，而软件升级和更新则可以使用 YUM 这个工具，此工具使用的命令是 yum，由 RPM 软件包管理器进行管理。

YUM 工具可以自动处理依赖性关系，并且一次安装所有依赖的软件包，解决了软件的删除、安装和升级时所遇到的问题。

使用 YUM 这个工具不需要额外的设置，只要保证能正常访问网络就可以使用。使用 yum 命令需要搭配它的子命令以实现软件的查询、安装、卸载和升级功能。

Linux yum 命令的语法格式

```
yum [子命令] [软件包名称]
```

yum 的子命令主要分为查询、安装升级和卸载三类，以下是子命令的相关说明。

- list：显示所有可用的 rpm 软件包信息，类似 rpm -qa。
- list installed：显示已安装的 rpm 软件包。
- info：显示有关指定的 rpm 软件包的详细信息。
- list updates：显示可更新的已安装 rpm 软件包。
- search：使用指定的关键字搜索 rpm 软件包并显示结果。
- deplist：显示指定的 rpm 软件包的依赖项信息。
- install：安装指定的 rpm 软件包，会自动解决依赖问题。
- update：对所有已安装 rpm 软件包进行更新，也可以指定单个 rpm 软件包进行更新。
- remove：卸载指定的 rpm 软件包。

【动手练一练】查询软件信息

使用 yum 的 info 子命令可以查询软件的安装状态、来源和大小等详细信息。已安装的软件会有 Installed Packages 的提示信息，未安装的软件则是 Available Packages 的提示信息。使用 yum 命令查询软件信息的具体命令如下。

```
[root@mylinux ~]# yum info zsh      ←查询 zsh 这个软件的信息
Last metadata expiration check: 0:48:30 ago on Thu 22 Oct 2020 09:29:49 AM CST.
```

```
Available Packages  ←--- 表示软件还没有安装
Name        : zsh  ←--- 软件名称
Version     : 5.5.1  ←--- 软件版本
Release     : 6.el8_1.2  ←--- 软件发布的版本
Arch        : x86_64  ←--- 软件的硬件架构
Size        : 2.9 M  ←--- 软件的容量
Source      : zsh-5.5.1-6.el8_1.2.src.rpm  ←--- 软件源
......(以下省略)......
```

原来，使用 yum 命令可以看到这么详细的软件说明信息呀！

【动手练一练】 **安装软件**

使用 yum 安装软件很简单，不需要知道软件的位置，也不需要使用 mount 挂载光盘，而且它还会自动解决软件依赖的问题。使用 yum 命令安装软件的具体命令如下。

```
[root@mylinux ~]# yum install zziplib  ←--- 安装软件
CentOS-8 - AppStream                  1.7 kB/s | 4.3 kB    00:02
CentOS-8 - Base                       1.5 kB/s | 3.9 kB    00:02
CentOS-8 - Extras                     599  B/s | 1.5 kB    00:02
Dependencies resolved.
==================================================================================
Package        Arch        Version              Repository       Size
==================================================================================
Installing:
zziplib        x86_64      0.13.68-8.el8        AppStream        91 k
Transaction Summary
==================================================================================
Install  1 Package  ←--- 提示需要安装 1 个软件
Total download size: 91 k
Installed size: 214 k
Is this ok [y/N]: y  ←--- 询问是否继续下载，输入 y 表示同意
Downloading Packages:  ←--- 开始下载
zziplib-0.13.68-8.el8.x86_64.rpm        71 kB/s |  91 kB    00:01
---------------------------------------------------------------------
Total                                   33 kB/s |  91 kB    00:02
Running transaction check
Transaction check succeeded.
Running transaction test
Transaction test succeeded.
```

```
Running transaction
  Preparing        :                                          1/1
  Installing       :zziplib-0.13.68-8.el8.x86_64              1/1
  Running scriptlet : zziplib-0.13.68-8.el8.x86_64            1/1
  Verifying        :zziplib-0.13.68-8.el8.x86_64              1/1
Installed:
zziplib-0.13.68-8.el8.x86_64
Complete!  ◄----- 完成安装
```

安装时不仅能看到安装进度，还能看到软件的版本信息。

使用 yum 安装软件是非常方便的，它会从 yum 源中下载软件，当然用户也可以更改 yum 源，避免一些常见的软件版本无法找到的情况发生。

【动手练一练】**卸载软件**

下面使用 yum 命令和它的子命令 remove 卸载之前安装的软件，具体命令如下。

```
[root@mylinux ~]# yum remove zziplib  ◄----- 卸载软件
Dependencies resolved.
================================================================================
Package        Arch        Version               Repository          Size
================================================================================
Removing:  ◄----- 列出要卸载的软件
zziplib        x86_64      0.13.68-8.el8         @ AppStream         214 k
Transaction Summary
================================================================================
Remove   1 Package
Freed space: 214 k
Is this ok [y/N]: y  ◄----- 询问是否继续卸载,输入 y 表示继续卸载
Running transaction check
Transaction check succeeded.
Running transaction test
Transaction test succeeded.
Running transaction
  Preparing        :                                          1/1
  Erasing          :zziplib-0.13.68-8.el8.x86_64              1/1
  Running scriptlet : zziplib-0.13.68-8.el8.x86_64            1/1
  Verifying        :zziplib-0.13.68-8.el8.x86_64              1/1
Removed:
```

```
  zziplib-0.13.68-8.el8.x86_64
Complete!    ←--- 完成卸载
```

注意使用 yum 升级软件的时候，如果 update 子命令后面指定了软件名称，就只会升级该软件。如果要升级全部的软件，直接通过 yum update 命令即可。

rpm 命令和 yum 命令都可以用来安装软件，但是两者有所区别。yum 命令会去主动尝试解决软件依赖性问题，如果解决不了才会反馈给用户，而 rpm 命令则只会让用户自行解决。

9.3.2 YUM 配置文件

在使用 YUM 工具升级系统软件时，使用的是 yum 命令。该命令的主要配置文件是/etc/yum.conf，其中包含了系统的基本配置信息，比如 yum 执行期间的日志文件规范。yum 能够实现 rpm 管理的所有操作，并能够自动解决各 rpm 包之间的依赖关系，不能用 yum 去管理 Windows 的 exe 程序包，也不能用 yum 去管理 Ubuntu 的 deb 程序包，只能用 yum 来管理红帽系列的 rpm 包。

yum 最大的优势就是能够解决 rpm 的依赖问题，缺陷就是如果在未完成安装的情况下强行中止安装过程，下次再安装时将无法解决依赖关系。

配置文件/etc/yum.conf 中包含了基本的配置信息，例如 yum 执行期间的日志文件规范。yum 的配置文件有主配置文件/etc/yum.conf、资源库配置目录/etc/yum.repos.d。

【动手练一练】**查看软件库中文件的基本信息**

Linux 系统将有关每个软件库的消息存储在/etc/yum.repos.d 目录下的一个单独文件中，这些文件定义了要使用的软件库，具体命令如下。

```
[root@mylinux ~]# cd /etc/yum.repos.d    ←--- 进入/etc/yum.repos.d 目录中
[root@mylinux yum.repos.d]# ll    ←--- 显示该目录下的软件库文件
total 44
-rw-r--r--. 1 root root  731 Aug 14  2019 CentOS-AppStream.repo
-rw-r--r--. 1 root root  712 Aug 14  2019 CentOS-Base.repo
-rw-r--r--. 1 root root  798 Aug 14  2019 CentOS-centosplus.repo
-rw-r--r--. 1 root root 1320 Aug 14  2019 CentOS-CR.repo
-rw-r--r--. 1 root root  668 Aug 14  2019 CentOS-Debuginfo.repo
-rw-r--r--. 1 root root  756 Aug 14  2019 CentOS-Extras.repo
-rw-r--r--. 1 root root  338 Aug 14  2019 CentOS-fasttrack.repo
-rw-r--r--. 1 root root  928 Aug 14  2019 CentOS-Media.repo
-rw-r--r--. 1 root root  736 Aug 14  2019 CentOS-PowerTools.repo
-rw-r--r--. 1 root root 1382 Aug 14  2019 CentOS-Sources.repo
-rw-r--r--. 1 root root   74 Aug 14  2019 CentOS-Vault.repo
```

这些以 repo 为扩展名的文件是什么？

这些是 yum 源的配置文件，通常一个 repo 文件定义了一个或者多个软件仓库的细节内容。比如从哪里下载需要安装或者升级的软件包。repo 文件中的设置内容将被 yum 读取和应用。

【动手练一练】查看 CentOS-Base.repo 文件中的设置项

下面以 CentOS-Base.repo 文件为例，查看该文件中的设置项，具体命令如下。

```
[root@mylinux yum.repos.d]# cat CentOS-Base.repo   ←查看该文件中的设置项
#CentOS-Base.repo
#
# The mirror system uses the connecting IP address of the client and the
# update status of each mirror to pick mirrors that are updated to and
# geographically close to the client.  You should use this forCentOS updates
# unless you are manually picking other mirrors.
#
# If themirrorlist= does not work for you, as a fall back you can try the
# remarked outbaseurl= line instead.
#
#    //以上都是该文件的注释信息   ←以上都是该文件的注释信息,下面是设置项
[BaseOS]
name=CentOS-$releasever-Base
mirrorlist=http://mirrorlist.centos.org/?release=$releasever&arch=$basearch&repo=
BaseOS&infra=$infra
#baseurl=http://mirror.centos.org/$contentdir/$releasever/BaseOS/$basearch/os/
gpgcheck=1
enabled=1
gpgkey=file:///etc/pki/rpm-gpg/RPM-GPG-KEY-centosofficial
```

上面的 CentOS-Base.repo 主要有 7 个设置项，下面分别介绍它们的含义，如表 9-4 所示。

表 9-4　设置项的含义

设 置 项	说　　明
[BaseOS]	表示软件源的名称。中括号里面的名称可以变动，但是 [ ] 不能改动。软件源的名称不能重复，这样会导致 yum 无法找到软件源的相关信息
name	记录该软件源的基本信息
mirrorlist	指定该软件源可以使用的镜像站
baseurl	指定该软件源的实际地址
gpgcheck	指定是否需要查看 RPM 文件内的数字签名。该值为 1 时，表示 yum 检查 GPG 签名以验证软件包的授权
enabled	表示是否启用该软件源。该值为 1 表示启用，值为 0 表示不启用
gpgkey	数字签名的公钥文件所在的位置，一般使用默认值即可

在 CentOS-Base.repo 文件中可以更改 yum 源吗?

可以的。不过在更改之前需要先对配置文件进行备份。在 baseurl 设置项中，可以改变镜像服务器的地址。国内有一些不错的 yum 源，使用不同的 yum 源会导致软件的更新和下载速度也会不同。

数字签名

如果软件安装文件提供的数据本身有问题，那么使用验证手段也无法确定该软件的正确性。这时用户可以通过数字签名来检验软件的来源。当要安装一个 RPM 文件时，首先需要先安装原厂发布的公钥文件。在实际安装时，rpm 命令会读取 RPM 文件的签名信息，并与本机系统内的签名信息比对。如果签名相同则予以安装；如果找不到相关的签名信息，则给予警告并停止安装。

CentOS 使用的数字签名系统为 GUN 计划的 GPG。GPG 可以通过哈希运算，算出独一无二的专属密钥或数字签名。CentOS 的数字签名在/etc/pki/rpm-gpg 目录中。以下是数字签名文件的内容。

```
[root@sum ~]# cd /etc/pki/rpm-gpg
[root@sum rpm-gpg]# cat RPM-GPG-KEY-centosofficial
-----BEGIN PGP PUBLIC KEY BLOCK-----
Version: GnuPG v2.0.22 (GNU/Linux)

mQINBFzMWxkBEADHrskpBgN9OphmhRkc7P/YrsAGSvvl7kfu+
......(中间省略)......
-----END PGP PUBLIC KEY BLOCK-----
```

不同版本的 GPG 密钥文件存放的位置可能不同，不过文件名大多包含 GPG-KEY 字样。

第10章 进程管理

Chapter 10

知识架构

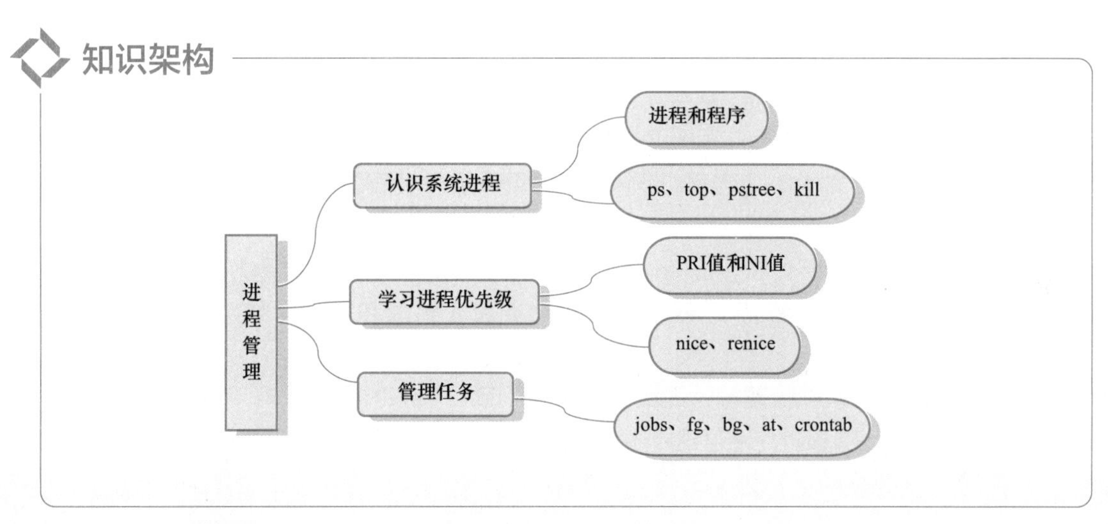

进程和程序是一个意思吗?

并不完全是啊！进程是操作系统中非常重要的一个概念，所有系统中运行的程序都会以进程的形式存在。进程有不同的状态，对系统的影响也各不相同。

哦，原来是这样啊！

进程控制是进程管理中最基本的功能，它用于创建一个新的进程，终止一个已经完成的进程等，还可以负责进程运行中的状态转换。这些都是本章将要介绍的内容，也是读者需要知道的知识。

10.1 认识系统进程

Linux 操作系统中运行的程序都是以进程的形式存在的。进程的不同状态会直接影响系统的运行，系统中始终会有多个进程处于运行状态。有效的进程管理可以帮助用户发现系统中耗时较多的进程，然后调整系统进程的优先级以及终止无效的进程，从而提高工作效率。

10.1.1 进程和程序

当一个程序被加载到内存中运行时，内存中的相关数据就被称为进程。在 Linux 系统中会赋予进程一个 ID，即 PID（进程标识符）。进程也是有权限的，像文件的权限一样，不同身份的用户执行同一个程序时，系统赋予的权限也不相同。

程序一般放在存储媒介中，比如硬盘、光盘等，以二进制文件的形式存在。程序被系统调用后，该用户的权限、程序代码等数据都会被加载到内存中，系统会赋予这个进程一个 PID。

进程和程序的关系可以理解为进程是一个处于运行状态的程序。当用户登录系统后，系统会调用的 Shell 就是 bash，通过这个 bash 可以执行其他命令。

系统原先调用的 bash 称为父进程，而在 bash 环境下执行的其他命令是子进程。

【动手练一练】认识父进程和子进程

父进程通过 PPID 来判断，子进程可以获取父进程的环境变量。比如用户在当前的 bash 环境下直接执行 bash，就会进入子进程的环境。

```
[root@mylinux ~]# bash      ←------ 启动一个子进程
[root@mylinux ~]# ps -l     ←------ 查看进程信息
F S   UID   PID  PPID  C PRI  NI ADDR SZ WCHAN  TTY          TIME CMD
0 S     0  2742  2736  0  80   0 -  6635 -      pts/0    00:00:00 bash  ←------ 子进程
0 S     0  5643  2742  0  80   0 -  6603 -      pts/0    00:00:00 bash  ←------ 父进程
0 R     0  5667  5643  0  80   0 - 11188 -      pts/0    00:00:00 ps
```

第一个 bash 的 PID 和第二个 bash 的 PPID 都是 2742，这就是子进程和父进程。子进程和父进程之间的关系比较复杂，每台主机的进程启动状态都不一样，产生的 PID 也不一样。进程都会通过父进程以复制的方式产生一个相同的子进程，然后复制出来的子进程再来执行实际要执行的进程，最后成为一个子进程。

10.1.2 ps 命令

ps（process status）命令用于显示当前进程的运行情况，和 Windows 中的任务管理器类似。ps 命令显示的是进程的静态信息。

Linux ps 命令的语法格式

```
ps [选项]
```

以下是选项的相关说明。

- -A：列出所有的进程，与-e 具有相同的效果。
- -p：指定 PID（进程 ID）。
- -f：显示详细信息。
- -l：以长格式显示详细信息。
- aux：显示系统中所有的进程信息。

直接使用 ps 命令可以让用户简单快速地了解系统中进程的情况，比如进程号、登录终端等信息。

【动手练一练】查看进程信息

不带任何选项执行 ps 命令，从而显示简单的进程信息，具体命令如下。

```
[root@mylinux ~]# ps        ←直接查看进程信息
  PID TTY          TIME CMD
 3030 pts/0    00:00:00 su   ←进程字段
 3038 pts/0    00:00:00 bash
 3060 pts/0    00:00:00 ps
```

下面通过表格解释 PID、TTY、TIME 和 CMD 这四个字段的含义，如表 10-1 所示。

表 10-1　进程字段的含义

字　段	说　明
PID	进程 ID，是进程的唯一进程标识号
TTY	登录用户的终端
TIME	进程的累计执行时间，也就是进程实际使用 CPU 的时间，不是系统时间
CMD	触发进程的命令

【动手练一练】只查看当前 bash 相关的进程

使用 ps -l 命令可以只查看当前 bash 相关的进程信息，具体命令如下。

```
[root@mylinux ~]# ps -l   ←查看与用户自己相关的进程信息
F S   UID   PID  PPID  C PRI  NI ADDR SZ WCHAN  TTY          TIME CMD
4 S     0  3030  2821  0  80   0 - 41883 -      pts/0    00:00:00 su
4 S     0  3038  3030  0  80   0 -  6606 -      pts/0    00:00:00 bash
0 R     0  3126  3038  0  80   0 - 11188 -      pts/0    00:00:00 ps
```

下面通过表格解释其中主要字段的含义，如表 10-2 所示。

表 10-2　进程主要字段的含义

字　段	说　明
F	进程标识（process flags）。用于说明这个进程的权限，4 表示该进程的权限为 root
S	进程状态。主要状态有 5 种状态，S（Sleep）表示正处于睡眠状态的进程，可以被唤醒；R（Running）表示正在运行中的进程；D（Uninterruptible Sleep）表示收到信号后不唤醒，也不可运行，进程需要持续等待直到有中断发生；T（Terminate）表示进程收到 SIGSTOP、SIGSTP、SIGTIN、SIGTOU 信号后停止运行；Z（Zombie）表示进程已终止，但进程描述符存在，直到父进程调用 wait4（）系统调用后释放
C	表示 CPU 的使用率，单位是百分比
PRI 和 NI	表示进程被 CPU 执行的优先级
ADDR	表示进程处于内存的具体部分。-表示该进程是一个 running 的状态
SZ	表示该进程使用的内存
WCHAN	表示当前进程是否处于运行状态。-表示正在运行中

【动手练一练】**查看系统中所有运行的进程信息**

下面介绍使用 ps aux 命令查看系统中所有运行的进程信息，具体命令如下。

```
[root@mylinux ~]# ps aux   ←查看系统中所有正在运行的进程
USER        PID % CPU % MEM    VSZ   RSS TTY      STAT START   TIME COMMAND
root          1  0.0  0.4 179020  8780 ?        Ss   14:54   0:01 /usr/lib/syste
root          2  0.0  0.0      0     0 ?        S    14:54   0:00 [kthreadd]
......(中间省略)......
user01     2821  0.0  0.2  24280  4372 pts/0    Ss   14:55   0:00 bash
root       3030  0.0  0.4 167532  8984 pts/0    S    15:02   0:00 su -
root       3038  0.0  0.2  26424  4984 pts/0    S    15:02   0:00 -bash
......(中间省略)......
root       3409  0.0  0.0   7284   796 ?        S    15:36   0:00 sleep 60
root       3410  0.0  0.0      0     0 ?        I    15:36   0:00 [kworker/0:0-a
root       3411  0.0  0.2  57172  3876 pts/0    R+   15:37   0:00 ps aux
```

下面表格中列出了执行 ps aux 命令后的主要字段含义，如表 10-3 所示。

表 10-3　执行 ps aux 命令后的主要字段含义

字　段	说　明
USER	该进程所属的用户名
%CPU	该进程已经使用的 CPU 资源
%MEM	该进程占用的物理内存
VSZ	该进程已经使用的虚拟内存，单位为 KB
RSS	该进程占用的固定内存，单位为 KB
TTY	登录用户的终端。? 表示与终端无关，pts/0 表示由网络连接进入主机的进程，tty1～tty6 表示本机上的登录进程

（续）

字　段	说　明
STAT	该进程目前的状态，与 ps -l 命令中的 S 字段含义相同，见表 10-2
START	该进程被触发启动的时间
COMMAND	触发进程的命令

如果有僵尸进程（defunct），不要直接使用 kill 命令处理，而是让系统处理。如果经过一段时间后，仍然没有处理，就用 reboot 命令重启系统来处理进程。

10.1.3 top 命令

top 命令用于动态查看进程的信息。这个命令可以持续地看到进程运行中的变化，实时地显示系统中各个进程的资源占用情况。

Linux top 命令的语法格式

```
top [选项]
```

以下是选项的相关说明。

- -d：后面指定秒数，表示整个进程界面刷新的时间间隔。
- -n：后面指定次数，表示输出信息更新的次数。
- -b：以批量的方式执行 top。
- -i：不显示闲置或僵死的进程信息。

在使用 top 命令的过程中，可以使用一些按键查看内存、CPU 等部件的使用情况。按键说明如表 10-4 所示。

表 10-4　按键说明

按　键	说　明
?	显示可以输入的按键
q	退出 top 的按键
P	根据 CPU 的使用情况排序
M	根据占用的内存情况排序
T	根据进程使用 CPU 的累计时间（TIME+）排序

Linux 使用 top 查看进程信息

在使用 top 命令查看进程时，执行后显示的结果会分成上下两部分，其中的上半部分是系统运行状态，下半部分是各进程的详细信息，具体命令如下。

```
[root@mylinux ~]# top                          系统运行状态

top - 16:32:17 up  1:37,  1 user,  load average: 0.02, 0.01, 0.00
Tasks: 254 total,  1 running, 253 sleeping,  0 stopped,  0 zombie
%Cpu(s):  2.2 us,  1.5 sy,  0.0 ni, 95.8 id,  0.0 wa,  0.5 hi,  0.0 si,  0.0 st
MiB Mem:  1806.1 total,   116.6 free,  1097.9 used,   591.5 buff/cache
MiB Swap:  3072.0 total,  3040.5 free,    31.5 used.   541.2 avail Mem

  PID USER      PR  NI    VIRT    RES    SHR S  %CPU  %MEM     TIME+ COMMAND
                        进程详细信息
 2277 user01    20   0 3406672 212388  69888 S   8.9  11.5   0:50.03 gnome-sh+
 2816 user01    20   0  529956  37644  24616 S   1.7   2.0   0:03.55 gnome-te+
 2224 user01    20   0   82360   4888   3452 S   0.3   0.3   0:00.17 dbus-dae+
    1 root      20   0  179020   8780   4240 S   0.0   0.5   0:01.53 systemd
    2 root      20   0       0      0      0 S   0.0   0.0   0:00.00 kthreadd
......(以下省略)......
```

在 top 命令的执行结果中，上半部分信息一般有 5 行，下面逐行分析它们的含义。

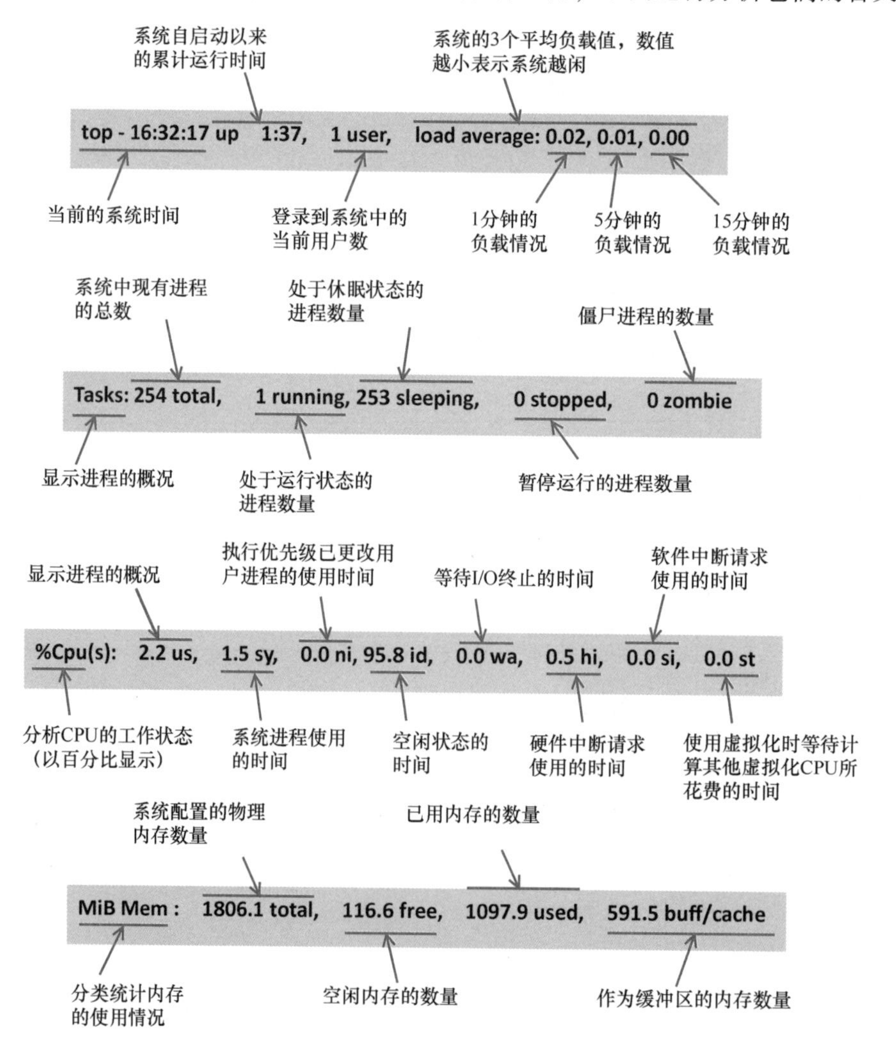

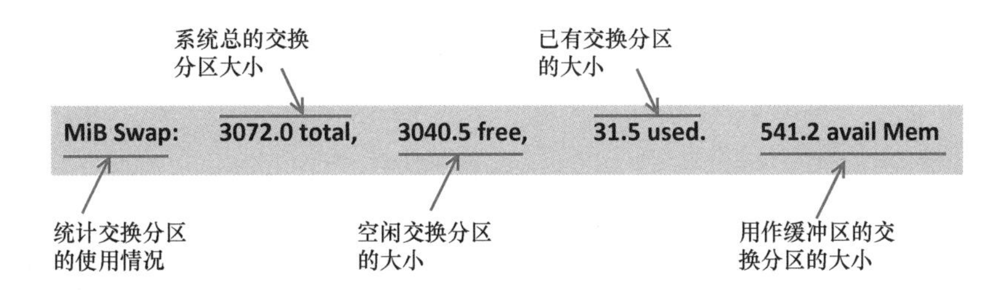

top 命令下半部分的字段信息和 ps 命令中的字段信息比较相似。大家可以扫描封底二维码下载相关说明文档获取字段的详细含义。

通过 top 命令，用户基本可以完整获取进程和系统负载的概览。

10.1.4 pstree 命令

除了 ps 和 top 命令可以查看进程外，还有 pstree 命令也可以查看进程，该命令会以树状的形式显示进程之间的相关性。

需要注意的是，在使用 pstree 命令时，如果不指定进程的 PID 号，也不指定用户名，则会以 init 进程为根进程，显示系统中所有程序和进程的信息；反之，若指定 PID 号或用户名，则将以 PID 或指定命令为根进程，显示 PID 或用户对应的所有程序和进程。

Linux pstree 命令的语法格式

```
pstree [选项]
```

以下是选项的相关说明。

- -p：显示进程的 PID。
- -u：显示进程对应的用户名。
- -h：列出树状图时，突出显示现在执行的程序。
- -A：以 ASCII 字符连接各个进程树。

【动手练一练】不指定任何选项执行 pstree 命令

如果不加任何选项执行 pstree 命令，结果会以树状形式从 systemd 进程开始显示，具体命令如下。

```
[root@mylinux ~]# pstree    ◄------ 以树状形式显示进程
systemd─┬─ModemManager───2*[{ModemManager}]
        ├─NetworkManager───2*[{NetworkManager}]
        ├─VGAuthService
```

```
        ├─accounts-daemon───2*[{accounts-daemon}]
        ├─atd
        ├─auditd─┬─sedispatch
        │        └─2*[{auditd}]
        ├─avahi-daemon───avahi-daemon
        ├─boltd───2*[{boltd}]
        ├─colord───2*[{colord}]
        ├─crond
......(以下省略)......
```

这种显示方式可以清楚地看到是谁创建了谁。

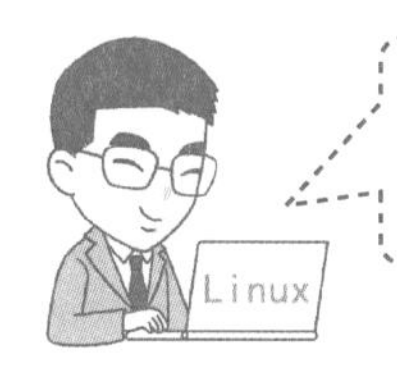

对，通过进程树可以区分谁是父进程，而谁又是子进程，以及每个进程的进程号。

【动手练一练】 **显示进程的 PID 和所属用户**

下面命令用于指定-Apu 选项显示进程的 PID 和所属用户。

```
[root@mylinux ~]# pstree -Apu      ←----显示进程的 PID 和所属用户
systemd(1)-+-ModemManager(848)-+-{ModemManager}(862)
           |                   '-{ModemManager}(875)
           |-NetworkManager(931)-+-{NetworkManager}(934)
           |                     '-{NetworkManager}(936)
           |-VGAuthService(834)    ←----括号中的数字就是 PID
           |-accounts-daemon(903)-+-{accounts-daemon}(904)
           |                      '-{accounts-daemon}(907)
           |-atd(950)
           |-auditd(799)-+-sedispatch(801)
           |             |-{auditd}(800)
           |             '-{auditd}(802)
           |-avahi-daemon(832,avahi)---avahi-daemon(877)
           |-boltd(1843)-+-{boltd}(1846)
           |             '-{boltd}(1850)
           |-colord(1998,colord)-+-{colord}(2009)
           |                     '-{colord}(2015)
           |-crond(949)
......(以下省略)......
```

通过 pstree 命令可以知道，所有的进程都在 systemd 这个进程下面，它的 PID 是1，表示该进程是 Linux 内核主动调用的第一个进程。

10.1.5 kill 命令

kill 命令用于删除执行中的进程。从本质上讲，kill 命令只是用来向进程发送一个信号，至于这个信号是什么，是由用户指定的。

kill 命令会向操作系统内核发送一个信号（比如终止信号）和目标进程的 PID，然后系统内核根据收到的信号类型，对指定进程进行相应的操作。

kill 命令是按照 PID 来确定进程的，所以 kill 命令只能识别 PID，而不能识别进程名。在指定信号的时候，可以指定信号的名称或代号，但是需要在信号的前面加上-（减号）。

Linux kill 命令的语法格式

```
kill [信号或选项] PID
```

以下是常用的信号以及相关说明。

- SIGHUP：代号为 1，可以重启被终止的进程，和重新启动类似。
- SIGINT：代号为 2，可以中断一个运行的进程，相当于 Ctrl+C 组合键。
- SIGKILL：代号为 9，可以强制中断运行的进程。
- SIGTERM：代号为 15，通过正常的方式终止进程，默认值。
- SIGCONT：代号为 18，恢复暂停的进程。
- SIGSTOP：代号为 19，暂停正在运行的进程，相当于 Ctrl+Z 组合键。

【动手练一练】 **查看所有的信号**

上面列出的是一些常见的信号，使用-l 选项可以查看所有的信号，具体命令如下。

```
[root@sum ~]# kill -l    ←------ 查看所有的信号
1) SIGHUP        2) SIGINT        3) SIGQUIT        4) SIGILL        5) SIGTRAP
6) SIGABRT       7) SIGBUS        8) SIGFPE         9) SIGKILL       10) SIGUSR1
11) SIGSEGV      12) SIGUSR2      13) SIGPIPE       14) SIGALRM      15) SIGTERM
16) SIGSTKFLT    17) SIGCHLD      18) SIGCONT       19) SIGSTOP      20) SIGTSTP
21) SIGTTIN      22) SIGTTOU      23) SIGURG        24) SIGXCPU      25) SIGXFSZ
26) SIGVTALRM    27) SIGPROF      28) SIGWINCH      29) SIGIO        30) SIGPWR
31) SIGSYS       34) SIGRTMIN     35) SIGRTMIN+1    36) SIGRTMIN+2   37) SIGRTMIN+3
38) SIGRTMIN+4   39) SIGRTMIN+5   40) SIGRTMIN+6    41) SIGRTMIN+7   42) SIGRTMIN+8
43) SIGRTMIN+9   44) SIGRTMIN+10  45) SIGRTMIN+11   46) SIGRTMIN+12  47) SIGRTMIN+13
48) SIGRTMIN+14  49) SIGRTMIN+15  50) SIGRTMAX-14   51) SIGRTMAX-13  52) SIGRTMAX-12
53) SIGRTMAX-11  54) SIGRTMAX-10  55) SIGRTMAX-9    56) SIGRTMAX-8   57) SIGRTMAX-7
58) SIGRTMAX-6   59) SIGRTMAX-5   60) SIGRTMAX-4    61) SIGRTMAX-3   62) SIGRTMAX-2
63) SIGRTMAX-1   64) SIGRTMAX
[root@sum ~]#
```

这么看来，只要记住一些常见的信号就可以了。

【动手练一练】 **结束 PID 为 1099 的进程**

使用 pstree 和 grep 命令找到 sshd 进程的 PID 为 1099，然后通过 kill 命令结束此进程。在使用 kill 命令时，如果没有指定信号，则默认的信号为 SIGTERM，代号为 15，表示正常停止此进程，具体命令如下。

```
[root@sum ~]# pstree -p | grep sshd    ◄----- 查看 sshd 进程的 PID
        |-sshd(1099)
[root@sum ~]# kill 1099    ◄----- 正常停止 PID 为 1099 的进程
[root@sum ~]#pstree -p | grep sshd
[root@sum ~]#
```

killall 命令

在使用 kill 命令时，后面需要指定 PID，而且该命令通常会与 ps、pstree 等命令配合使用。使用 killall 命令可以通过指定进程名称结束一个进程。killall 命令的具体用法如下。

```
Killall [信号或选项] 进程名称
```

以下是选项的相关说明。

- -i：交互模式。如果需要删除某个进程时，会出现提示字符。
- -e：表示需要匹配进程名称。
- -I：忽略进程名称的大小写。

下面使用 killall 命令询问每个 bash 进程是否需要终止。

```
[root@sum ~]# killall -i -9 bash    ◄----- 以交互方式终止进程
Signal bash(2905) ? (y/N) N    ◄----- 输入 N 表示不终止此进程
Signal bash(7545) ? (y/N) y    ◄----- 输入 y 表示终止此进程
[root@sum ~]#
```

大家可以同时启动两个或多个终端窗口进行相应的测试。

10.2 学习进程优先级

平时用户在处理事情的时候，经常会根据事情的轻重缓急决定解决的先后顺序。系统中各个进程的执行顺序也是不一样的，决定 CPU 优先处理哪一个进程是通过优先级决定的。进程的优先级越高，CPU 就会优先处理哪一个进程。

10.2.1 PRI 值和 NI 值

在 Linux 中，进程的优先级与 PRI 和 NI 有关。在之前学习进程命令时读者应该也看到过这两个字段。

PRI（Priority）是由内核动态调整的，用户无法直接修改 PRI 值，PRI 值越低表示优先级越高。如果想调整进程的优先级，需要修改 NI（nice）值。

nice 值的范围是-20～19，当该值为负数时，PRI（新）值会变低，即优先级会变高。root 用户可以修改任何人的 nice 值，可以修改范围是-20～19。普通用户只能调整自己进程的 nice 值，可调范围只是 0～19，并且只能往高处调整 nice 值，这样可以避免普通用户抢占系统资源的情况发生。

Linux PRI 和 nice 的相关性

nice 值和 PRI 是有相关性的，以下是两者的关系。

```
PRI(新)=PRI(旧)+nice 值
```

nice 值越高，进程优先级就越低，只有 root 用户才有权限调整 nice 为负值。以下是不同用户可以修改 nice 值的范围，如图 10-1 所示。

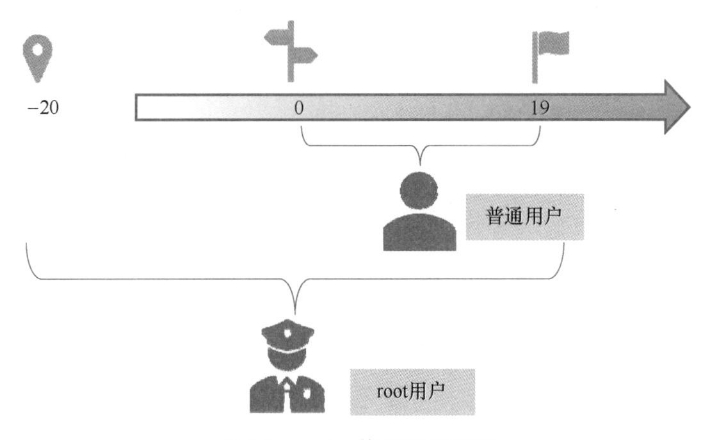

图 10-1 nice 值与用户权限

一般情况下，用户可以将一些备份任务命令的 nice 设置得稍微大一些，因为备份任务比较耗费资源，这样可以分出资源给其他进程使用，让资源分配更公平。

10.2.2 nice 命令

nice 命令用于为一个新执行的进程设置 nice 值。虽然系统中所有用户都可以使用这个命令，但是要注意不同身份的用户可以修改优先级的范围是不同的。

Linux nice 命令的语法格式

```
nice [选项] [命令]
```

以下是选项的相关说明。

- -n：后接数字，可指定的范围是-20~19。

调整某个进程的优先级就是调整它的 nice 值。

【动手练一练】**设置进程优先级**

以下代码为使用 root 身份将 wc 这个进程的 nice 值设为-3，并通过 & 将其放在后台执行。

```
[root@mylinux ~]# nice -n -3 wc &
                          ↑
[1] 3137          修改进程的优先级
[root@mylinux ~]# ps -l
F S   UID   PID  PPID  C PRI  NI ADDR SZ WCHAN  TTY        TIME CMD
4 S     0  3011  2857  0  80   0 - 41883 -      pts/0  00:00:00 su
4 S     0  3018  3011  0  80   0 -  6606 -      pts/0  00:00:00 bash
4 T     0  3137  3018  0  77  -3 -  1824 -      pts/0  00:00:00 wc
0 R     0  3138  3018  0  80   0 - 11188 -      pts/0  00:00:00 ps
```

原本 bash 的 PRI 的值为 80，wc 进程的 PRI 值也应该是 80。由于调整了 wc 这个进程的 nice 值，所以现在 wc 进程的 PRI 值就变成了 77(80+(-3))。

10.2.3 renice 命令

renice 命令可以为一个已经存在的进程重新调整 nice 值。使用这个命令为已经存在的进程调整优先级很简便，只要在 renice 命令后面指定想要设置的 nice 值和该进程的 PID 就可以了。

【动手练一练】**重新设置进程优先级**

下面以 wc 进程为例，修改其优先级。通过 ps -l 命令可以看到 wc 进程的 PID 是 3137，nice 值是-3。然后使用 renice 命令重新指定一个新的 nice 值为 5，这样 wc 进程的 nice 值就变成了 5，PRI 值为 85，具体命令如下。

```
[root@mylinux ~]# ps -l  ←---- 先查看进程的 nice 值和 PID
F S   UID   PID  PPID  C PRI  NI ADDR SZ WCHAN  TTY        TIME CMD
4 S     0  3011  2857  0  80   0 - 41883 -      pts/0  00:00:00 su
4 S     0  3018  3011  0  80   0 -  6606 -      pts/0  00:00:00 bash
```

```
4 T    0  3137  3018  0  77  -3 -  1824 -      pts/0    00:00:00 wc
0 R    0  3320  3018  0  80   0 - 11188 -      pts/0    00:00:00 ps
[root@mylinux ~]# renice 5 3137    ←重新设置 nice 值为 5
3137 (process ID) old priority -3, new priority 5
[root@mylinux ~]# ps -l    ←再次查看进程的 nice 值
F S  UID   PID  PPID  C PRI  NI ADDR SZ WCHAN  TTY          TIME CMD
4 S    0  3011  2857  0  80   0 - 41883 -      pts/0    00:00:00 su
4 S    0  3018  3011  0  80   0 -  6606 -      pts/0    00:00:00 bash
4 T    0  3137  3018  0  85   5 -  1824 -      pts/0    00:00:00 wc
0 R    0  3334  3018  0  80   0 - 11188 -      pts/0    00:00:00 ps
```

给一个进程赋一个低优先级（即高 nice 值）并不会导致它完全无法用到 CPU，但会导致它使用 CPU 的时间变少（排队时间增长）。

具有优先级的进程队列

在下面的优先级进程队列示意图中，拥有高优先权的 p1 和 p2 可以优先使用 CPU。而一般进程则需要排队等待 CPU。

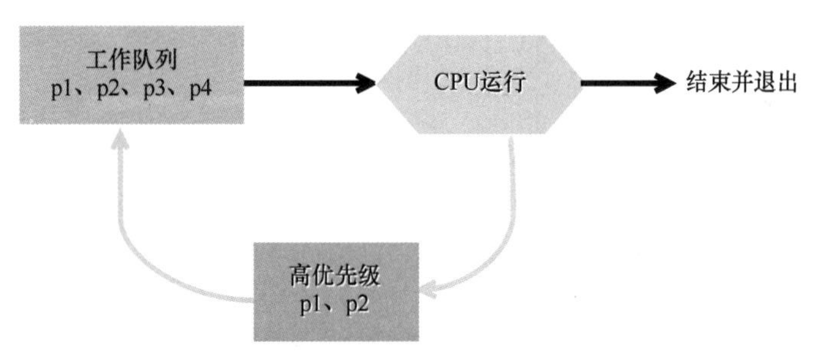

高优先级的进程可以很快被 CPU 运行，而一般进程则需要等待 CPU 空闲时才会被 CPU 取用。

nice 值对进程的调度有什么影响呢?

进程的调度不是严格按照 nice 值的层次进行的，nice 值只是一个权重因素，会导致内核调度倾向于调度高优先级的进程。nice 值对进程调度的影响程度则依据 Linux 内核版本的不同而不同。

看来 nice 值也并不完全是决定性的因素。

10.3 管理任务

Linux 系统中，还需要明确的就是任务和进程之间的关系。任务就是在一个命令行上执行的处理单位，如果存在多个进程，那么会将这些进程看成是一项任务。任务分为前台任务和后台任务，任务在执行的过程中也会有任务号码（job number），要想合理分配这些任务就需要了解调度任务的命令。

10.3.1 jobs 命令

jobs 命令用于查看当前后台任务的情况。后台任务指不能接收键盘输入的任务组合键，根据设置可能会抑制输出到屏幕的任务，可以同时执行多个后台任务，而且无法使用 Ctrl+C 终止它。前台任务指与键盘和终端屏幕交互并占用键盘和终端屏幕的任务，直到该任务完成。

Linux jobs 命令的语法格式

```
jobs [选项]
```

以下是选项的相关说明。

- -r：只显示正在后台运行的任务。
- -s：只显示正在后台暂停的任务。
- -l：可以显示任务号码、PID 和对应的命令。

将命令放到后台执行，可以在命令的最后加上 &，将当前正在执行的任务放到后台暂停可以使用 Ctrl+Z 组合键。

另外，jobs 命令后如果搭配的是-n 选项，则可以显示上次使用 jobs 后状态发生变化的任务。

Linux 查看任务信息

以下命令为使用 jobs -l 查看当前系统中在后台执行的任务。

```
[root@mylinux ~]# jobs -l
[1]+  3137 Stopped (tty input)     nice -n -3 wc
```

以下是对执行结果中相关字段的解析。

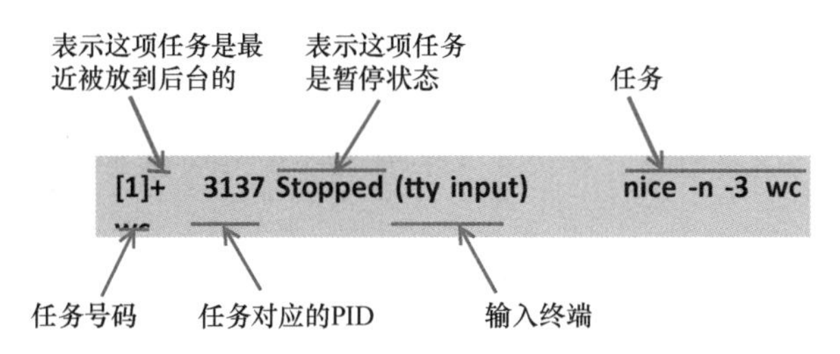

如果第二个字段是-（减号）则表示这项任务是最近第二个被放到后台执行的，第三个以后的任务就不会显示+或-了。

10.3.2 fg 命令

fg 命令可以将后台任务移到前台来执行。如果直接执行 fg 命令并且后面没有指定任何参数，则默认会将带有+的任务移到前台。

Linux fg 命令的语法格式

```
fg [% 任务号码]
```

在使用这个命令时，需要使用%指定任务号码，才能将指定的任务从后台转移到前台。

【动手练一练】将后台任务转移到前台

以下命令用于将 vim 编辑文件 file1 这项任务放在后台执行，然后使用 fg 命令指定任务号码为 2 的任务，将它从后台移到前台来执行。

```
[root@mylinux ~]# vim file1 &   ←---- 将 vim 放到后台
[2] 4452   ←---- 作业号为 2,PID 为 4452
[root@mylinux ~]# jobs   ←---- 查看后台任务的情况
[1]-  Stopped                 nice -n -3 wc
[2]+  Stopped                 vim file1
[root@mylinux ~]# fg % 2   ←---- 将 vim 移到前台执行
vim file1
```

10.3.3 bg 命令

bg 命令可以将一个在后台中暂停的任务变成继续运行的状态，也就是从 Stopped 状态转变为 Running 状态。bg 命令的语法格式与 fg 命令相似（bg［%任务号码］）。

【动手练一练】**将后台暂停的任务变成运行状态**

执行 wc 命令后，立即按下 Ctrl+Z 组合键暂停该任务，然后在终端同时执行多个命令。其中先执行 jobs 命令显示后台进程信息，再执行 bg %2 命令将后台暂停的 wc 任务变成运行状态，最后再次执行 jobs 命令查看后台任务的情况，具体命令如下。

```
[root@mylinux ~]# wc
^Z  ◄---- 按 Ctrl+Z 组合键暂停任务
[2]+  Stopped                    wc  ◄---- 任务号码为 2，表示是暂停状态
[root@mylinux ~]# jobs;bg % 2;jobs  ◄---- 同时执行三组命令
[1]-  Stopped                    nice -n -3 wc
[2]+  Stopped                    wc
[2]+ wc &
[1]+  Stopped                    nice -n -3 wc
[2]-  Running                    wc &  ◄---- 状态由 Stopped 变成了 Running
```

10.3.4 at 命令

at 命令可以设置单一的计划任务，即仅执行一次任务。在使用 at 命令时，可以指定很多时间格式。

使用 at 命令必须要确认启动了 atd 服务，CentOS 中是默认启动的状态。确认 atd 服务的状态使用 systemctl status atd 命令，看到 active（running）的字样表示该服务是启动的状态。

重启 atd 服务可以使用 systemctl restart atd 命令。使用 at 命令会产生要运行的任务，这个任务会以文本文件的形式记录在/var/spool/at 这个目录中。

at 命令并不是所有用户都有权执行的，/etc/at.allow 和/etc/at.deny 这两个文件可以限制对 at 命令的使用权限。/etc/at.allow 文件中记录了可以使用 at 命令的用户，/etc/at.deny 文件中记录了不可以使用 at 命令的用户。如果这两个文件都不存在，则只有 root 可以使用 at 命令。

at 命令可以让任务在后台执行，如果有需要长时间执行的任务，可以尝试使用这个命令。使用 at 设置计划任务时，还可以利用 atq 命令查询信息，利用 atrm 命令删除一个 at 计划任务。

Linux **at 命令的语法格式**

```
at［选项］［时间］
```

以下是选项的相关说明。

- -l：列出系统中当前用户的所有 at 计划，相当于 atq 命令。
- -d：取消一个在 at 计划中的任务，相当于 atrm 命令。
- -m：任务执行完成后向用户发送邮件。

at 命令可以指定的时间格式有下面这几种。

- HH:MM：定义的是“时：分”，表示在当日的 HH:MM 时刻执行此任务，如果当天的时间已经超过了 HH:MM 时刻，任务会在次日的 HH:MM 时刻执行。
- YYYY-MM-DD：定义的是“年-月-日”，表示在某年某月某日执行此任务。
- midnight、noon：分别表示午夜、中午。
- now：表示目前、现在的时间。
- am、pm：am 表示上午，pm 表示下午。
- today、tomorrow：分别表示今天、明天。
- minutes、hours、days：分别表示分钟、小时、日。

【动手练一练】**指定只执行一次的计划**

使用 at 命令制作一个只执行一次的计划，at now +3 minutes 表示在当前时间的 3 分钟后该任务会被执行。

```
[root@mylinux ~]# at now +3 minutes        ← 3 分钟后执行该任务
warning: commands will be executed using /bin/sh
at> date > /tmp/dir1/mytime                ← 要执行的任务
at> <EOT>                                  ← 结束任务的输入要按 Ctrl+D 组合键,会看到<EOT>字样
job 1 at Fri Oct 23 16:13:00 2020
[root@mylinux dir1]# atq                   ← 查看 at 计划
1  Fri Oct 23 16:13:00 2020 a root
[root@mylinux dir1]# cat mytime            ← 3 分钟之后查看/tmp/dir1 目录下的 mytime 文件中记录的 date 命令的执行结果
Fri Oct 23 16:13:00 CST 2020
```

此次任务表示将 date 命令的执行结果输出到/tmp/dir1/mytime 文件中，mytime 文件如果不存在则会自动对其进行创建。

10.3.5 crontab 命令

crontab 命令可以设置循环执行的计划任务。该计划任务是由 cron 这个系统服务来控制的，它的服务是 crond，默认是启动的状态。

crontab 命令也有两个配置文件/etc/cron.allow 和/etc/cron.deny，与 at 中对应的两个文件很相似。同样的，/etc/cron.allow 的优先级比/etc/cron.deny 高。一般系统默认保留/etc/cron.deny 文件，用户可以将不能执行 crontab 命令的用户记录到这个文件中。

使用 crontab 命令设置了循环执行计划任务之后，这项任务就会被记录到/var/spool/cron 目录中。

默认情况下，用户只要不在/etc/cron.deny 文件中，都可以使用 crontab -e 编辑自己的任务。

Linux crontab 命令的语法格式

```
crontab [选项]
```

以下是选项的相关说明。

- -l：显示 crontab 的任务内容。
- -e：编辑 crontab 的任务内容。
- -r：删除所有的 crontab 任务。如果只需要删除一个，可以使用-e 选项编辑。
- -u：后面指定其他用户，只有 root 才可以只用这个选项，帮助其他用户建立或删除 crontab 任务。

crontab 任务的编辑是有格式要求的，每一行记录一个任务，共有 6 个字段，如表 10-5 所示。

表 10-5 crontab 编辑格式

字　段	说　明
分钟	范围是 0~59
小时	范围是 0~23
日	范围是 1~31
月	范围是 1~12
周	范围是 0~7，0 或 7 表示星期日
命令	需要执行的命令

前 5 个字段还可以设置为其他特殊符号，如果在文件的第一到第五字段中指定 *，则所有数字都将会被匹配。特殊符号的含义如表 10-6 所示。

表 10-6 特殊符号的含义

特 殊 符 号	说　明
*（星号）	表示任何时间都可以
,（逗号）	表示分隔时间段
-（减号）	表示一段时间范围
/（斜线）	表示间隔，后面指定数字，比如每 3 分钟执行一次，可以使用 */3 进行表示

Linux 任务中的字段含义

使用 crontab -e 编辑任务时，默认会打开 vi 编辑器。执行 crontab -l 命令可以查看 crontab 任务。

```
[root@mylinux ~]# crontab -e
*/2 * * * * date >> /tmp/dir1/mydate
[root@mylinux ~]#crontab -l
*/2 * * * * date >> /tmp/dir1/mydate
```

/2 表示每两分钟执行一次，后面的 4 个字段设置为，最后一个命令字段表示将 date 命令的执行结果追加到/tmp/dir1/mydate 文件中

等待一段时间后，可以在/tmp/dir1/mydate 文件中看到 date 命令每两分钟记录的时间信息。如果只想删掉一个任务，可以使用 crontab -e 命令进行编辑。crontab -r 命令是删除所有的 crontab 数据。

第11章 Chapter 11

系统设置与日志管理

知识架构

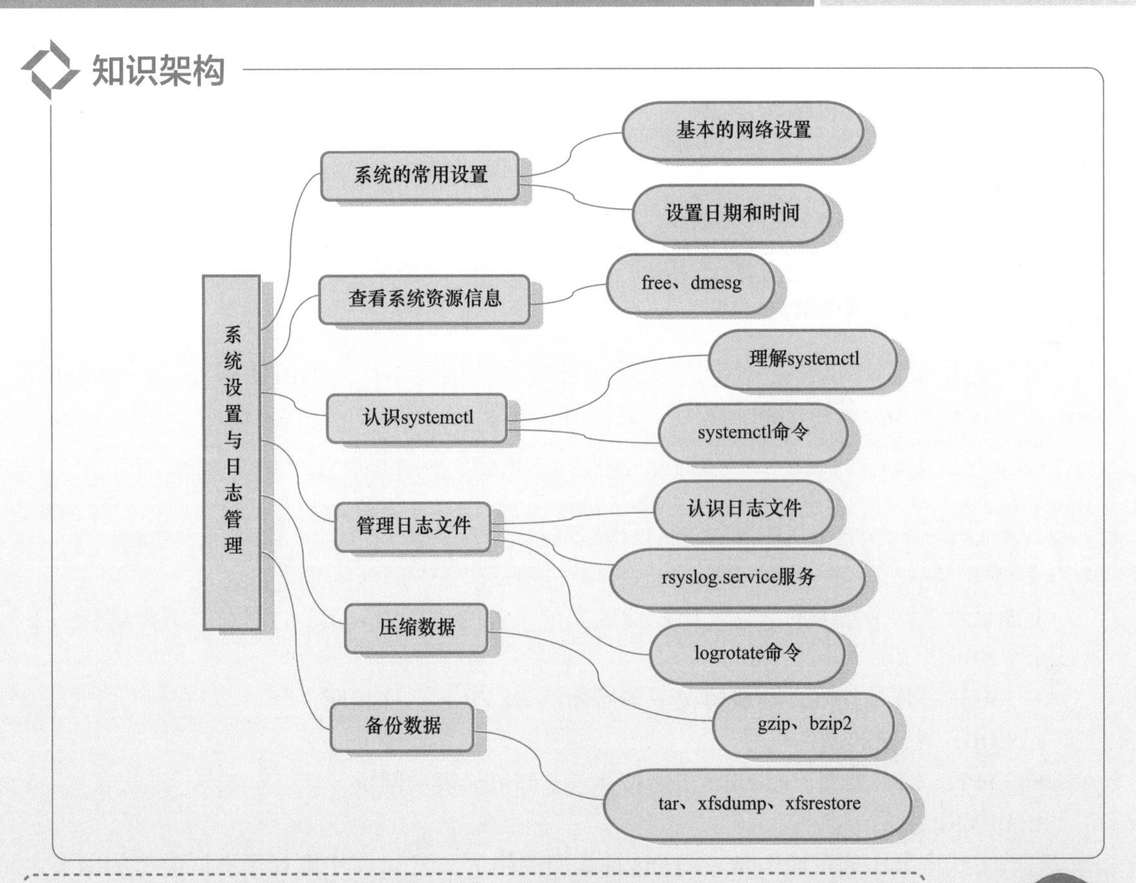

Linux 作为一个越来越成熟的系统，在服务器市场、嵌入式设备等市场应用方面都取得了巨大的成功，在网络上的应用也越来越多。

既然 Linux 的应用如此广泛，那么如果系统受到了攻击，如何维护系统和备份数据就很重要了。

没错。事实上，从 Linux 诞生时起，就被赋予了强大的网络功能。如果想要自主配置或者维护 Linux 系统相关参数，就必须熟练掌握 Linux 中相关的配置命令和方法。

11.1 系统的常用设置

Linux 系统中有很多部分都属于基本设置，包括语言、时间、日期和网络设置等方面，这些基本的系统设置都可以通过命令完成。网络在 Linux 系统中是很重要的，后面学习有关设置网络服务器知识的前提就是先要了解一些网络基础知识。

11.1.1 基本的网络设置

不管是自动获取还是手动设置，都需要 IP 地址、子网掩码（netmask）、网关（gateway）和域名系统（DNS）这几个有关网络的基本设置。比如 IP 地址有手动设置和自动获取（DHCP）2 种设置方式。

【动手练一练】 **查看网卡信息**

网卡是用来连接网络的，不同类型网卡的命名规则也不同。下面使用 nmcli connection show 命令查看当前系统中的网卡名称，具体命令如下。

```
[root@mylinux ~]# nmcli connection show  ←------查看系统中的网卡
NAME    UUID                                  TYPE      DEVICE
ens33   4ce32b00-f8d3-4516-bd3d-3b40962e624e  ethernet  ens33
virbr0  82bc4fe8-67c4-4020-a1d2-b04583caf56d  bridge    virbr0
```

上面显示了两个网卡的信息，用户此处需要设置的是名为 ens33 的网卡。下面解释一下这四个字段的含义。

- NAME：连接代号，一般情况下与后面的 DEVICE 名称相同。
- UUID：特殊的设备代号。
- TYPE：网卡类型，ethernet 表示以太网，bridge 表示网桥。
- DEVICE：网卡名称。

有的主机中显示的可能不是 ens33 这种类型的网卡，表 11-1 中解释了不同类型的网卡含义，表中的 X 和 Y 表示数字。

表 11-1　不同类型的网卡含义

网卡类型	说　明
ensX	表示由主板 BIOS 内置的 PCI-E 接口的网卡，比如 ens1、ens33
ethX	原本默认的网卡编号，比如 eth2
enpXsY	表示 PCI-E 接口的独立网卡，比如 enp2s3
enoX	表示由主板内置的网卡，比如 eno1

【动手练一练】 **查看 ens33 网卡信息**

如果在 nmcli connection show 命令后面指定具体的网卡名称，则可以查看这个网卡的网络参数。比如 IP 地址是否为自动获取，具体命令如下。

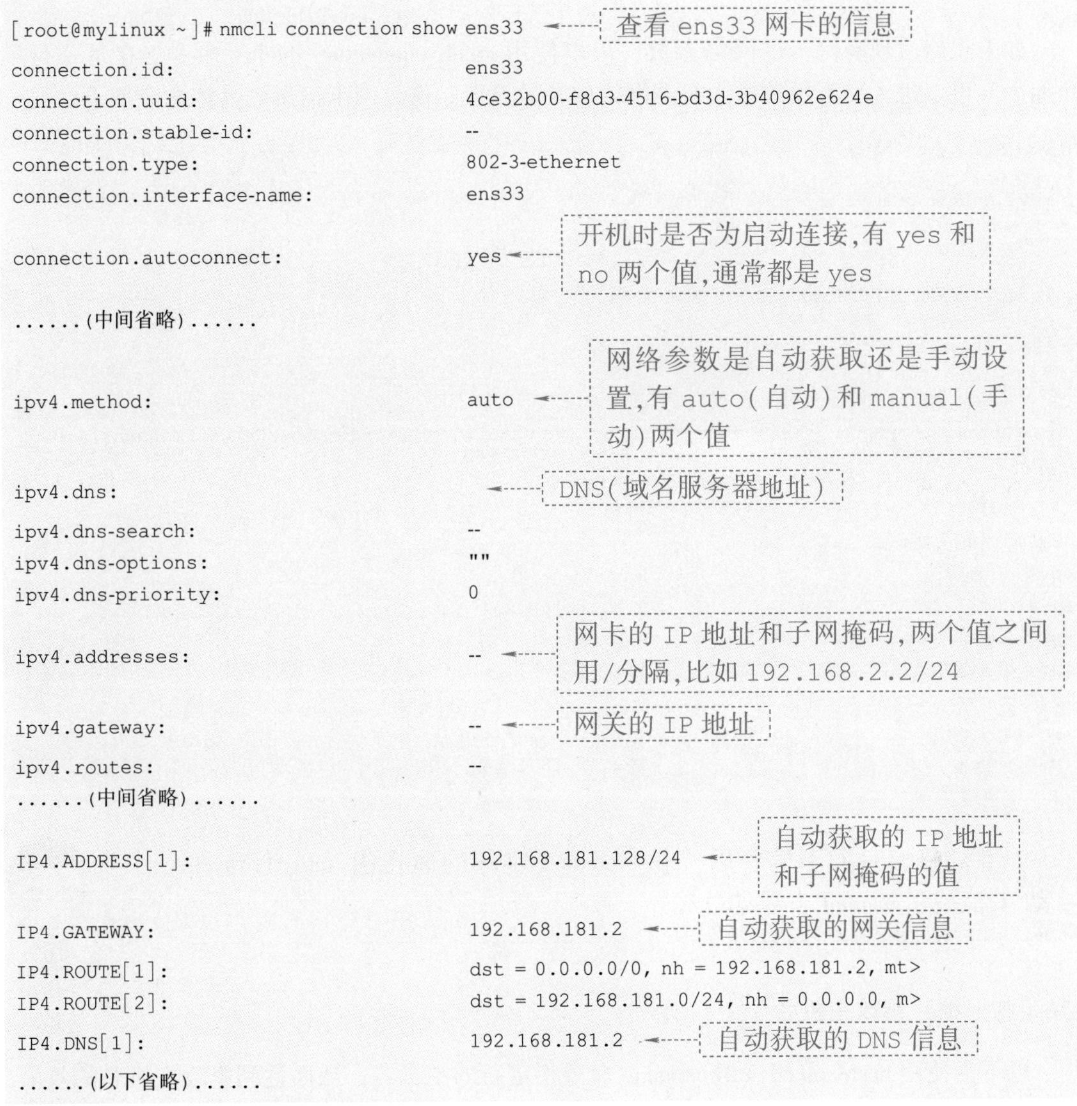

```
[root@mylinux ~]# nmcli connection show ens33
connection.id:                          ens33
connection.uuid:                        4ce32b00-f8d3-4516-bd3d-3b40962e624e
connection.stable-id:                   --
connection.type:                        802-3-ethernet
connection.interface-name:              ens33
connection.autoconnect:                 yes
......(中间省略)......
ipv4.method:                            auto
ipv4.dns:
ipv4.dns-search:                        --
ipv4.dns-options:                       ""
ipv4.dns-priority:                      0
ipv4.addresses:                         --
ipv4.gateway:                           --
ipv4.routes:                            --
......(中间省略)......
IP4.ADDRESS[1]:                         192.168.181.128/24
IP4.GATEWAY:                            192.168.181.2
IP4.ROUTE[1]:                           dst = 0.0.0.0/0, nh = 192.168.181.2, mt>
IP4.ROUTE[2]:                           dst = 192.168.181.0/24, nh = 0.0.0.0, m>
IP4.DNS[1]:                             192.168.181.2
......(以下省略)......
```

这里看到的是网卡的默认信息，用户应该可以手动修改这些默认的信息吧?

当然可以，用户可以修改网卡的 IP 地址、网关和 DNS 等相关的基本信息。

【动手练一练】 修改网卡信息

如果想修改现有网卡的网络参数，可以使用 nmcli connection modify 命令。在每一行后面加上 \ 可以进入交互模式输入有关网络的参数设置。修改网卡信息的具体命令如下。

```
[root@mylinux ~]# nmcli connection modify ens33 \  ←----- 修改 ens33 网卡信息
> ipv4.method manual \  ←----- 手动设置
> ipv4.addresses 172.16.1.10/16 \  ←----- 指定 IP 地址
> ipv4.gateway 172.16.100.254 \  ←----- 指定网关
> ipv4.dns 172.16.100.254  ←----- 指定 DNS
[root@mylinux ~]# nmcli connection up ens33  ←----- 启用网卡
Connection successfully activated (D-Bus active path: /org/freedesktop/NetworkManager/Active-
Connection/4)
[root@mylinux ~]# nmcli connection show ens33  ←----- 查看网卡信息
......(中间省略)......
ipv4.method:                          manual
ipv4.dns:                             172.16.100.254
ipv4.dns-search:                      --
ipv4.dns-options:                     ""
ipv4.dns-priority:                    0
ipv4.addresses:                       172.16.1.10/16
ipv4.gateway:                         172.16.100.254
......(以下省略)......
```

手动修改完网卡信息后，ipv4.method 字段的值将由 auto（自动）变成了 manual（手动）。

【动手练一练】 修改主机名

以下为使用 hostnamectl set-hostname 命令指定新的主机名，从而达到修改主机名的效果。在修改一个新的主机名之前，先使用 hostname 命令查看当前的主机名称。

```
[root@mylinux ~]# hostname  ←----- 只显示主机名
mylinux.com
[root@mylinux ~]# hostnamectl  ←----- 显示详细的主机信息
   Static hostname: mylinux.com
         Icon name: computer-vm
           Chassis: vm
        Machine ID: 89f85dca5fb8432d848bd93c953be893
           Boot ID: 6ac5a3fb6a9e40cc8fd3c30e924f948a
    Virtualization: vmware
  Operating System: CentOS Linux 8 (Core)
       CPE OS Name: cpe:/o:centos:centos:8
            Kernel: Linux 4.18.0-80.el8.x86_64
```

```
      Architecture:
x86-64
[root@mylinux ~]# hostnamectl set-hostname studylinux.com      ← 修改主机名
[root@mylinux ~]#hostnamectl
   Static hostname: studylinux.com      ← 修改后的主机名
......(以下省略)......
```

11.1.2 设置日期和时间

之前用户使用 date 命令查看过系统的时间和日期，如果使用 date 命令修改日期，还需要通过 hwclock 修正 BIOS 中记录的时间。这里将使用 timedatectl 命令设置日期和时间。

Linux timedatectl 命令的语法格式

```
timedatectl [子命令]
```

以下是子命令的相关说明。

- set-timezone：设置时区位置。
- set-time：设置时间。
- set-ntp：设置网络校时系统。
- list-timezones：列出系统上支持的时区。

【动手练一练】显示并修改时区信息

在以下命令中，先使用 timedatectl 命令显示当前的时区和时间等信息，然后再指定子命令修改时区信息。

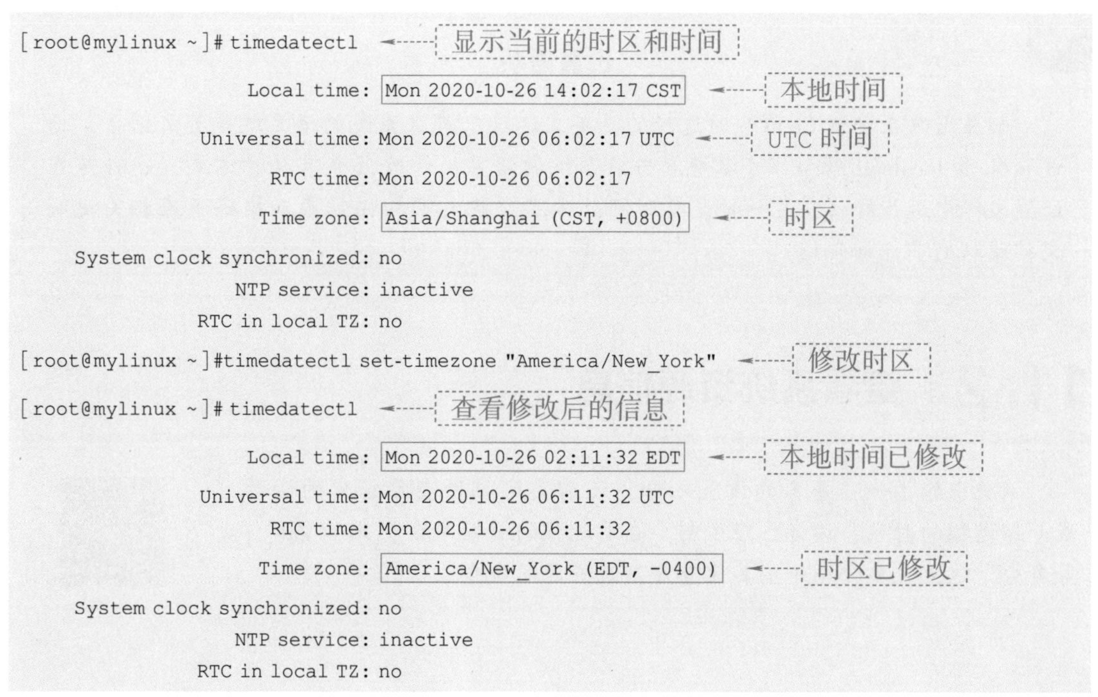

```
[root@mylinux ~]# timedatectl
               Local time: Mon 2020-10-26 14:02:17 CST
           Universal time: Mon 2020-10-26 06:02:17 UTC
                 RTC time: Mon 2020-10-26 06:02:17
                Time zone: Asia/Shanghai (CST, +0800)
System clock synchronized: no
              NTP service: inactive
          RTC in local TZ: no
[root@mylinux ~]#timedatectl set-timezone "America/New_York"
[root@mylinux ~]# timedatectl
               Local time: Mon 2020-10-26 02:11:32 EDT
           Universal time: Mon 2020-10-26 06:11:32 UTC
                 RTC time: Mon 2020-10-26 06:11:32
                Time zone: America/New_York (EDT, -0400)
System clock synchronized: no
              NTP service: inactive
          RTC in local TZ: no
```

在修改时区后，还可以变回原来的时区吗？

可以。在修改时区后，如果想变回原来的时区，只要在 timedatectl set-timezone 命令后面指定之前的时区就可以了。

Local time、Universal time 和 RTC time 哪一个才是硬件时间？

RTC time 指的是硬件时间，就是 real-time clock time。这是专门记录时间的，有电池供电，不受服务器和操作系统开启或关闭的影响。

设置语系

如果用户在安装 CentOS 时选择的是英文环境，那么系统的语系就是英文语系。通过 echo 和 localectl 命令都可以查看当前系统的语系。修改语系有两种方式，一种是在配置文件中进行修改，另一种是临时修改方式。请大家扫描封底二维码下载相关说明文档获取更多详细介绍。

11.2 查看系统资源信息

系统中除了一些基本的设置之外，还需要定期检查系统中的资源。在介绍进程的时候，读者已经了解了查看进程的一些命令，比如 top、ps 等命令。这里主要介绍一些其他查看系统资源的命令。

11.2.1 free 命令

free 命令用于查看系统的内存使用情况，包括实体内存、虚拟的交换文件内存、共享内存区段，以及系统核心使用的缓冲区等信息。

Linux free 命令的语法格式

```
free [选项]
```

以下是选项的相关说明。

- -b：以 B 为单元显示内存使用情况。
- -k：以 KB 为单元显示内存使用情况。
- -m：以 MB 为单元显示内存使用情况。
- -g：以 GB 为单元显示内存使用情况。
- -h：以合适的单元显示内存使用情况。
- -t：显示物理内存和 swap 的总量。
- -s：后面指定间隔秒数，表示持续观察内存使用情况。
- -c：后面指定次数，显示结果计数次数，与-s 选项一起使用。

【动手练一练】查看系统内存的使用情况

如果不确定当前系统内存的使用情况，可以使用 free -h 命令让其指定合适的单元，显示内存的使用情况，具体命令如下。

```
[root@studylinux ~]# free -h
              total        used        free      shared  buff/cache   available
                                                                      物理内存
                                                                         ↓
Mem:           1.8Gi       1.1Gi       100Mi        14Mi       622Mi       549Mi
Swap:          3.0Gi          0B       3.0Gi  ←---- 交换分区
```

在 free 命令的结果中，需要特别注意 Swap 的使用情况。如果 Swap 的 used 字段是 total 字段的20%以上，就说明系统的物理内存不足了。

下面通过表格解释上面结果中字段的含义，具体如表 11-2 所示。

表 11-2　free 字段含义

字　段	说　明
total	表示总量信息
used	表示已经被使用的量
free	表示剩余可用的量
shared、buff/cache	已经被使用的量可以用来作为缓冲及缓存的。在系统比较繁忙时，可以被发布然后继续使用
available	可用的量

11.2.2 dmesg 命令

dmesg（display message）命令用于查看内核产生的信息。启动系统时，内核会检测系统的硬件信息，想要查看这些检测信息，就可以通过 dmesg 命令查看。

Linux dmesg 命令的语法格式

```
dmesg［选项］
```

以下是选项的相关说明。

- -s：后面指定缓冲区大小，查询内核缓冲区。
- -n：设置记录信息的层级。

执行 dmesg 命令后会显示大量的信息，这时需要搭配 less 或 grep 命令一起查看信息。

【动手练一练】查看 sda 的信息

如果想单独查看某个硬件信息，可以通过下面这种方式，比如查看 sda 的信息。

```
[root@studylinux ~]#dmesg |grep -i sda
[    1.244813] sd 2:0:0:0: [sda] 209715200 512-byte logical blocks: (107 GB/100 GiB)
[    1.244854] sd 2:0:0:0: [sda] Write Protect is off
[    1.244855] sd 2:0:0:0: [sda] Mode Sense: 61 00 00 00
[    1.244946] sd 2:0:0:0: [sda] Cache data unavailable
[    1.244947] sd 2:0:0:0: [sda] Assuming drive cache: write through
[    1.245780]sda: sda1 sda2
......(中间省略)......
```

如果用户在开机时来不及查看开机信息怎么办呢?

在 Linux 系统中内核会将开机信息存储在一个环形缓冲区 ring buffer 中。开机信息会保存在/var/log 目录的 dmesg 文件中。

除了查看 sda 的信息，还可以通过这种方式查看其他组件的启动信息，比如 USB、tty 等相关的信息。

说得没错，快去试试吧。

更多查看系统资源信息的命令

不管是启动的时候，还是在系统运行的过程中，内核产生的信息都会被记录到内存的某个区域中。直接使用这个命令，将会显示很多有关系统的信息。如果大家想了解更多查看系统资源信息的命令，请扫描封底二维码下载相关说明文档获取相关的介绍。

11.3 认识 systemctl

systemd 负责在系统启动时执行系统设置和服务管理，这个启动服务的机制主要是使用 systemctl 命令来完成的。systemctl 负责管理和维护所有的服务，通过将消息发送到 systemd 管理服务的启动（start）和停止（stop）。

11.3.1 理解 systemctl

Linux 系统中服务管理的两种方式有 service 和 systemctl。这里介绍的是常用的管理方式 systemctl。systemd 对应的进程管理命令就是 systemctl。

Linux systemd 的主要单元

systemd 按照单元（unit）管理系统分类共有 12 种不同的类型。service 是比较常见的一种服务类型，target 也比较重要，通过 systemctl 命令管理不同的操作环境就是管理 target unit。下面是 systemd 的主要单元，如表 11-3 所示。

表 11-3 systemd 的主要单元

单　元	说　明
service	一般的服务类型，主要是系统服务，启动和停止守护进程
socket	socket 服务，从套接字接收以启动服务
device	设备检测以启动服务
mount	挂载文件系统相关的服务

（续）

单　元	说　明
automount	文件系统自动挂载的服务
target	unit 的集合，执行环境类型
swap	设置交换分区的服务
timer	循环执行的服务

在这些 unit 中，service 是最常用的一个 unit，包括系统服务、自定义服务，这些服务都需要在这个 unit 中进行维护。

11.3.2 systemctl 命令

一般情况下，在 Linux 中服务的启动有两个阶段，分别是开机时是否启动该服务和当前是否启动该服务。这种服务的管理都可以通过 systemctl 命令来处理。systemctl 命令有很多子命令用于服务的启动、停止和显示服务状态。

Linux systemctl 命令的语法格式

```
systemctl [子命令] [unit]
```

以下是子命令的相关说明。

- start：立即启动 unit。
- restart：立即重新启动 unit。
- stop：立即关闭 unit。
- status：列出 unit 的状态信息。
- enable：启用 unit，使其在系统启动时自动启动。
- disable：禁用 unit，使其在系统启动时不会自动启动。
- reload：在不关闭 unit 的情况下，重新加载配置文件，使设置生效。
- list-units：显示当前启动的 unit。
- list-unit-files：显示系统中所有的 unit。

在不确定服务是否启动时，可以使用 status 这个子命令查看服务的状态。

明白了，也就是先确定服务的状态是否开启，再继续后续的配置。

【动手练一练】**查看服务的状态**

以下命令用于查看 crond.service 这个服务当前的状态。结果中的状态表示 crond 是开机自动启动的，当前正处于运行状态。

```
[root@studylinux ~]# systemctl status crond.service        ←查看服务的状态
● crond.service - Command Scheduler
  Loaded: loaded (/usr/lib/systemd/system/crond.service; enabled; vendor prese>
  Active: active (running) since Tue 2020-10-27 08:50:22 CST; 2h 56min ago
Main PID: 1026 (crond)
   Tasks: 1 (limit: 11362)
  Memory: 3.0M
CGroup: /system.slice/crond.service
         └─1026 /usr/sbin/crond -n

Oct 27 08:50:22 studylinux.com crond[1026]: (CRON) INFO (running with inotify s>
Oct 27 09:01:01 studylinux.com CROND[3111]: (root) CMD (run-parts /etc/cron.hou>
......(以下省略)......
```

（服务的日志文件信息，包括时间、信息发送的主机名、服务信息和实际信息内容）

在上面的结果中，重点需要关注的是 Loaded 和 Active 这两行的内容。

- Loaded：表示该服务是否在开机时自动启动。enabled 表示开机自动启动，disabled 表示开机不会自动启动。
- Active：表示该服务的状态。running 表示该服务正在运行状态，dead 表示该服务正处于关闭状态。

想要关闭一个服务的时候，不要用 kill 命令这种方式，而应该使用 stop 这个子命令，比如关闭 crond 这个服务，可以执行 systemctl stop crond.service 命令关闭该服务。

crond.service 中的.service 是不是可以省略？

没错，完全可以省略。systemd 默认的后缀名就是.service。

Loaded 这一行记录的状态除了 enabled 和 disabled 两种之外，还有以下状态，具体如表 11-4 所示。

表 11-4　static 和 mask 状态说明

状　态	说　明
static	表示服务不能自动启动，但是有可能会被其他服务唤醒
mask	表示服务被强制注销，无论怎样都不能启动。这种状态并不是删除，可以通过 systemctl unmask 更改到默认状态

Active 这一行通常会记录以下几种状态，具体如表 11-5 所示。

表 11-5　Active 一行的状态

状　态	说　明
active（running）	表示有一个或多个进程正在系统中运行
active（waiting）	表示虽然处于运行中，但是需要等待其他事件发生后才能继续运行该服务
active（exited）	表示仅执行一次就可以正常结束的服务
inactive	表示该服务当前没有运行

systemd 不是一个命令，systemctl 才是命令，对吧？

没错，systemctl 是 systemd 的主命令，用于管理系统。systemctl 命令主要有两大功能：控制 systemd 系统和管理系统上运行的服务。

看来启动、关闭和重启服务的操作都少不了要用到 systemctl 命令了。

daemon 和 service

系统为了实现某些功能需要提供一些必要的服务，这个服务指的就是 service。但是提供 service 也需要程序的运行，完成这个 service 的程序就是 daemon。比如执行周期性计划任务服务的程序为 crond 这个 daemon。没有 daemon 就没有 service。其实这两者不需要分得太清楚，有时候说的服务指的就是 daemon。

11.4 管理日志文件

日志文件中记录了系统在不同的时间段执行的不同服务等信息，包括用户数据和系统故障提示等信息。当系统出现问题时，及时查看日志文件可以帮助用户从中找到解决方法。不过日志文件中记录的信息非常繁杂，用户还需要利用一些工具来分析日志文件中有用的信息。

11.4.1 认识日志文件

日志文件记录的是系统在什么时间、哪一个主机、哪一个服务、执行了什么操作等信息。这些信息可以帮助用户解决系统、网络等方面的问题。

日志文件通常只有 root 权限才能查看。不同的 Linux 发行版，日志的文件名称会有所不同。

日志文件的产生有两种方式，一种是软件开发商自定义写入的日志文件，另一种是由 Linux 发行版提供的日志文件管理服务统一管理。在 CentOS 中通过 rsyslog.service 管理日志文件。

Linux 常见的日志文件

日志文件中有很多信息值得用户查看，下面介绍一些常见的日志文件，如表 11-6 所示。

表 11-6 常见的日志文件

状 态	说 明
/var/log/boot.log	只存储此次开机启动的信息，记录的信息包括内核检测和启动的硬件信息、启动的各种内核支持的功能
/var/log/cron	记录了和 crontab 任务有关的信息
/var/log/lastlog	记录了所有账号最近一次登录系统时的相关信息
/var/log/maillog	记录了邮件的往来信息
/var/log/messages	记录了系统发生错误或其他重要的信息
/var/log/secure	记录了用户所有的登录信息
/var/log/wtmp	记录了正确登录系统的用户信息

【动手练一练】 查看日志文件中的信息

一般情况下，日志文件都会记录日期和时间、主机名、服务和实际内容。查看/var/log/messages 文件中详细信息的具体命令如下。

```
[root@studylinux ~]# head -n 5 /var/log/messages    ◄------ 查看日志文件的前 5 行
Oct 23 10:30:01mylinux rsyslogd[1496]: [origin software="rsyslogd" swVersion="8.37.0-9.el8"
x-pid="1496" x-info="http://www.rsyslog.com"] rsyslogd was HUPed
```

```
Oct 23 10:36:41mylinux NetworkManager[966]: <info>  [1603420601.0334] dhcp4 (ens33):  address
192.168.181.128
Oct 23 10:36:41mylinux NetworkManager[966]: <info>  [1603420601.0337] dhcp4 (ens33):  plen 24
Oct 23 10:36:41mylinux NetworkManager[966]: <info>  [1603420601.0337] dhcp4 (ens33):  expires
in 1800 seconds
Oct 23 10:36:41mylinux NetworkManager[966]: <info>  [1603420601.0338] dhcp4 (ens33):
nameserver'192.168.181.2'
```

以第一条记录为例说明它们的含义：在 10 月 23 日的 10：30 左右，在 mylinux 这台主机上由 rsyslogd 这个程序产生的信息。

即然在/var/log/messages 中记录了系统启动期间的相关信息，那么它算是核心的日志文件了吧？

没错，这个日志文件中包含了系统启动时的引导消息。IO 错误、网络错误和其他系统错误都会记录到这个文件中。/var/log/messages 是用户在进行故障诊断时首先要查看的文件。

11.4.2 rsyslog.service 服务

CentOS 中的日志文件由 rsyslog.service 负责统一管理。通常情况下，系统会默认启动这个服务。执行 systemctl status rsyslog.service 命令可以看到这个服务是运行状态。

rsyslog.service 服务的配置文件是/etc/rsyslog.conf。这个文件中规定了各种服务的不同等级需要被记录在哪个文件中，主要看 RULES 下面的内容。

Linux 信息等级

即使是同一个服务所产生的信息也是有差别的。Linux 内核的 syslog 将信息分成了 8 个主要的等级（等级数值越小，表示等级越高情况越紧急）。等级说明如表 11-7 所示。

表 11-7　等级说明

等级数值	信息等级	说　　明
0	emerg	紧急情况，表示系统快要宕机，是很严重的错误等级
1	alert	警告等级，表示系统已经存在比较严重的问题
2	crit	比 error 还要严重的等级，是一个临界点，表示错误已经很严重了
3	error	一些重大的错误信息
4	warning	警示信息，可能会有一些问题，但还不至于影响 daemon 运行
5	notice	正常信息，是比 info 更需要关注的信息
6	info	一些基本的信息说明
7	debug	除错时产生的数据

基本上 info、notice 和 warning 这三个等级都是传达一些基本的信息，不至于造成系统运行困难。

有了这些等级，就能分清楚信息的轻重缓急了。

在日常开发中，用户需要选择合适的日志级别，比如与 error 对正常业务有影响，需要运维配置监控，warn 对业务影响不大，但是需要开发关注。

11.4.3 logrotate 命令

logrotate 主要针对日志文件进行轮询操作，在/etc/cron.daily/logrotate 文件中记录了它每天要进行的日志轮询操作。logrotate 这个程序的配置文件是/etc/logrotate.conf，这里面规定了一些默认设置。还有一个目录/etc/logrotate.d，这里面文件都是提供给/etc/logrotate.conf 进行读取的。

Linux logrotate 命令的语法格式

```
logrotate [选项] 日志文件
```

以下是选项的相关说明。

- -v：显示 logrotate 命令的执行过程。
- -d：详细显示指令执行过程，便于排错或了解程序执行的情况。
- -f：强制每个日志文件执行轮询操作。

【动手练一练】**轮询日志文件**

下面使用 logrotate 命令轮询日志文件，以下是轮询过程，具体命令如下。

```
[root@studylinux ~]#logrotate -v /etc/logrotate.conf
reading config file /etc/logrotate.conf  ←  读取配置文件
including /etc/logrotate.d  ←  读取/etc/logrotate.d 目录下的文件
reading config file bootlog
reading config file btmp
......(中间省略)......
Creating new state
Creating new state
Handling 20 logs  ←  总共有 20 个日志文件被记录
......(中间省略)......
rotating pattern: /var/log/cron
/var/log/maillog
```

```
/var/log/messages
/var/log/secure
/var/log/spooler
weekly (4 rotations)
empty log files are rotated, old logs are removed
considering log /var/log/cron  ◄------ 开始处理 cron
......(中间省略)......
considering log /var/log/messages  ◄------ 开始处理 messages
......(中间省略)......
  log does not need rotating (log has been rotated at 2020-10-23 10:30, that is not week ago yet)
◄------ 新的轮询时间未到,现在还不需要轮询
......(以下省略)......
```

日志文件如果不人为进行维护，会怎么样?

日志文件的内容是不断增加的，如果完全不进行日志文件的维护，而任由其随意递增，那么用不了多长时间，硬盘就会被写满。

那怎么进行日志文件的维护工作呢?

维护日志文件的主要工作就是将旧的日志文件删除，腾出空间保存新的日志文件。日志轮询就是处理这件事的。

了解/etc/rsyslog.conf 文件

如果用户有增加日志文件的需求，可以在/etc/rsyslog.conf 文件中设置。下面介绍该文件中的一些内容。

- #kern. *：虽然这一行加了注释，但还是有必要了解的。只要是内核产生的信息都会被记录到/dev/console 文件中。
- *.info；mail.none；authpriv.none；cron.none：表示除了 mail、authpriv 和 cron 之外的所有其他信息都会被记录到/var/log/messages 文件中。这是因为 mail、authpriv 和 cron 产生的信息比较多，而且数据都已经被记录到其他文件中了。

- authpriv.*：表示认证方面的信息会被记录到/var/log/secure 文件中。
- mail.*：表示与邮件有关的信息都会被记录到/var/log/maillog 文件中。该文件前面的-（减号）表示当邮件信息比较多时，先存储在 buffer 中，当数量足够大时，再一次性将所有的数据都写入磁盘。
- cron.*：表示和计划任务有关的信息都被记录到/var/log/cron 文件中。
- *.emerg：表示产生最严重的错误等级时，该信息会广播给所有用户，希望系统管理员能够快速处理。

11.5 压缩数据

备份数据是平时必不可少的一项技能。当系统由于各种原因遭到损坏时，提前备份的数据就可以极大地减少用户的损失，而且备份的好坏还会影响系统恢复的进度。备份的数据往往是比较重要的文件，而不是将整个系统都备份。如果需要备份的文件过大，就需要用到压缩命令。下面介绍一些 Linux 系统中常用的压缩命令。

11.5.1 gzip 命令

gzip 命令是应用比较广泛的压缩和解压缩文件的命令。经过该命令压缩后的文件后缀名为.gz，gzip 命令对文本文件有 60%~70%的压缩率。

Linux gzip 命令的语法格式

```
gzip [选项] 文件名
```

以下是选项的相关说明。

- -c：将压缩的数据输出到屏幕上。
- -d：将压缩文件解压缩。
- -l：显示每一个压缩文件的大小、未压缩文件的大小和名字、压缩比。
- -t：测试压缩文件是否完整。
- -v：显示压缩和解压缩的文件名和压缩比。
- -num：num 表示数字，指定压缩等级。-1 表示压缩速度最快，但压缩比最差。-9 表示压缩速度最慢，但压缩比最好。系统默认的压缩等级是-6。

【动手练一练】压缩和解压缩文件

使用 gzip 命令压缩文件/tmp/dir2/services，并且显示压缩文件名和压缩比的具体命令如下。

```
[root@studylinux etc]# cp services /tmp/dir2        ←复制文件
[root@studylinux etc]# ll /tmp/dir2/services

-rw-r--r--. 1 root root 692241 Oct 28 15:31 /tmp/dir2/services   ←查看文件大小为 692241
[root@studylinux ~]# gzip -v /tmp/dir2/services      ←压缩文件
/tmp/dir2/services: 79.4% -- replaced with /tmp/dir2/services.gz
root@ studylinux ~]# ll /tmp/dir2/services*          ←查看压缩文件的大小
-rw-r--r--. 1 root root 142549 Oct 28 15:31 /tmp/dir2/services.gz
[root@studylinux ~]# gzip -d /tmp/dir2/services.gz   ←解压缩
```

使用 gzip 命令压缩文件的时候可以直接使用默认的压缩等级，即-6。如果用户想把当前目录下的每个文件都压缩成.gz 文件，可以使用 gzip ＊命令。

gzip 命令既能压缩文件又能压缩目录吗？

gzip 命令只能用来压缩文件，而不能压缩目录，即便指定了目录，也只能压缩目录内的所有文件。

压缩文件的时候是将文件一起打包压缩的吗？

在 Linux 中的打包和压缩是分开处理的。gzip 命令只能用于压缩，不能打包，所以并不会打包目录，只把目录下的文件进行压缩。

11.5.2 bzip2 命令

bzip2 命令也是压缩文件的命令，可以提供比 gzip 命令更高的压缩比，用法和 gzip 命令差不多。经过该命令压缩后的文件后缀名为.bz2。

Linux bzip2 命令的语法格式

```
bzip2 [选项] 文件名
```

以下是选项的相关说明。

- -c：将压缩的数据输出到屏幕上。

- -d：将压缩文件解压缩。
- -k：保留原始文件。
- -v：显示源文件和压缩文件的压缩比等信息。
- -num：同 gzip 命令相同。

与 gzip 相比，bzip2的压缩效率更高。

【动手练一练】**再次压缩和解压缩文件**

以下代码为使用 bzip2 命令并指定-kv 选项来压缩文件，然后指定-d 选项再解压缩文件。

```
[root@studylinux ~]# bzip2 -kv /tmp/dir2/services        ← 压缩文件
  /tmp/dir2/services:  5.334:1,  1.500 bits/byte, 81.25% saved, 692241 in, 129788 out.

[root@studylinux ~]# ll /tmp/dir2/services*               查看源文件和压缩文件大小

-rw-r--r--. 1 root root 692241 Oct 28 15:34 /tmp/dir2/services
-rw-r--r--. 1 root root 129788 Oct 28 15:34 /tmp/dir2/services.bz2
-rw-r--r--. 1 root root 142549 Oct 28 15:31 /tmp/dir2/services.gz
[root@studylinux ~]# bzip2 -d /tmp/dir2/services.bz2      ← 解压缩
```

这么一看，bzip2命令与 gzip 命令有些类似啊。

对，它们都只能对文件进行压缩或解压缩，对于目录也都只能压缩或解压缩该目录及子目录下的所有文件，而不能直接对目录进行压缩或解压缩操作。

了解更多的压缩命令

bzip2 和 gzip 命令的用法差不多，使用这两个命令压缩同一个文件可以清楚地对比出不同命令的压缩比。如果大家还想知道更多的压缩命令，可以扫描封底二维码下载相关说明文档进行深入学习。

11.6 备份数据

在备份的时候，要选择比较重要的数据进行备份，比如文件系统、重要的目录等。CentOS 7 之后默认使用的文件系统是 xfs，针对该文件系统类型在备份文件系统的时候就可以选择 xfsdump（备份）和 xfsrestore（恢复），还有可以备份重要目录的 tar 命令。这里主要介绍如何备份数据。

11.6.1 tar 命令

tar 命令可以将多个目录或文件打包成一个大文件。同时打包后的文件支持利用 gzip、bzip2 和 xz 等压缩相关命令进行处理。tar 命令本身不具有压缩功能，它是调用支持压缩功能的命令实现压缩文件的。tar 命令的用法非常广泛，这里只是介绍几个常用的用法。

Linux tar 命令的语法格式

```
tar [选项] 文件名
```

以下是选项的相关说明。

- -c：创建打包文件。
- -t：查看打包文件中包含的文件名。
- -v：显示压缩或解压缩过程中的文件名。
- -x：解压缩文件。
- -z：通过 gzip 命令压缩或解压缩文件，文件扩展名为.tar.gz。
- -j：通过 bzip2 命令压缩或解压缩文件，文件扩展名为.tar.bz2。
- -J：通过 xz 命令压缩或解压缩文件，文件扩展名为.tar.xz。
- -f：后面指定要被处理的文件名。
- -p：保留文件原本的权限和属性。
- -P：允许文件使用根目录/，即保留绝对路径。
- -C：后面指定目录，表示在特定的目录中解压缩。

tar 命令有这么多选项，将不同的选项组合起来执行，应该能实现更多功能吧。

这里要注意，在这些选项中，-c、-t 和-x 不可以同时出现在同一个命令行中，-z、-j 和-J 也不可以同时出现在同一个命令行中。

【动手练一练】 **备份/etc 目录下的文件**

以/etc 目录中的数据为例，使用-jpcv 选项和-f 选项进行备份，具体命令如下。

```
[root@studylinux ~]# tar -jpcv -f etc.tar.bz2 /etc    ◄---- 备份/etc 目录下的文件
tar: Removing leading '/' from member names    ◄---- 警告信息
/etc/
/etc/mtab
/etc/fstab
......(中间省略)......
/etc/hostname
/etc/sudo.conf
/etc/locale.conf
```

在备份的过程中，出现了警告信息，意思是提示删除了文件名开头的/符号。

如果不去掉/符号，解压缩后的文件就是绝对路径，这些文件会被放到/etc 目录中，这样就替换了原来/etc 目录中的数据。特别是当这些旧数据替换了/etc 目录中的新数据时，损失就很大了。

【动手练一练】 **将压缩文件解压缩到/tmp/etc 目录中**

以下命令用于执行将压缩好的 etc.tar.bz2 文件解压缩到/tmp/etc 目录中。解压缩的时候，需要明确解压缩的目录，这个目录需要提前创建好。

```
[root@studylinux ~]# tar -jxv -f etc.tar.bz2 -C /tmp/etc    ◄---- 解压缩
etc/
etc/mtab
etc/fstab
......(中间省略)......
etc/hostname
etc/sudo.conf
etc/locale.conf
```

读者可以看到解压缩后的文件没有根目录。使用这种方式，备份的文件就会在这个指定的目录下进行解压缩操作。

在解压缩的时候常常使用-C 选项指定解压缩的目录。

11.6.2 xfsdump 命令

xfsdump 命令只能备份 xfs 文件系统，不支持没有挂载的文件系统备份。如果用户想使用该命令备份文件系统，一定要确保当前文件系统是挂载状态。使用该命令执行备份操作时，需要 root 权限。

Linux xfsdump 命令的语法格式

xfsdump [选项] 文件名

以下是选项的相关说明。

- -l：后面指定备份级别，有 0~9 共 10 个级别。默认是 0，表示完整备份。
- -f：后面指定自定义的文件，是备份文件系统的存储位置。
- -L：后面指定标签 session label，表示每次备份的 session 标头，比如对该文件系统的简易说明。
- -M：后面指定设备标签 media label，表示存储媒介的标头，比如对该媒介的简单说明。
- -I：显示当前备份的文件系统的信息状态，数据从/var/lib/xfsdump/inventory 中读取。通常用于备份操作后查看信息的状态。

【动手练一练】完整备份文件系统

在备份数据之前需要复制一些数据到/data/xfs 目录中，以便测试。在使用 xfsdump 命令备份文件系统时，-l 后面指定 0 表示备份等级是完整备份。-L 后面指定的 dump_sdb1 是 session label 的名称，-M 后面指定的 sdb1_d 是 media label 的名称。-f 后面指定的/srv/sdb1_xfs.dump 是自定义的一个文件名，用于存储备份的数据。最后的/data/xfs 就是要备份的文件系统挂载点。完整备份文件系统的具体命令如下。

```
[root@studylinux ~]# mount /dev/sdb1 /data/xfs  ←挂载文件系统
[root@studylinux ~]# df -h /data/xfs  ←查看文件系统的整体情况
Filesystem      Size  Used Avail Use% Mounted on
/dev/sdb1       3.0G  55M  3.0G  2%  /data/xfs
[root@studylinux ~]# xfsdump -l 0 -L dump_sdb1 -M sdb1_d -f /srv/sdb1_xfs.dump /data/
xfs  ←完整备份文件系统
xfsdump: using file dump (drive_simple) strategy
xfsdump: version 3.1.8 (dump format 3.0) - type ^C for status and control
xfsdump: level 0 dump of studylinux.com:/data/xfs  ←开始备份/data/xfs
xfsdump: dump date: Thu Oct 29 10:12:30 2020
xfsdump: session id: 11891393-bc06-40c4-9861-8aa91dc9b3e5  ←此次备份的 ID
xfsdump: session label: "dump_sdb1"  ←session label 的名称
xfsdump: ino map phase 1: constructing initial dump list
xfsdump: ino map phase 2: skipping (no pruning necessary)
xfsdump: ino map phase 3: skipping (only one dump stream)
xfsdump: ino map construction complete
xfsdump: estimated dump size: 407104 bytes
xfsdump: creating dump session media file 0 (media 0, file 0)
xfsdump: dumping ino map
```

```
xfsdump: dumping directories
xfsdump: dumping non-directory files
xfsdump: ending media file
xfsdump: media file size 413440 bytes
xfsdump: dump size (non-dir files): 389800 bytes
xfsdump: dump complete: 10 seconds elapsed
xfsdump: Dump Summary:
xfsdump:  stream 0 /srv/sdb1_xfs.dump OK (success)
xfsdump: Dump Status: SUCCESS ←------ 完成备份
```

备份完成后，会建立/srv/sdb1_xfs.dump 文件，这里文件将整个/data/xfs 都备份下来了。备份等级被记录为 level 0，这种和备份相关的信息都会被记录在/var/lib/xfsdump/inventory 中。

丢失数据的理由多种多样，而保护重要数据最有效的方法就是“不要把鸡蛋都放在同一个篮子里”。

完整备份和增量备份

使用 xfsdump 命令第一次备份文件系统时一定是完整备份，在 xfsdump 中定义为 level0，备份级别是 0。完整备份可以把指定备份的目录完整地复制下来。增量备份是第二次或之后的备份，只会备份与第一次完整备份有所差异的文件。

如果在上面的操作基础上进行第二次备份就是增量备份，备份等级就是 level 1，第三次备份就是 level 2。

在进行增量备份之前，最好看一下完整备份后的一些信息。大家可以扫描封底二维码下载相关说明文档查看备份的信息状态。

【动手练一练】**增量备份数据**

要想体现出增量备份和完整备份的差别，需要在/data/xfs 中新增一些数据。在进行新增备份时，-l 选项后面需要指定数字 1，-L 和-M 选项后面分别指定不同的名称，-f 后面指定一个新的文件名称。增量备份数据的具体命令如下。

```
[root@studylinux ~]#xfsdump -l 1 -L dump2 -M d2 -f /srv/sdb1_xfs.dump1 /data/xfs
xfsdump: using file dump (drive_simple) strategy
xfsdump: version 3.1.8 (dump format 3.0) - type ^C for status and control
xfsdump: level 1 incremental dump of studylinux.com:/data/xfs based on level 0 dump begun Thu Oct
29 10:12:30 2020
xfsdump: dump date: Thu Oct 29 11:03:02 2020
xfsdump: session id: 86a04ac6-58dc-4ae2-a441-dca31ff634d4
xfsdump: session label: "dump2"
```

```
xfsdump: ino map phase 1: constructing initial dump list
......(中间省略)......
xfsdump:  stream 0 /srv/sdb1_xfs.dump1 OK (success)
xfsdump: Dump Status: SUCCESS
```

对于个人来说，将重要的数据分别保存在多种存储设备中就已经足够了。但是对于企业来说，这种方式还是存在安全隐患。用户不仅要把数据保存在多个存储介质中，还要考虑把重要数据进行异地保存。

这样一来，数据确实就变得安全多了。

【动手练一练】**查看两个备份的信息**

之前已经进行了两次备份操作，分别是完整备份和新增备份。在产生的两个备份文件中，第二个文件/srv/sdb1_xfs.dump1 明显比第一个文件/srv/sdb1_xfs.dump 小，查看两个备份信息的具体命令如下。

```
[root@studylinux ~]# ll /srv/sdb1_xfs.dump*   ←查看两个备份文件的基本属性信息
-rw-r--r--. 1 root root 413440 Oct 29 10:12 /srv/sdb1_xfs.dump
-rw-r--r--. 1 root root  87664 Oct 29 11:03 /srv/sdb1_xfs.dump1
[root@studylinux ~]# xfsdump -I   ←查看两次备份的信息
file system 0:
    fs id:b0ba79ae-eaca-4637-998e-d7ed238f9560
    session 0:   ←第一次完整备份的信息
        mount point:studylinux.com:/data/xfs
        device:     studylinux.com:/dev/sdb1
        time:       Thu Oct 29 10:12:30 2020
        session label:  "dump_sdb1"
        session id: 11891393-bc06-40c4-9861-8aa91dc9b3e5
        level:      0
......(中间省略)......
        media label:"sdb1_d"
        media id:d0d8fe3b-fb4b-4c84-9049-ee48c336f66c
    session 1:   ←第二次新增备份的信息
        mount point:studylinux.com:/data/xfs
        device:     studylinux.com:/dev/sdb1
        time:       Thu Oct 29 11:03:02 2020
        session label:"dump2"
        session id: 86a04ac6-58dc-4ae2-a441-dca31ff634d4
        level:      1
        resumed:NO
        subtree:NO
        streams:1
```

```
        stream 0:
            pathname:    /srv/sdb1_xfs.dump1
            start:       ino 135 offset 0
            end:         ino 136 offset 0
            interrupted:NO
            media files:1
            media file 0:
                mfile index:0
                mfile type:data
                mfile size:87664
                mfile start:ino 135 offset 0
                mfile end:ino 136 offset 0
                media label:"d2"
                media id:af98e4a3-913b-419d-b255-878414fb17bb
xfsdump: Dump Status: SUCCESS
```

使用以上的方式就可以只备份有差异的数据部分，从而节省了存储空间。这样也有利于用户后续执行对文件系统恢复操作的效率。

11.6.3 xfsrestore 命令

xfsrestore 命令可以恢复系统的重要数据。使用 xfsdump 备份的文件系统只能通过 xfsrestore 命令进行解析。

Linux xfsrestore 命令的语法格式

```
xfsrestore [选项] 待恢复目录
```

以下是选项的相关说明。

- -f：后面指定备份的文件。
- -s：后面指定特定目录，表示只恢复某个文件或目录中的数据。
- -i：进入交互模式（一般情况下不需要）。
- -I：查询备份的数据，与 xfsdump -I 的输出相同。
- -L：后面指定 session label。

因为 xfsdump 和 xfsrestore 命令都会用到/var/lib/xfsdump/inventory 中的数据，所以它们的-I 选项输出的内容也是相同的。

【动手练一练】**恢复完整备份数据**

在恢复备份数据时，先从备份等级为 0 的数据开始（完整备份数据），即从 level 0 的数据开始恢复。-f 选项后面指定的/srv/sdb1_xfs.dump 文件是完整备份时生成的那个文件，-L 选项后面指定的是 level 0 的 session label 名称 dump_sdb1。

```
[root@studylinux ~]#xfsrestore -f /srv/sdb1_xfs.dump -L dump_sdb1 /data/xfs
xfsrestore: using file dump (drive_simple) strategy
```

```
xfsrestore: version 3.1.8 (dump format 3.0) - type ^C for status and control
xfsrestore: using online session inventory
xfsrestore: searching media for directory dump
xfsrestore: examining media file 0
xfsrestore: reading directories
xfsrestore: 1 directories and 4 entries processed
xfsrestore: directory post-processing
xfsrestore: restoring non-directory files
xfsrestore: restore complete: 0 seconds elapsed
xfsrestore: Restore Summary:
xfsrestore:   stream 0 /srv/sdb1_xfs.dump OK (success)
xfsrestore: Restore Status: SUCCESS
```

当然，用户也可以将备份数据恢复到其他目录下，比如恢复到一个新建的目录中。大家可以扫描封底二维码下载相关说明文档了解更多备份数据知识的相关介绍。

运行级别

Linux 系统中有 7 个运行级别（runlevel），终端中输入 runlevel 命令会显示先前和当前的运行级别。N 表示之前的 runlevel，由于该系统当前使用的运行级别是 5，所以这里显示 N 5 是当前的运行级别。

```
[root@studylinux ~]# runlevel
N 5
```

执行 man runlevel 命令可以看到更多有关 runlevel 的信息。下面是 7 个运行级别的相关说明，如表 11-8 所示。

表 11-8　运行级别

运行级别	说　　明
0	系统关机模式 poweroff.target，系统默认运行级别不能设为 0，否则不能正常启动
1	救援模式 rescue.target，用于系统维护，禁止远程登录，仅限 root 使用
2	多用户模式 multi-user.target，没有 NFS 网络支持
3	完整的多用户模式 multi-user.target，有 NFS 网络支持
4	系统未使用，保留
5	图形化模式 graphical.target，默认运行级别
6	重启模式 reboot.target，不能设置为默认运行级别

如果用户想要更改运行级别，使用 init 命令在后面指定新的运行级别即可。

第12章 Linux网络设置

Chapter 12

知识架构

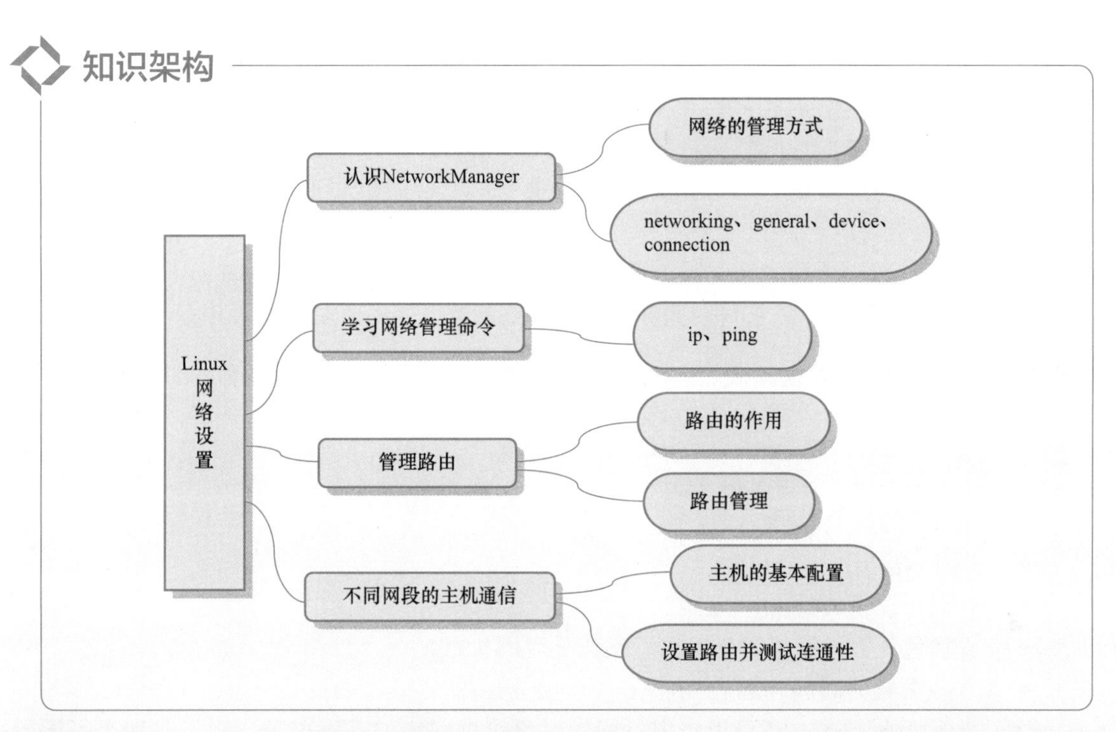

Linux 的网络功能是十分强大的，因此其在服务器领域的应用比较广泛。这里要注意的是对于服务器而言，维护服务器比搭建服务器更困难。

看来在 Linux 系统中，网络管理是 Linux 系统管理中的重中之重。

那是肯定的，那是因为在掌握了 Linux 基础命令之后，只有学会了配置网络，才能继续开展之后的系统管理。Linux 的网络部分需要读者多加思考和学习。

12.1 认识 NetworkManager

NetworkManager（网络管理器）是管理和监控网络设置的守护进程，由管理系统网络连接的程序和允许用户管理网络连接的客户端程序组成。无论是有线网络还是无线网络，用户都可以对其轻松管理。对于无线网络设置，网络管理器可以自动切换到最安全的无线网络模式。使用网络管理器程序可以自由切换网络模式，简化网络管理程序。

12.1.1 网络的管理方式

在使用 NetworkManager 管理网络时，有两种设置方法，一种是 nmtui（网络管理文本用户界面），另一种是 nmcli（网络管理命令行界面）。下面主要学习如何使用 nmcli 的方式管理网络。

nmcli 是网络管理的命令行工具，通过控制台或终端管理 NetworkManager。nmcli 命令是 CentOS 7 之后的管理命令，它可以完成所有的网络配置，并写入配置文件中。

Linux nmcli 命令的语法格式

```
nmcli [选项] [对象] [子命令]
```

以下是选项的相关说明。

- -t：简洁输出。
- -p：以可读格式输出。
- -c：颜色开关，控制颜色输出。默认是启用状态。
- -w：设置超时时间。

除了选项之外，nmcli 还可以指定不同的对象管理网络的不同部分，以下是四个不同的对象和说明，如表 12-1 所示。

表 12-1　nmcli 对象说明

对　象	说　明
networking	管理整个网络
general	用于显示 NetworkManager 的状态和权限
device	查看和管理设备
connection	管理连接

在了解了选项和对象之后，还有子命令。每一个对象都有用于管理网络的子命令，下面将分别介绍这些对象子命令的相关用法。

综上所述，读者可以将 nmcli 理解为一个管理网络的工具，在其后面指定不同的对象和子命令，可以全方位管理网络。

12.1.2 networking 对象的子命令

nmcli networking 用于查询网络管理器的网络状态，启用或禁用整个网络。networking 可以简写为 n，通过简写这些命令的名称可以简化网络命令的管理操作。在 networking 后面可以指定子命令实现接口的启用或禁用。

Linux networking 对象子命令的语法格式

```
nmcli networking [子命令]
```

以下是子命令的相关说明。

- on：启用所有接口。
- off：禁用所有接口。
- connectivity：显示当前状态。

connectivity 子命令用于显示当前网络状态，可以简写为 c。用户在比较熟悉这些命令的情况下可以使用简写方式。

【动手练一练】 **设置网络状态**

默认情况下网络是开启状态，也就是 full。以下命令为通过 on 或 off 指定整个网络的状态。

```
[root@studylinux ~]# nmcli networking connectivity   ← 显示网络状态
full   ← 可以访问连接到的网络
[root@studylinux ~]# nmcli n c   ← 以简写的形式显示网络状态
full
[root@studylinux ~]# nmcli networking off   ← 禁用网络连接
[root@studylinux ~]# nmcli n c
limited   ← 表示已连接到网络，但是不能上网
[root@studylinux ~]# nmcli networking on   ← 开启网络连接
[root@studylinux ~]#nmcli n c
full   ← 网络已启用
```

除了 full 和 limited 两种网络状态，还有以下三种网络状态。

- none：没有连接到任何网络。

- portal：认证前不能上网。
- unknown：无法确认网络连接。

12.1.3 general 对象的子命令

nmcli general 用于显示 NetworkManager 的状态和权限，允许获取并更改主机名、查看和更改日志级别和域。

Linux general 对象子命令的语法格式

```
nmcli general [子命令]
```

以下是子命令的相关说明。

- status：显示 NetworkManager 的整体状态。
- hostname：显示和设置主机名。
- permissions：显示当前用户对 NetworkManager 可允许的操作权限。
- logging：显示和更改日志级别和域。

除了之前介绍的显示主机名的命令，这里的 hostname 子命令也可以显示主机名。

【动手练一练】 显示信息并设置主机名

使用 general 对象的子命令 hostname 显示并修改主机名的具体代码如下。

```
[root@studylinux ~]# nmcli general status        ←显示网络管理器的整体状态
STATE      CONNECTIVITY  WIFI-HW  WIFI     WWAN-HW  WWAN
connected  full          enabled  enabled  enabled  enabled
[root@studylinux ~]# nmcli general hostname      ←显示主机名
studylinux.com
[root@studylinux ~]# nmcli general hostname  mylinux.com     ←指定新的主机名
[root@studylinux ~]#nmcli general hostname
mylinux.com
[root@studylinux ~]# nmcli general permissions     ←显示可允许的操作权限
PERMISSION                                                  VALUE
org.freedesktop.NetworkManager.enable-disable-network       yes
org.freedesktop.NetworkManager.enable-disable-wifi          yes
org.freedesktop.NetworkManager.enable-disable-wwan          yes
org.freedesktop.NetworkManager.enable-disable-wimax         yes
org.freedesktop.NetworkManager.sleep-wake                   yes
org.freedesktop.NetworkManager.network-control              yes
org.freedesktop.NetworkManager.wifi.share.protected         yes
org.freedesktop.NetworkManager.wifi.share.open              yes
org.freedesktop.NetworkManager.settings.modify.system       yes
```

```
org.freedesktop.NetworkManager.settings.modify.own                yes
org.freedesktop.NetworkManager.settings.modify.hostname           yes
org.freedesktop.NetworkManager.settings.modify.global-dns         yes
org.freedesktop.NetworkManager.reload                             yes
org.freedesktop.NetworkManager.checkpoint-rollback                yes
org.freedesktop.NetworkManager.enable-disable-statistics          yes
org.freedesktop.NetworkManager.enable-disable-connectivity-check  yes
```

12.1.4 device 对象的子命令

nmcli device 用于显示和管理设备。它有很多功能，比如连接 Wi-Fi、创建热点等，可以使用 device 对象的子命令设置网卡的连接状态。

Linux device 对象子命令的语法格式

```
nmcli general [子命令]
```

以下是子命令的相关说明。

- status：显示网络设备的状态。
- show：显示网络设备的详细信息。
- wifi：显示可用的接入点。
- connect：连接到指定的网络设备。
- disconnect：断开指定的网络设备。
- delete：删除指定的网络设备。

【动手练一练】**显示网络设备信息**

默认情况下 ens33 是处于连接状态的，在 nmcli device show 命令后面指定具体的网卡可以看到该网卡的详细信息，比如设备名称、IP 地址和网关等信息。显示网络设备信息的具体命令如下。

```
[root@studylinux ~]# nmcli device status        ← 显示网络设备状态
DEVICE      TYPE      STATE      CONNECTION
ens33       ethernet  connected  ens33            ← ens33 处于连接状态
virbr0      bridge    connected  virbr0
lo          loopback  unmanaged  --
virbr0-nic  tun       unmanaged  --
[root@studylinux ~]# nmcli device show ens33    ← 显示 ens33 的详细信息
GENERAL.DEVICE:                         ens33
GENERAL.TYPE:                           ethernet
GENERAL.HWADDR:                         00:0C:29:B2:75:F7
GENERAL.MTU:                            1500
GENERAL.STATE:                          100 (connected)
GENERAL.CONNECTION:                     ens33
GENERAL.CON-PATH:                       /org/freedesktop/NetworkManager/ActiveC>
WIRED-PROPERTIES.CARRIER:               on
```

```
IP4.ADDRESS[1]:                         192.168.181.128/24  ◄----- IP 地址
IP4.GATEWAY:                            192.168.181.2  ◄----- 网关
IP4.ROUTE[1]:                           dst = 0.0.0.0/0, nh = 192.168.181.2, mt>
IP4.ROUTE[2]:                           dst = 192.168.181.0/24, nh = 0.0.0.0, m>
IP4.DNS[1]:                             192.168.181.2  ◄----- DNS
IP4.DOMAIN[1]:                          localdomain
......(以下省略)......
```

这么一看，nmcli 众多子命令的功能好丰富啊。

当然，nmcli 的这些命令可以完成网卡上的所有配置，并写入配置文件中。而且在配置过程中，子命令还可以通过简写方式进行相关操作。

【动手练一练】**设置网卡连接状态**

以下命令为首先使用 disconnect 子命令断开 ens33 的连接，然后再使用 connect 子命令重新连接该网卡。

```
[root@studylinux ~]# nmcli device disconnect ens33  ◄----- 断开 ens33 的连接
Device 'ens33' successfully disconnected.
[root@studylinux ~]# nmcli device status  ◄----- 查看 ens33 的连接状态
DEVICE      TYPE      STATE         CONNECTION
virbr0      bridge    connected     virbr0
ens33       ethernet  disconnected  --  ◄----- 显示 ens33 已断开
lo          loopback  unmanaged     --
virbr0-nic  tun       unmanaged     --
[root@studylinux ~]# nmcli device connect ens33  ◄----- 重新连接 ens33
Device 'ens33' successfully activated with '4ce32b00-f8d3-4516-bd3d-3b40962e624e'.
[root@studylinux ~]#nmcli device status
DEVICE      TYPE      STATE       CONNECTION
ens33       ethernet  connected   ens33  ◄----- 显示 ens33 已连接
virbr0      bridge    connected   virbr0
lo          loopback  unmanaged   --
virbr0-nic  tun       unmanaged   --
```

12.1.5 connection 对象的子命令

nmcli connection 用于连接的添加、修改和删除等管理操作。用户可以使用这个对象的子命令设置 IP 地址等与网络相关的信息。

Linux connection 对象子命令的语法格式

nmcli connection［子命令］

以下是子命令的相关说明。

- show：列出连接信息。
- up：启用指定的连接。
- down：禁用指定的连接。
- add：添加新的连接。
- edit：以交互方式编辑现有连接。
- modify：编辑现有连接。
- delete：删除现有连接。
- reload：重新加载现有连接。
- load：重新加载指定的文件。

connection 对象的子命令比较多，这里主要介绍如何使用相关的子命令设置系统的 IP 地址。

【动手练一练】**手动设置 IP 地址**

使用以下命令可以指定 modify 子命令，将 IP 地址和网关由自动获取（auto）更改为手动设置（manual）。

```
[root@studylinux ~]# nmcli connection modify ens33 ipv4.method manual ipv4.addresses
172.16.0.10/16 ipv4.gateway 172.16.255.254      ◄------ 指定 IP 地址、网关等信息
[root@studylinux ~]#nmcli connection show ens33 |grep ipv4
ipv4.method:                    manual          ◄------ 手动设置
ipv4.dns:                       --
ipv4.dns-search:                --
ipv4.dns-options:               ""
ipv4.dns-priority:              0
ipv4.addresses:                 172.16.0.10/16  ◄------ IP 地址和子网掩码
ipv4.gateway:                   172.16.255.254  ◄------ 网关
ipv4.routes:                    --
ipv4.route-metric:              -1
......(以下省略)......
```

如果大家还想了解更多网卡的相关设置方式，可以扫描封底二维码下载相关说明文档学习更多的知识内容。

在使用 nmcli 更改配置时，通过指定不同的子命令可以实现各自负责的部分功能，然后在子命令后指定具体的操作。

网络必备知识

网络可以将不同的计算机或网络设备通过网线或无线网络技术连接起来，使得数据通过网络介质进行传输。通过标准的通信协议，连接整个网络的过程还是比较复杂的。完整的网络连接过程需要分为多个不同的层次，每个层次都有各自的功能，这些不同的层次形成了计算机网络模型，它是各层的协议以及层次之间端口的集合。计算机网络模型有 OSI 七层网络模型和 TCP/IP 四层网络模型。

由于节点距离、连接线缆的差异等网络差异，根据网络的大小范围定义了下面几种网络类型。

局域网（Local Area Network，LAN）：节点之间的传输距离比较近（一幢大楼或一个校区），网络速度较快，相对比较可靠。传输介质可以使用价格较贵一点的材料，比如光纤。

广域网（Wide Area Network，WAN）：传输距离比较远（城市和城市之间），但网络速度慢，可靠性比较低。传输介质的成本也比较低廉。

城域网（Metropolitan Area Network，MAN）：传输距离限制在一座城市范围内，网络传输时延较小。这个网络类型比较少被提及。

在学习 Linux 系统的相关知识时，掌握一些基础的网络知识是十分有必要的。请扫描封底二维码下载相关说明文档学习更多关于网络的知识。

12.2 学习网络管理命令

Linux 系统中提供了许多用于网络管理的命令，例如 ip、ifconfig 等命令。利用这些命令，可以有效地管理网络，当网络出现故障时可以快速进行诊断。iproute2 和 net-tools 这都是 Linux 系统中用于网络配置的工具，其中 iproute2 是新一代工具包。下面主要介绍相关的命令。

12.2.1 ip 命令

ip 命令用于显示和设置网络接口、路由、ARP 缓存、网络名称空间等，该命令替代了常规的 ifconfig 命令，并且具有更多的功能。

Linux ip 命令的语法格式

```
ip [选项] [对象] [子命令]
```

以下是选项的相关说明。

- -s：显示详细信息。
- -h：输出可读的信息。
- -r：显示 DNS 名称。

在使用 ip 命令的过程中，用户可以指定子命令来设置 IP 地址、网络接口等，以下是对象的相关介绍，如表 12-2 所示。

表 12-2　ip 子命令

对　　象	说　　明
address	显示 ip 地址和属性信息并更改
link	查看和管理网络接口状态
maddress	组播 ip 地址管理
neighbour	显示和管理相邻的 arp 表

【动手练一练】**设置 IP 地址**

以下命令为使用 address 对象的 add 和 del 子命令分别添加和删除 ip 地址。

```
[root@studylinux ~]# ip address add 172.16.0.30/16 dev ens33    ◄------ 添加 IP 地址
[root@studylinux ~]# ip address show dev ens33    ◄------ 显示 ens33 的网络信息
2: ens33: <BROADCAST,MULTICAST,UP,LOWER_UP>mtu 1500 qdisc fq_codel state UP group default
qlen 1000
    link/ether 00:0c:29:b2:75:f7 brd ff:ff:ff:ff:ff:ff
    inet 192.168.181.128/24 brd 192.168.181.255 scope global dynamic noprefixroute ens33
      valid_lft 1042sec preferred_lft 1042sec
    inet 172.16.0.30/16 scope global ens33
(以下省略)
[root@studylinux ~]# ip address del 172.16.0.30/16 dev ens33    ◄------ 删除 IP 地址
```

12.2.2 ping 命令

ping 命令用于测试主机之间的连通性，执行该命令会向目标主机发送 ICMP 数据包。如果可以接收到响应，表示网络在物理连接上是连通的，否则可能会出现物理故障。

Linux ping 命令的语法格式

```
ping [选项] IP 地址或主机名
```

以下是选项的相关说明。

- -c：指定要发送的数据包的数量。
- -i：指定传输间隔，以秒为单位，默认为 1 秒。

在设置完两个主机的 IP 地址后，可以使用这个命令测试主机之间是否连通。

【动手练一练】测试主机之间的连通性

以下为使用 ping 命令测试与另一台主机的连通性，这里指定的是另一台主机的 IP 地址。

```
[root@mylinux ~]# ping -c 3 172.17.0.10     ◄------ 使用-c 选项指定发送 3 个数据包
PING 172.17.0.10 (172.17.0.10) 56(84) bytes of data.
64 bytes from 172.17.0.10: icmp_seq=1 ttl=63 time=1.11 ms
64 bytes from 172.17.0.10: icmp_seq=2 ttl=63 time=1.92 ms
64 bytes from 172.17.0.10: icmp_seq=3 ttl=63 time=0.682 ms
--- 172.17.0.10 ping statistics ---
3 packets transmitted, 3 received, 0% packet loss, time 6ms   ◄------ 接收了 3 个，丢失了 0 个，这表示两台主机之间是连通的
rtt min/avg/max/mdev = 0.682/1.238/1.922/0.514 ms
```

12.3 管理路由

主机之间通过网络进行数据传输，网络由若干个节点组成，源主机通过网络节点将数据传送到目标主机。如果没有路由，数据的传输将无法高效、快速地完成。在数据传输的过程中通过对路由控制管理，可以提高主机之间的数据传输效率。

12.3.1 路由的作用

在数据传输的过程中会通过路由确定最佳的传输路径，根据数据包中的目的地址转发到另一个接口。即使在不同类型的网络中传输数据时，路由也会将不同的网络类型互相连接起来。

Linux 与路由相关的概念

在进行路由管理之前，读者需要明确一些概念，如表 12-3 所示。

表 12-3　路由管理的相关概念

对　　象	说　　明
路由器	能够将数据包转发到正确的目的地，并在转发的过程中选择最佳路径的设备
路由表	在路由器中维护的路由条目，路由器根据路由表做路径选择
直连路由	当在路由器上配置了接口的 IP 地址，并且接口状态为 up 的时候，路由表中就出现直连路由项
静态路由	由管理员手工配置，是单向的
默认路由	当路由器在路由表中找不到目标网络的路由条目时，路由器把请求转发到默认路由接口。在所有路由类型中，默认路由的优先级最低

在管理路由时，通常使用路由命令中的 ip route 命令来进行显示、添加和删除路由信息等操作。

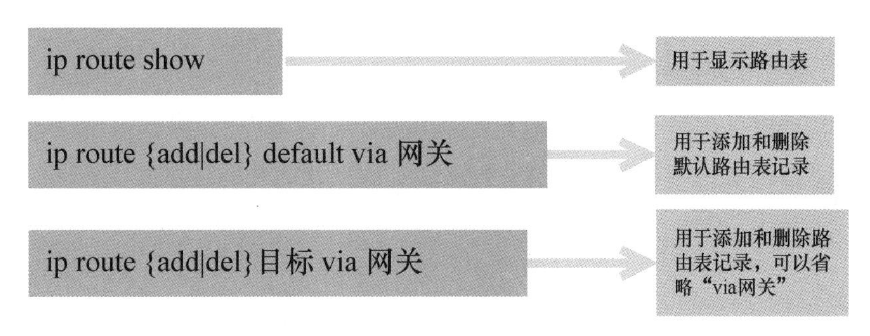

12.3.2 路由管理

在进行路由管理时，静态路由的路由表是手工设置的，除非管理员干预，否则静态路由不会发生变化，而且路由表的形成不需要占用网络资源。路由器在转发数据包时，封装过程中的源 IP 和目标 IP 不会发生变化。

【动手练一练】显示路由信息

以下命令分别使用了 ip route show 和 route 命令显示主机的路由表。ip 命令的执行结果中显示了默认网关的 IP 地址，以及路由表记录。route 命令的执行结果中显示了目的网络、网关和网络掩码等信息。

```
[root@mylinux ~]# ip r  ◄------ 这是 ip route show 命令的简写形式
default via 192.168.11.2 dev ens33 proto dhcp metric 100
192.168.11.0/24 dev ens33 proto kernel scope link src 192.168.11.128 metric 100
192.168
.122.0/24 dev virbr0 proto kernel scope link src 192.168.122.1 linkdown
[root@mylinux ~]# route  ◄------ 显示详细的路由信息
Kernel IP routing table
Destination    Gateway     Genmask         Flags Metric Ref    Use Iface
default        _gateway    0.0.0.0         UG    100    0      0 ens33
192.168.11.0   0.0.0.0     255.255.255.0   U     100    0      0 ens33
192.168.122.0  0.0.0.0     255.255.255.0   U     0      0      0 virbr0
```

下面解释路由信息中的字段含义，具体如表 12-4 所示。

表 12-4　路由字段含义

字　段	说　明
Destination	目标网络或目标主机
Gateway	网关
Genmask	网络掩码
Flags	标志字段，主要标志有：U 表示路由有效（Up），H 表示目的地为主机（Host），G 表示网关（Gateway），! 表示路由被拒绝（Reject）
Metric	到目的地的跳数（经过的路由器数）
Ref	此路由的引用数（Linux 内核中未使用）
Use	已引用此路由的次数
Iface	此路由中使用的网络接口

【动手练一练】**删除和添加默认网关**

已知该主机的默认网关是 192.168.11.2，使用 ip route del 指定默认网关参数可以删除默认网关，添加默认网关使用 add 子命令。删除和添加默认网关的具体命令如下。

```
[root@mylinux ~]# ip route del default via 192.168.11.2    ◄----- 删除默认网关
[root@mylinux ~]# ip r
192.168.11.0/24 dev ens33 proto kernel scope link src 192.168.11.128 metric 100
192.168.122.0/24 dev virbr0 proto kernel scope link src 192.168.122.1 linkdown
[root@mylinux ~]# ip route add default via 192.168.11.2    ◄----- 添加默认网关
[root@mylinux ~]# ip r
default via 192.168.11.2 dev ens33    ◄----- 默认网关
192.168.11.0/24 dev ens33 proto kernel scope link src 192.168.11.128 metric 100
192.168.122.0/24 dev virbr0 proto kernel scope link src 192.168.122.1 linkdown
```

nmcli 命令和 ip 命令都有对应的对象和子命令，针对网络配置也都有不同的用法。在配置的时候注意不要弄混淆。

克隆虚拟机

在需要用到多台虚拟机的情况下，再新建虚拟机是一件移交麻烦的事情。这时用户可以使用 VMware Workstation 的克隆功能，在原有虚拟机的基础上克隆出多台虚拟机。在执行克隆操作之前需要关闭虚拟机，然后从 VMware Workstation 的管理界面开始操作来完成克隆虚拟机的一系列过程。

根据向导提示可以很快完成虚拟机的克隆操作。这样用户就多了一台与之前配置相同的虚拟机了。请大家扫描封底二维码下载相关说明文档获取克隆虚拟机的方法。

12.4 不同网段的主机通信

同一个网段中的主机相互连通不需要设置路由转发，但是不同网段之间的主机通信需要开启路由转发功能。这里将以三台虚拟机作为测试对象，两台作为不同网段中的主机，一台作为路由转发功能的主机。

12.4.1 主机的基本配置

虚拟机中默认只有一个启用的网卡 ens33，如果一台主机需要有路由转发功能，那么还需要额外添加两个网卡。在主机关闭的状态下，单击“编辑虚拟机设置”按钮，打开“虚拟机设置”对话框，单击该对话框中的“添加”按钮，选择“网络适配器”，单击“完成”按钮。按照此方法依次添加两个网卡，系统默认新添加的两个网卡的名称分别为 ens36 和 ens37。

Linux 三台主机的基本信息

这里需要准备三台虚拟机，并设置好它们的 IP 地址等相关信息，以下是三台主机的参考信息，具体如表 12-5 所示。

表 12-5 虚拟机说明

主 机 名	说 明
mylinux1（主机 1）	网卡 ens33 的 IP 地址为 172.16.0.10/16
mylinux2（主机 2）	网卡 ens33 的 IP 地址为 172.16.255.254/16，网卡 ens36 的 IP 地址为 172.17.255.254/16，网卡 ens37 的 IP 地址为 192.168.20.235/24，网关为 192.168.20.254
mylinux3（主机 3）	网卡 ens33 的 IP 地址为 172.17.0.10/16

【动手练一练】**连接网卡**

使用 nmcli device status 命令可以看到新添加的这两个网卡处于 disconnected 状态，需要执行 nmcli device connect 命令分别为两个新网卡建立连接，具体命令如下。

```
[root@mylinux2 ~]# nmcli device status      ←查看新网卡的状态
DEVICE      TYPE      STATE         CONNECTION
ens33       ethernet  connected     ens33
virbr0      bridge    connected     virbr0
ens36       ethernet  disconnected  --      ←未连接状态
ens37       ethernet  disconnected  --      ←未连接状态
lo          loopback  unmanaged     --
virbr0-nic  tun       unmanaged     --
[root@mylinux2 ~]#  nmcli device connect ens36      ←连接网卡 ens36
```

```
Device 'ens36' successfully activated with '26ae1503-4aec-4a3a-8018-a898dc9c2472'.
[root@mylinux2 ~]# nmcli device connect ens37   ◄---- 连接网卡 ens37
Device 'ens37' successfully activated with '294b6843-06db-4b1d-aa73-46c87402afa1'.
```

新添加的网卡处于未连接状态，需要用户激活网卡才能进行后续的操作。

【动手练一练】**重新启用网卡**

以下命令分别为三个处于 connected 状态的网卡设置 IP 地址。然后执行 nmcli connection reload 命令重新加载现有连接，分别重新启用三个网卡。

```
[root@mylinux2 ~]# nmcli con modify ens33 ipv4.method manual ipv4.addresses 172.16.255.254/
16   ◄---- 网卡 ens33 的 IP 地址
[root@mylinux2 ~]# nmcli con modify ens36 ipv4.method manual ipv4.addresses 172.17.255.254/
16   ◄---- 网卡 ens36 的 IP 地址
[root@mylinux2 ~]# nmcli con modify ens37 ipv4.method manual ipv4.addresses 192.168.20.235/24
ipv4.gateway 192.168.20.254   ◄---- 网卡 ens37 的 IP 地址和网关
[root@mylinux2 ~]# nmcli connection reload   ◄---- 重新加载
[root@mylinux2 ~]# nmcli connection up ens33   ◄---- 启用网卡 ens33
Connection successfully activated (D-Bus active path: /org/freedesktop/NetworkManager/Active-
Connection/6)
[root@mylinux2 ~]# nmcli connection up ens36   ◄---- 启用网卡 ens36
Connection successfully activated (D-Bus active path: /org/freedesktop/NetworkManager/Active-
Connection/7)
[root@mylinux2 ~]# nmcli connection up ens37   ◄---- 启用网卡 ens37
Connection successfully activated (D-Bus active path: /org/freedesktop/NetworkManager/Active-
Connection/8)
```

12.4.2 设置路由并测试连通性

在配置完三个主机的 IP 地址后，还需要在主机 2 中设置路由转发。如果当前的 net.ipv4.ip_forward 值为 0，需要在/proc/sys/net/ipv4/ip_forward 文件中将 0 更改为 1。

【动手练一练】**设置路由转发**

下面使用 sysctl net.ipv4.ip_forward 命令查看 net.ipv4.ip_forward 的值。该值为 1 表示开启路由转发，值为 0 表示关闭路由转发。

```
[root@mylinux2 ~]#sysctl net.ipv4.ip_forward   ◄---- 路由转发
net.ipv4.ip_forward = 1
```

为什么要开启路由转发？

只有开启路由转发后，不同网段的主机才能进行通信。

【动手练一练】**在主机 2 中 ping 主机 1 的 IP 地址**

在主机 2 中使用 ping 命令测试对主机 1 的连通性，结果表明可以连通。

```
[root@mylinux2 ~]# ping -c 3 172.16.0.10        ← ping 主机 1 的 IP 地址
PING 172.16.0.10 (172.16.0.10) 56(84) bytes of data.
64 bytes from 172.16.0.10: icmp_seq=1 ttl=64 time=0.532 ms
64 bytes from 172.16.0.10: icmp_seq=2 ttl=64 time=0.379 ms
64 bytes from 172.16.0.10: icmp_seq=3 ttl=64 time=0.366 ms
--- 172.16.0.10 ping statistics ---
3 packets transmitted, 3 received, 0% packet loss, time 86ms   ← 已连通
rtt min/avg/max/mdev = 0.366/0.425/0.532/0.079 ms
```

在这三台虚拟机中，主机1和主机3各自处于不同的网段，想要相互 ping 通就需要路由转发。因此，在这里主机2实现了路由转发功能。

【动手练一练】**在主机 1 中 ping 另外两台主机的 IP 地址**

在主机 1 中先使用 ping 命令测试到 172.16.255.254 的连通性，结果表明可以连通。然后 ping 主机 3 的 IP 地址 172.17.0.10，具体命令如下。

```
[root@mylinux ~]# ping -c 3 172.16.255.254      ← ping 主机 2 中 ens33 网卡的 IP 地址
PING 172.16.255.254 (172.16.255.254) 56(84) bytes of data.
64 bytes from 172.16.255.254: icmp_seq=1 ttl=64 time=0.519 ms
64 bytes from 172.16.255.254: icmp_seq=2 ttl=64 time=0.321 ms
64 bytes from 172.16.255.254: icmp_seq=3 ttl=64 time=0.370 ms
--- 172.16.255.254 ping statistics ---
3 packets transmitted, 3 received, 0% packet loss, time 84ms
rtt min/avg/max/mdev = 0.321/0.403/0.519/0.085 ms
[root@mylinux ~]# ping -c 3 172.17.0.10         ← ping 主机 3 的 IP 地址
PING 172.17.0.10 (172.17.0.10) 56(84) bytes of data.
64 bytes from 172.17.0.10: icmp_seq=1 ttl=63 time=1.11 ms
64 bytes from 172.17.0.10: icmp_seq=2 ttl=63 time=1.92 ms
64 bytes from 172.17.0.10: icmp_seq=3 ttl=63 time=0.682 ms
--- 172.17.0.10 ping statistics ---
3 packets transmitted, 3 received, 0% packet loss, time 6ms
rtt min/avg/max/mdev = 0.682/1.238/1.922/0.514 ms
```

数据包显示没有丢失，接收了已发送的全部数据包，表明不同网段之间的主机可以通信。同样可以在主机 3 中使用 ping 命令测试到主机 1 的连通性。

Chapter 13

第13章 系统安全与维护

知识架构

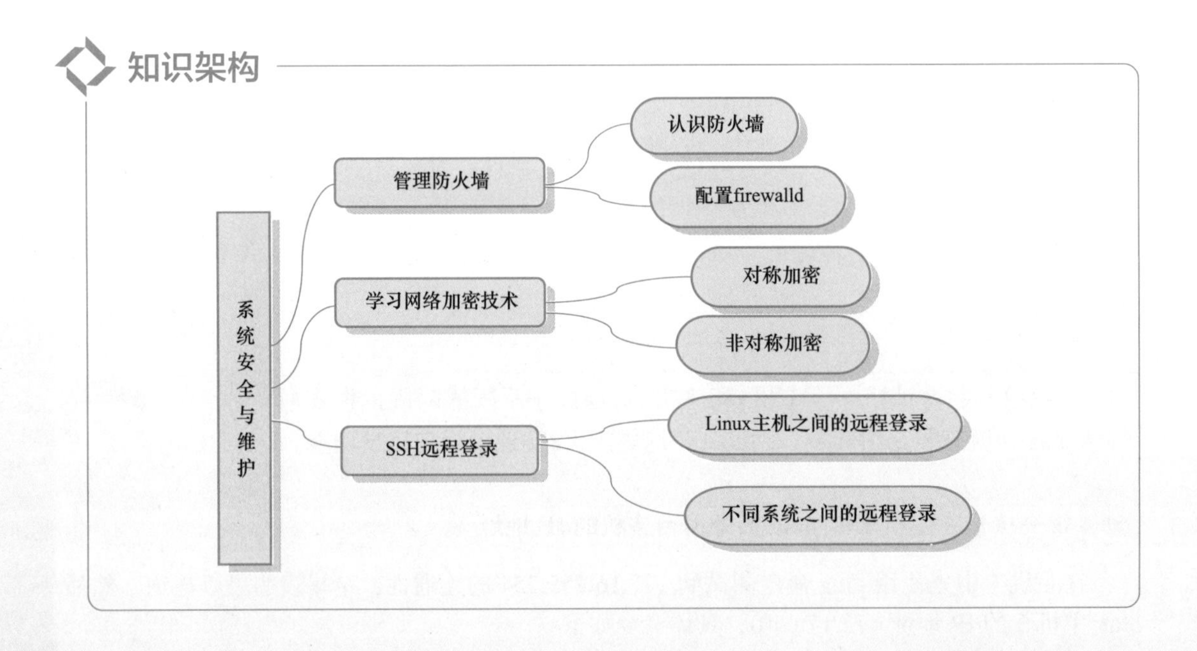

当前网络安全已经是一个比较热门的话题了，受到了大家越来越多的关注。

没错。Linux 是类 UNIX 的操作系统，它具有 UNIX 的所有特性，在安全性上与 UNIX 一样具有非常严谨的体系结构。但是，由于 Linux 系统的开源导致了系统的安全性问题更加突出。网络安全问题主要是针对信息泄漏与窃听的对策、入侵防御、入侵检测和入侵后的对策。

原来如此，看来系统安全不可忽视啊！

13.1 管理防火墙

防火墙存在于计算机系统和网络之间，用于判定网络中的远程用户是否有权访问计算机中的相关资源。一个正确配置的防火墙可以极大地增加系统的安全性。因此，防火墙作为网络安全措施中的重要组成部分，一直受到人们的普遍关注。

13.1.1 认识防火墙

防火墙是一种位于内部网络与外部网络之间的网络安全系统，可以将其理解为一种网络数据的过滤方式。

Linux 系统以其公开的源代码、强大稳定的网络功能和大量的免费资源受到业界的普遍赞扬。Linux 防火墙其实是操作系统本身自带的一个功能模块。

网络安全除了需要注意软件的漏洞和安全通知之外，还需要学会自己设置系统中的防火墙机制。防火墙通过定义一些规则来管理数据包。防火墙本身就是为了保护系统网络安全的一种机制。

Linux 防火墙的种类

防火墙根据防范方式和防护重点的不同分为很多种类，主要有数据包过滤防火墙和应用层防火墙，具体如表 13-1 所示。

表 13-1　防火墙种类

种　类	说　明
数据包过滤防火墙	检查范围是一个数据包，对内存及 CPU 性能要求比较低。但是无法对连接中的数据进行更精确的过滤操作
应用层防火墙	安全性比较高，提供应用层的安全。但是性能比较差，比如只支持有限的应用、信息不透明、不建立连接状态表和网络层保护较弱

听说，防火墙会将受信任的内部网络和不受信任的外部网络隔离开。内部网络一般是公司的内部局域网，外部网络一般是 Internet。是这样的吗？

说得不错。一般防火墙工作在网络或主机边缘，对进出网络或主机的数据包基于一定的规则进行检查。

13.1.2 配置 firewalld

在 CentOS 7 之前的版本中，系统默认使用的 iptables 管理防火墙，之后默认使用 firewalld 管理防火墙，配置防火墙规则。

firewalld 有命令行界面和图形用户界面两种管理方式。与之前的防火墙管理工具相比，firewalld 新增了区域（zone）的概念，而且支持动态更新，不用重启服务。

区域就是 firewalld 中包含的防火墙策略集合，用户可以根据实际需求选择合适的策略集合，从而实现策略的快速切换。

Linux firewalld 中常见的区域

过滤规则优先级决定了数据包由哪个区域来处理，下面是 firewalld 中常见的区域，具体如表 13-2 所示。

表 13-2 firewalld 中常见的区域

区 域	说 明
public	firewalld 默认的区域。用于不受信任的公共场所，不信任网络中其他计算机，允许特定的服务（ssh、dhcpv6-client）流入
work	用于工作网络，网络中的其他计算机通常是可信任的，允许特定的服务（ssh、ipp-client）流入
home	用于家庭网络，允许特定的服务（ssh、dhcpv6-client、ipp-client、mdns）流入
internal	用于内部网络，与 home 区域相同
external	用于外部网络，启用伪装，允许特定的服务（ssh）流入
trusted	允许所有网络连接，信任网络中的所有计算机。
drop	丢弃所有进入的数据包，不做任何响应。仅允许内部到外部的连接
block	拒绝所有进入的数据包，返回 ICMP 消息。
dmz	允许非军事化区中的计算机有限地被外界网络访问，仅允许选定的传入连接。DMZ 是内外网络之间增加的一层网络，起到缓冲作用

firewalld 在命令行界面使用 firewall-cmd 命令设置防火墙规则，该命令的选项相对比较长，不过可以使用 Tab 键自动补齐较长的命令字母。

Linux firewall-cmd 命令的语法格式

```
firewall-cmd [选项]
```

以下是选项的相关说明。

- --get-default-zone：显示默认区域。
- --state：显示防火墙状态。
- --list-services：显示区域中允许的服务。
- --add-service=服务名称：添加区域中允许的服务。

- --remove-service=服务名称：拒绝区域中允许的服务。
- --permanent：永久生效，否则重启后会失效。
- --reload：使永久生效的配置规则立即生效，会覆盖当前的规则。

【动手练一练】**配置服务**

当前默认的 zone 是 public，在这个区域中允许的服务是 cockpit、dhcpv6-client 和 ssh。如果需要让配置永久生效，需要加上--permanent 选项并重启系统才能自动生效。将 HTTP 服务加入默认的 public 区域，并永久生效。配置服务的具体命令如下。

```
[root@mylinux ~]# firewall-cmd --get-default-zone
public
[root@mylinux ~]# firewall-cmd --list-services
cockpit dhcpv6-client ssh
[root@mylinux ~]# firewall-cmd --zone=public  --add-service=http --permanent
success
[root@mylinux ~]# firewall-cmd --list-services
cockpit dhcpv6-client ssh
[root@mylinux ~]# firewall-cmd --reload
success
[root@mylinux ~]# firewall-cmd --list-services
cockpit dhcpv6-client http ssh
```


【动手练一练】**设置端口永久生效规则**

以下命令用于将 22 号端口添加到 public 区域中，--zone=public 表示指定添加的区域为 public，--add-port=22/tcp 表示指定的端口号是 22，协议是 TCP。

```
[root@mylinux ~]# firewall-cmd --list-all
public (active)
  target: default
  icmp-block-inversion: no
  interfaces: ens33
  sources:
  services: cockpit dhcpv6-client http ssh    ←---public 区域中允许访问的服务
  ports:    ←---此时还没有端口
  protocols:
  masquerade: no
  forward-ports:
  source-ports:
```

```
  icmp-blocks:
  rich rules:
[root@mylinux ~]# firewall-cmd --zone=public --add-port=22/tcp --permanent
success  ◄-----添加端口成功
[root@mylinux ~]# firewall-cmd --reload  ◄-----使永久设置立即生效
success
[root@mylinux ~]# firewall-cmd --list-all
public (active)
  target: default
  icmp-block-inversion: no
  interfaces: ens33
  sources:
  services: cockpit dhcpv6-client http ssh
  ports: 22/tcp  ◄-----已成功添加 22 号端口
  protocols:
(以下省略)
```

防火墙如何保护主机安全呢?

防火墙策略可以基于流量的源目标地址、端口号和协议等信息来定制，然后防火墙使用预先定制的策略规则监控出入的流量。如果流量与某一条策略规则匹配，则会执行相应的处理，否则会将其丢弃。这样就起到了一个过滤的作用，保证了主机的安全。

看来学会设置防火墙的规则很重要。

防火墙的基本管理

下面是使用 systemctl 管理防火墙的一些常用命令。

- 安装防火墙：yum install firewalld firewall-config。
- 启动防火墙：systemctl start firewalld。
- 查看防火墙状态：systemctl status firewalld。
- 停止防火墙：systemctl disable firewalld。
- 禁用防火墙：systemctl stop firewalld。

在配置防火墙的过程中，用户或多或少都需要知道这些配置方法。

13.2 学习网络加密技术

加密技术是电子商务采取的一种基本安全措施，交易双方可根据实际需求在信息交换的阶段使用。加密技术分为对称加密和非对称加密。系统和网络安全始终是系统维护中最重要的部分，有效的数据加密可以解决许多安全隐患，从而增强系统的安全性。

13.2.1 对称加密

对称加密又称私钥加密，即信息的发送方和接收方用同一个密钥去加密和解密数据。它最大优势是加密和解密速度快，适合对大量数据进行加密，但密钥管理困难。

如果进行通信的双方能够确保专用密钥在密钥交换阶段未曾泄露，那么机密性和报文完整性就可以通过这种加密方法来实现。对称加密使用 gpg 命令，当执行该命令时，gpg-agent 守护程序会自动启动。

Linux gpg 命令的语法格式

```
gpg [选项] 文件
```

以下是选项的相关说明。

- -c、--symmetric：使用密码短语和对称密钥密码加密默认密码。
- -v、--version：显示 gpg 版本、许可证和支持的加密算法等信息。支持的加密算法有 IDEA、3DES 和 CAST5 等。
- -d、--decrypt：解密数据。
- -o、--output：指定输出文件。
- -a、--armor：以 ASCII 码格式加密。

【动手练一练】**加密文件 outfile**

在下面的命令中，使用 gpg 命令指定-c 选项对 outfile 文件进行加密。加密后会在当前目录中生成一个扩展名为.gpg 的文件。

```
[root@mylinux ~]# gpg -c outfile          ←加密文件 outfile
[root@mylinux ~]# ll outfile*
-rw-r--r--. 1 root root  34 Oct 20 15:36 outfile
-rw-r--r--. 1 root root 106 Nov  3 15:42 outfile.gpg   ←新生成的加密文件
```

在加密文件的过程中需要输入两次密码，然后才会生成加密文件 outfile.gpg。第一次输入密码后使用↓键使光标跳转到<OK>选项上，按 Enter 键，如图 13-1 所示。

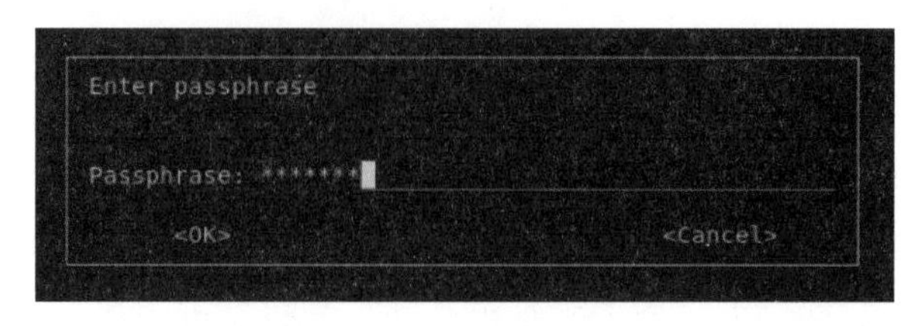

图 13-1　输入密码

输入的密码不要过于简单，要保证密码复杂度。输入两次密码后，选择<OK>选项就可以了。

【动手练一练】**解密文件**

加密过后的文件直接查看会显示乱码。下面在另一台主机中通过远程登录对加密文件进行解密。-o 选项后面指定的文件名是解密后生成的解密文件，文件名可以指定为其他名称。-d 选项后面的文件是需要解密的文件。解密时需要输入加密时的密码。解密文件的具体命令如下。

```
[root@mylinux2 ~]# ssh 172.16.0.10        ←---- 远程登录到主机 mylinux.com 中
root@ 172.16.0.10's password:             ←---- 输入主机 mylinux.com 的 root 密码
Activate the web console with:systemctl enable --now cockpit.socket
Last login: Tue Nov  3 14:53:12 2020
[root@mylinux ~]# gpg -o mygpgtest -d outfile.gpg   ←---- 解密文件
gpg: AES encrypted data
gpg: encrypted with 1 passphrase
[root@mylinux ~]# ll mygpgtest outfile*
-rw-r--r--. 1 root root  34 Nov  3 15:46 mygpgtest
-rw-r--r--. 1 root root  34 Oct 20 15:36 outfile
-rw-r--r--. 1 root root 106 Nov  3 15:42 outfile.gpg
[root@mylinux ~]# exit    ←---- 退出远程登录回到自己主机上
logout
Connection to 172.16.0.10 closed.
[root@mylinux2 ~]#
```

13.2.2 非对称加密

非对称加密又称公钥加密，使用一对密钥分别完成加密和解密操作，其中一个公开发布，即公钥，另一个由用户自己秘密保存（私钥）。

非对称加密解决了对称加密无法确认数据来源且密钥过多的缺点。但是加密效率低、速度慢、密码长，适合加密较小的数据。

Linux　gpg 命令行非对称加密时的选项

信息交换的过程是：甲方生成一对密钥并将其中的一把作为公钥向其他交易方公开，得到该公钥的乙方使用该密钥对信息进行加密后再发送给甲方，甲方再用自己保存的私钥对加密信息进行解密。

使用 gpg 命令的以下选项时可以进行非对称加密操作。

- --gen-key：生成一副新的密钥对。
- --list-keys：列出密钥。
- --list-sigs：列出密钥和签名。
- --list-secret-keys：列出私钥。
- --export：导出密钥。
- -e、--encrypt：加密数据。
- -a、--armor：以 ASCII 码格式加密。
- -r、--recipient：后面指定用户，表示为某个用户加密。

【动手练一练】**生成新的密钥对**

在进行公钥加密操作时，执行 gpg --gen-key 命令生成新的密钥对。在生成密钥对的过程中还需要输入密码，密码不能过于简单。生成新密钥对的具体命令如下。

```
[root@mylinux ~]# gpg --gen-key  ←生成新的密钥对
gpg (GnuPG) 2.2.9; Copyright (C) 2018 Free Software Foundation, Inc.
This is free software: you are free to change and redistribute it.
There is NO WARRANTY, to the extent permitted by law.
Note: Use "gpg --full-generate-key" for a full featured key generation dialog.
GnuPG needs to construct a user ID to identify your key.
Real name: userx  ←输入用户名
Email address: userx@ 163.com  ←输入邮箱
You selected this USER-ID:
    "userx <userx@ 163.com>"
Change (N)ame, (E)mail, or (O)kay/(Q)uit? O  ←输入 O
We need to generate a lot of random bytes. It is a good idea to perform
(中间省略)
gpg: key B098E0EC1C02F8B8 marked as ultimately trusted
gpg: directory '/root/.gnupg/openpgp-revocs.d' created
gpg: revocation certificate stored as '/root/.gnupg/openpgp-revocs.d/787E894369EA33028AA318C0B098-
E0EC1C02F8B8.rev'
public and secret key created and signed.
pub   rsa2048 2020-11-03 [SC] [expires: 2022-11-03]
      787E894369EA33028AA318C0B098E0EC1C02F8B8
uid                      userx <userx@ 163.com>
sub   rsa2048 2020-11-03 [E] [expires: 2022-11-03]
```

用户可以执行 gpg --list-keys 命令查看已有的密钥，会有公钥和私钥的信息。

gpg 命令是进行加密和数字签名的工具，一般用于加密信息的传递。除了通过密码加密这种方式外，该命令最大的不同之处就是提供了公钥和私钥。

利用公钥可以随时发送加密信息，而利用私钥则可以解开加密的信息。这么来看，通过公钥和私钥就能更加保证加密文件的安全性了。

【动手练一练】**加密文件**

对 index.html 文件进行加密，-e 选项表示加密数据，-a 表示创建 ASCII 的输出，在-r 选项后面指定加密的用户名。之后会生成一个 index.html.asc 的加密文件，具体命令如下。

```
[root@mylinux ~]# ll index.html
-rw-r--r--. 1 root root 115 Oct 16 16:20 index.html
[root@mylinux ~]# gpg -ea -r userx index.html  ◄----- 加密文件
[root@mylinux ~]# ll index*
-rw-r--r--. 1 root root 115 Oct 16 16:20 index.html
-rw-r--r--. 1 root root 651 Nov  3 17:01 index.html.asc
```

使用 cat 查看加密文件，可以看到加密之后的文件内容已经经过加密操作了。

没错。接下来继续进行解密文件的相关操作。

【动手练一练】**解密文件**

-o 选项后面指定的是解密后输出的文件，-d 后面指定的加密文件。对文件解密后，可以看到三个文件的大小变化。解密的时候需要输入解密密码，才能解密成功。密码就是之前用户创建钥匙对时输入的密码，具体命令如下。

```
[root@mylinux ~]# gpg -o myindexgpg -d index.html.asc  ◄----- 解密文件
gpg: encrypted with 2048-bit RSA key, ID 7AB79B963F23AFD6, created 2020-11-03
      "userx <userx@ 163.com>"
[root@mylinux ~]# ll index* myindexgpg
-rw-r--r--. 1 root root 115 Oct 16 16:20 index.html
-rw-r--r--. 1 root root 651 Nov  3 17:01 index.html.asc
-rw-r--r--. 1 root root 115 Nov  3 17:04 myindexgpg
```

13.3 SSH 远程登录

SSH（Secure Shell，安全外壳协议）是一种网络协议，它可以为远程登录会话和其他的网络服务提供安全的协议。使用这个协议，用户可以从本地主机登录到网络上的另外一台主机。远程登录的方式有很多种，这里主要介绍使用 ssh 命令登录的方式。

13.3.1 Linux 主机之间的远程登录

在 Linux 系统中进行远程登录时，需要两台虚拟机。一台作为客户端（host01），另一台作为服务器端（host00）。在进行远程连接之前，这两台主机之间需要相互 ping 通。

这里将客户端的主机名设为 mylinux2.com，IP 地址为 192.168.20.235。服务器端主机名为 mylinux.com，IP 地址为 172.16.0.10。

【动手练一练】 **指定 IP 地址远程登录**

以下为在客户端使用 ssh 命令指定服务器端的 IP 地址，可以远程登录到服务器端的主机中。

```
[root@mylinux2 ~]# ssh 172.16.0.10  ←指定 IP 地址远程登录
The authenticity of host '172.16.0.10 (172.16.0.10)' can't be established.
ECDSA key fingerprint is SHA256:Gu+Cd+2jrxrBLdS8tXOfby6Zc2w0KAgfYs9s5hx+dqw.
Are you sure you want to continue connecting (yes/no)? yes  ←确认连接
Warning: Permanently added '172.16.0.10' (ECDSA) to the list of known hosts.
root@ 172.16.0.10's password:  ←输入 host00 的 root 密码
Activate the web console with:systemctl enable --now cockpit.socket
Last login: Tue Nov  3 09:04:55 2020
[root@mylinux ~]# hostname  ←服务器端的主机名
mylinux.com
[root@mylinux ~]# exit  ←退出远程登录
logout
Connection to 172.16.0.10 closed.
[root@mylinux2 ~]# hostname  ←回到自己的主机中
mylinux2.com
```

在进行远程登录时不仅可以通过 IP 地址，还可以指定主机名进行连接。不过都需要正确输入密码。

【动手练一练】**指定主机名远程登录**

用户同样可以指定主机名进行远程登录的操作。主机名需要和 IP 地址对应，否则远程登录会失败，具体命令如下。

```
[root@mylinux2 ~]# ssh mylinux.com  ←---- 指定主机名远程登录
The authenticity of host 'mylinux.com (172.16.0.10)' can't be established.
ECDSA key fingerprint is SHA256:Gu+Cd+2jrxrBLdS8tXOfby6Zc2w0KAgfYs9s5hx+dqw.
Are you sure you want to continue connecting (yes/no)? yes  ←---- 确认连接
Warning: Permanently added 'mylinux.com' (ECDSA) to the list of known hosts.
root@mylinux.com's password:  ←---- 输入 host00 的 root 密码
Activate the web console with:systemctl enable --now cockpit.socket
Last login: Tue Nov  3 14:26:40 2020 from 172.16.255.254
[root@mylinux ~]# hostname
mylinux.com
[root@mylinux ~]# exit
logout
Connection to mylinux.com closed.
```

除了以上远程登录外，用户也可以在 host00 中远程登录到 host01 主机中，使用 ssh 命令指定 host01 的 IP 地址。当用 hostname 命令的执行结果显示当前主机名是 mylinux2.com 时，表示已经成功登录到 host01 中。退出登录后的主机名又变成了自己的主机名。

SSH 安全认证

SSH 服务还支持一种安全认证机制，即密钥认证。之前都是使用 FTP 或 Telnet 进行远程登录。SSH 协议可以提供两种安全验证的方法，一种是基于口令的验证，即通过用户名和密码验证登录；另一种是基于密钥的验证，即需要在本地生成密钥对，然后把密钥对中的公钥传到服务器中，并与服务器中的公钥对比。

13.3.2 不同系统之间的远程登录

除了可以在 Linux 主机之间进行远程登录，还可以从 Windows 主机远程登录到 Linux 主机。不过需要在 Windows 主机中安装一个客户端软件 PuTTY，用户可以在浏览器中输入网址 https：//www.putty.org 下载这个软件。

用户可以先在 Windows 主机中测试到 Linux 主机的连通性，使用 ping 命令发送了三个数据包，如果能够成功发送和接收，表示 Windows 主机和 Linux 服务器之间是相互连通的。

【动手练一练】**使用 PuTTY 远程登录**

启动 PuTTY 软件之后，在 Host Name （or IP Address） 那里输入服务器端的 IP 地址，端口号默认是 22，然后单击 Open 按钮开始远程连接，如图 13-2 所示。

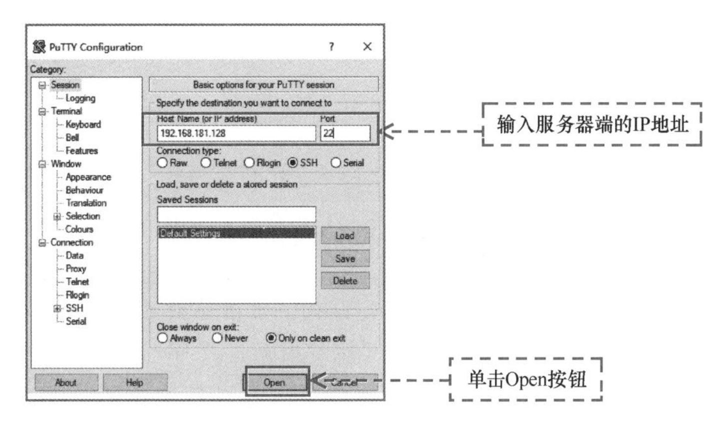

图 13-2　输入基本信息

之后在弹出的安全警告对话框中单击“是”按钮，如图 13-3 所示。

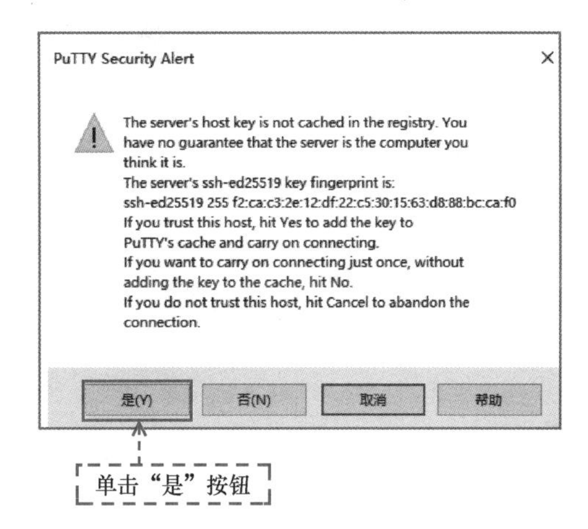

图 13-3　安全警告信息

第一次使用 PuTTY 进行远程登录时，会弹出一个安全警告对话框，直接单击“是”按钮即可。注意，只有第一次会弹出该对话框。

在登录界面中输入用户名 root 和密码，可以成功登录到 Linux 主机中，如图 13-4 所示。

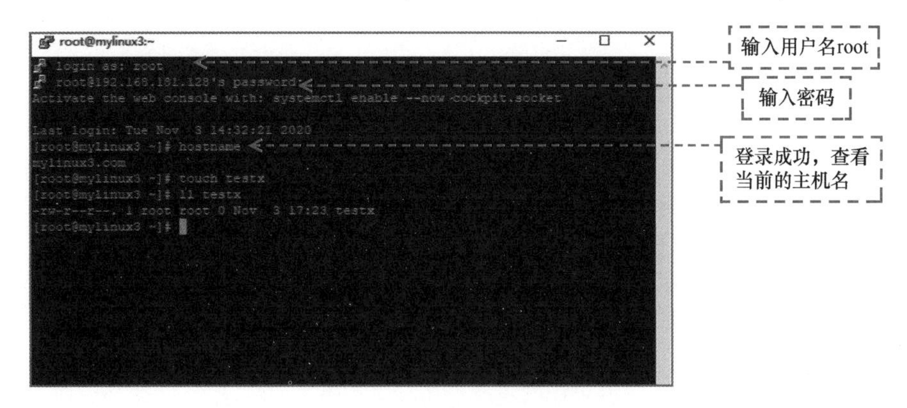

图 13-4　输入用户名和密码

在当前目录下可以创建测试文件并查看该文件的信息，退出远程登录界面输入 exit 命令即可。

iptables 的使用方法

虽然平时用户在使用系统的过程中采用了不少的措施防止外来入侵，但还是避免不了软件中的漏洞，系统仍然有被入侵的可能。因此，了解一些网络安全方面的技术是很有必要的。不管任何时候，只要发现系统中存在可疑的情况，都应该监视进程、内存、磁盘和网络活动，从而发现潜在的危害。

iptables 按照规则（rules）来管理防火墙，规则其实就是网络管理员预定义的条件。请大家扫描封底二维码下载相关说明文档获取更多有关 iptables 的介绍。

第14章

Chapter 14

Linux综合应用之网站部署

知识架构

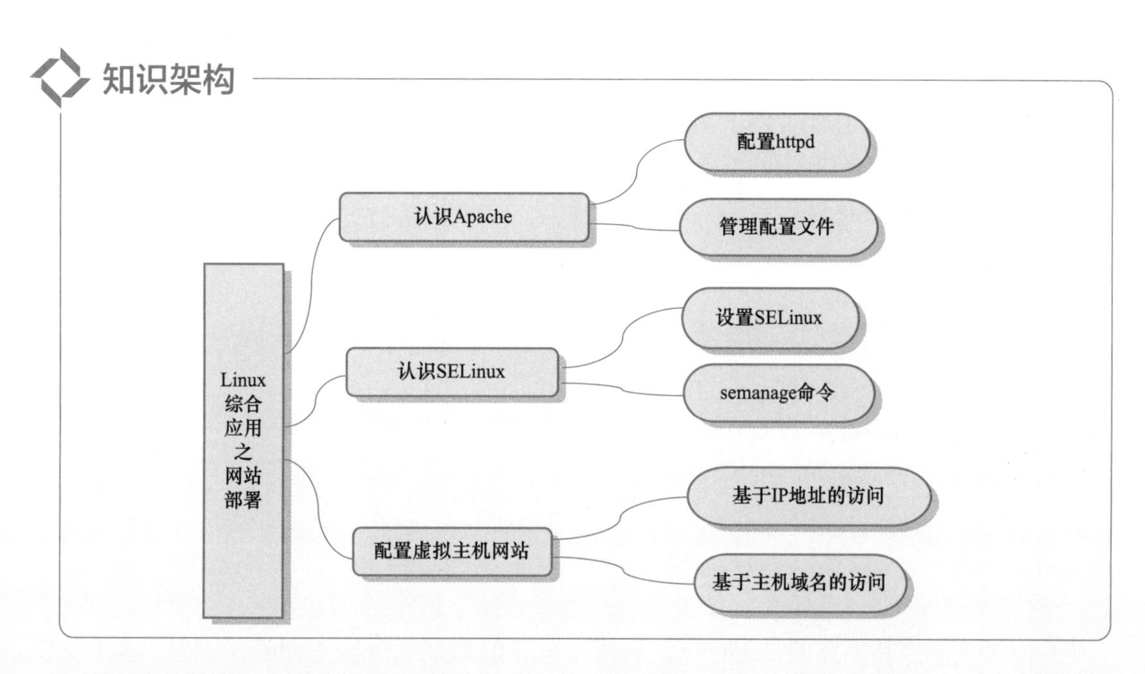

通常用户访问的网站服务就是 Web 网络服务，它可以允许用户通过浏览器访问互联网中的各种资源。Web 服务器会通过 HTTP 或 HTTPS 将请求的内容传输给用户。

Windows 系统中默认的 Web 服务程序类似于 IIS，Linux 中的什么？

在 Linux 系统中使用 Apache 作为 Web 服务程序，它支持基于 IP、域名和端口号的虚拟主机功能。在本章将带领读者学习如何部署网站。

14.1 认识 Apache

Apache Httpd 又可以简称为 httpd 或者 Apache，它是 Internet 使用最广泛的 Web 服务器之一。Apache 由于跨平台和安全性被广泛使用在大部分计算机平台上。

14.1.1 配置 httpd

使用 Apache 提供的 Web 服务器是由守护进程 httpd 通过 HTTP 协议进行文本传输，默认使用 80 端口的明文传输方式。为了保证数据的安全和可靠性，又添加了 443 的加密传输的方式（HTTPS）。

【动手练一练】 **管理 httpd 服务**

在使用 Apache 配置网站时，需要使用 yum install httpd 命令安装 httpd 服务。下面是 httpd 的相关操作命令。

```
[root@mylinux3 ~]# systemctl start httpd      ←启动 httpd 服务
[root@mylinux3 ~]# systemctl status httpd     ←查看 httpd 服务的状态
[root@mylinux3 ~]# systemctl enable httpd     ←设置开机自启
Createdsymlink /etc/systemd/system/multi-user. target. wants/httpd. service → /usr/lib/systemd/system/httpd.service.
```

CentOS 8 的默认浏览器是 Firefox，在该浏览器的地址栏中输入 http://127.0.0.1 后按 Enter 键，可以看到提供 Web 服务的 httpd 服务程序的默认页面，如图 14-1 所示。

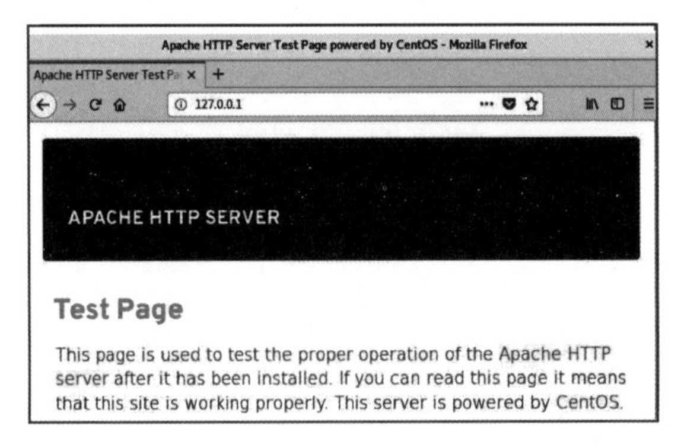

图 14-1　httpd 服务程序的默认页面

确认启动 httpd 服务后，在浏览器中访问其默认的页面就能看到这个测试页面了。

14.1.2 管理配置文件

在 Linux 系统中配置服务，不可避免地需要修改它的配置文件。配置文件中的注释信息起到参考说明的作用，在查看配置文件时主要看配置生效的字段。另外，还有两个重要的目录，即/etc/httpd（服务目录）和/var/www/html（网站数据目录）。

Linux 主要配置文件

在配置网站的过程中，经常需要在相关的配置文件中设置参数，表 14-1 所示为主要的配置文件。httpd 服务程序的主配置文件中有很多注释行，不需要逐一了解这些信息。主配置文件中主要包含注释信息、全局配置和区域配置信息。

表 14-1　主要的配置文件

配 置 文 件	说　明
/etc/httpd/conf/httpd.conf	主配置文件
/var/log/httpd/access_ log	访问日志
/var/log/httpd/error_log	错误日志

【动手练一练】**查看 httpd 服务的主配置文件**

下面使用 vim 编辑器查看主配置文件/etc/httpd/conf/httpd.conf，没有定义在<>中的字段是全局配置。

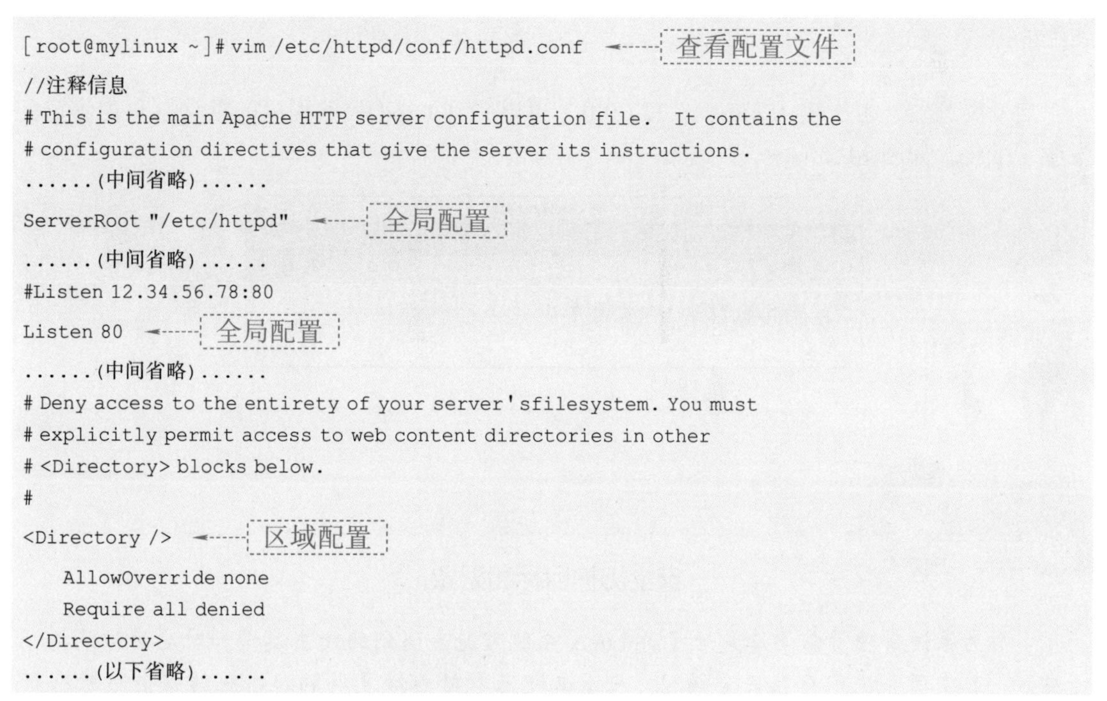

```
[root@mylinux ~]# vim /etc/httpd/conf/httpd.conf
//注释信息
# This is the main Apache HTTP server configuration file.  It contains the
# configuration directives that give the server its instructions.
......(中间省略)......
ServerRoot "/etc/httpd"
......(中间省略)......
#Listen 12.34.56.78:80
Listen 80
......(中间省略)......
# Deny access to the entirety of your server'sfilesystem. You must
# explicitly permit access to web content directories in other
# <Directory> blocks below.
#
<Directory />
    AllowOverride none
    Require all denied
</Directory>
......(以下省略)......
```


在主配置文件中有一些比较常见的参数，如表 14-2 所示。

表 14-2　主配置文件中的常见参数

参　　数	说　　明
ServerRoot	配置服务目录
Listen	监听的 IP 地址和端口号
User	运行服务的用户
Group	运行服务的用户组
ServerAdmin	管理员邮箱
ServerName	网站服务器域名
DocumentRoot	网站数据目录
DirectoryIndex	默认的索引页面
ErrorLog	错误日志文件
CustomLog	访问日志文件

【动手练一练】 编辑网站首页

DocumentRoot 参数指定的默认路径是/var/www/html，用户可以在/var/www/html 目录中新建一个名为 index.html 的文件作为 httpd 服务程序的默认首页。

```
[root@mylinux html]# vim index.html    ←编辑网站首页,在文件中输入简单的网页内容
<html>
<head>
        <title>fist</title>
        <meta charset="utf-8"/>
</head>
<body>
        <h1>欢迎来到我的第一个页面！</h1>
</body>
</html>
```

启动浏览器，再次输入 http：//127.0.0.1 可以看到 httpd 服务程序的默认首页内容已经发生了变化，如图 14-2 所示。

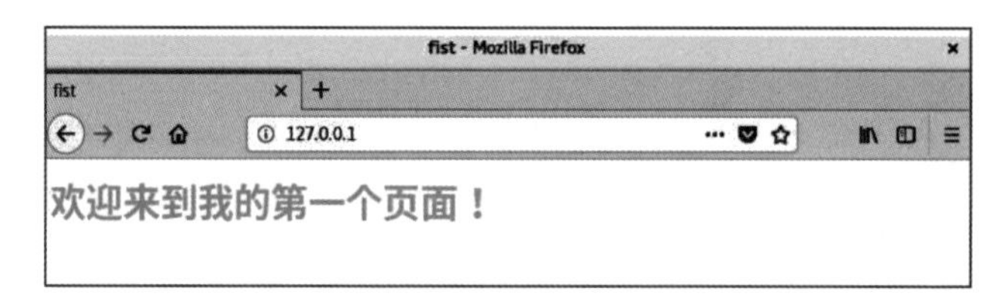

图 14-2　更改后的默认首页内容

安全防护目标和对象

作为系统管理员需要清楚地了解 Linux 系统可能会遇到的攻击类型和对应的防范措施。一旦发现系统中存在安全漏洞，应该立即采取措施修复漏洞。系统的安全防护有

以下几个目标。

- 保密性：信息不泄露给非授权用户，即信息只供授权的用户使用。
- 完整性：数据未经授权不能进行改变，即信息在存储或传输过程中保持不被修改、不被破坏和不会丢失。
- 可用性：可被授权用户访问并按需求使用，即在需要时能否存取所需的信息。
- 可控制性：对信息的传播路径、范围及内容具有控制能力。
- 不可抵赖性：对自己的行为不可抵赖及对行为发生的时间不可抵赖。通过进行身份认证和数字签名可以避免对交易行为的抵赖，通过数字时间戳可以避免对行为发生的抵赖。

网络防护需要保证下面这些对象的安全。

- 物理安全：各种设备、主机和机房环境。
- 系统安全：主机或设备的操作系统。
- 应用安全：各种网络服务和应用程序。
- 网络安全：对网络访问的控制和防火墙规则。
- 数据安全：信息的备份与恢复和加密解密。
- 管理安全：各种保障性的规范、流程和方法。

14.2 认识 SELinux

SELinux（Security Enhanced Linux，安全增强型 Linux 系统）是一个 Linux 内核模块，也是 Linux 的一个安全子系统。SELinux 的主要作用就是最大限度地减小系统中服务进程可访问的资源（最小权限原则）。SELinux 功能开启后，会关闭系统中不安全的功能。

14.2.1 设置 SELinux

默认情况下 SELinux 中的数据保存在/var/www/html 目录中，如果想保存在其他目录中并正常访问就需要对 SELinux 进行设置。通过 SELinux 可以监听系统中服务的行为。

【动手练一练】设置 SELinux 安全测试的访问网页

在/home 目录中新建一个子目录 wwwroot 作为存储网站首页的目录，然后在 wwwroot 中新建一个 index.html 文件作为新的访问对象。

```
[root@mylinux home]# mkdir wwwroot    ◄------ 创建存储网站首页的目录
[root@mylinux wwwroot]# vim index.html
<html>
<head>
        <title>fist</title>
```

```
        <meta charset="utf-8"/>
</head>
<body>
        <h1>欢迎来到我的第一个页面！</h1>
        <h1>Welcome to my first page </h1>      ◄---- 新增内容
</body>
</html>
```

在 index.html 文件的 body 标签中输入的内容会显示在访问的网页上。

【动手练一练】在配置文件中修改路径

配置完首页之后，还需要在主配置文件/etc/httpd/conf/httpd.conf 中将 DocumentRoot 和 Directory 参数中的路径修改为/home/wwwroot，配置完成后可以保存退出。之后执行 systemctl restart httpd 命令重启 httpd 服务使配置生效。

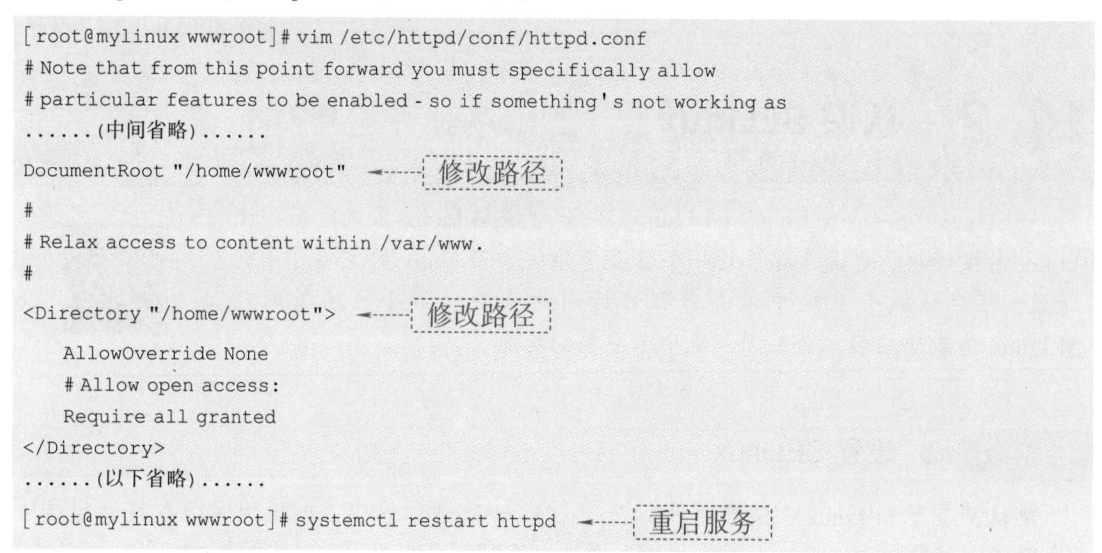

```
[root@mylinux wwwroot]# vim /etc/httpd/conf/httpd.conf
# Note that from this point forward you must specifically allow
# particular features to be enabled - so if something's not working as
......(中间省略)......
DocumentRoot "/home/wwwroot"   ◄---- 修改路径
#
# Relax access to content within /var/www.
#
<Directory "/home/wwwroot">   ◄---- 修改路径
    AllowOverride None
    # Allow open access:
    Require all granted
</Directory>
......(以下省略)......
[root@mylinux wwwroot]# systemctl restart httpd   ◄---- 重启服务
```

再次在浏览器中输入 http：//127.0.0.1 访问网站首页时显示 Forbidden 的提示字样，出现这种现象就是 SELinux 对服务的限制，如图 14-3 所示。

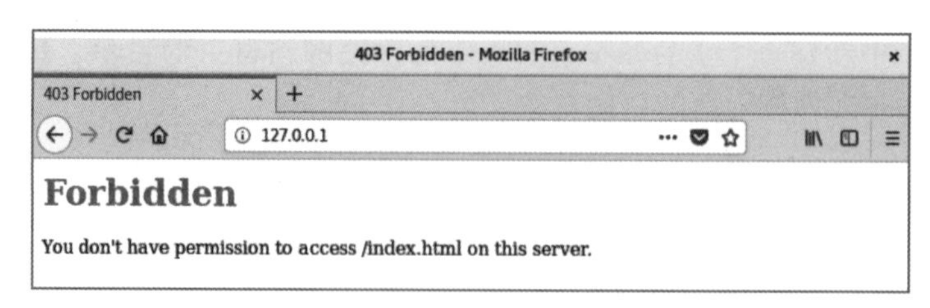

图 14-3　SELinux 对服务的限制

默认情况下 SELinux 定义的模式是 enforcing，下面是 SELinux 服务的三种配置模式，具体如表 14-3 所示。

表 14-3　SELinux 服务的三种配置模式

模　式	说　明
enforcing	强制启用安全策略，拦截服务的不合法请求
permissive	服务有越权行为时，只发出警告而不强制拦截
disabled	对于服务的越权行为，不发出警告也不进行拦截

【动手练一练】**SELinux 服务的模式**

使用 getenforce 命令可以查看 SELinux 当前的模式，默认情况下是 enforcing 模式。在 SELinux 的配置文件/etc/selinux/config 中记录了 SELinux 的模式和其他设置项。

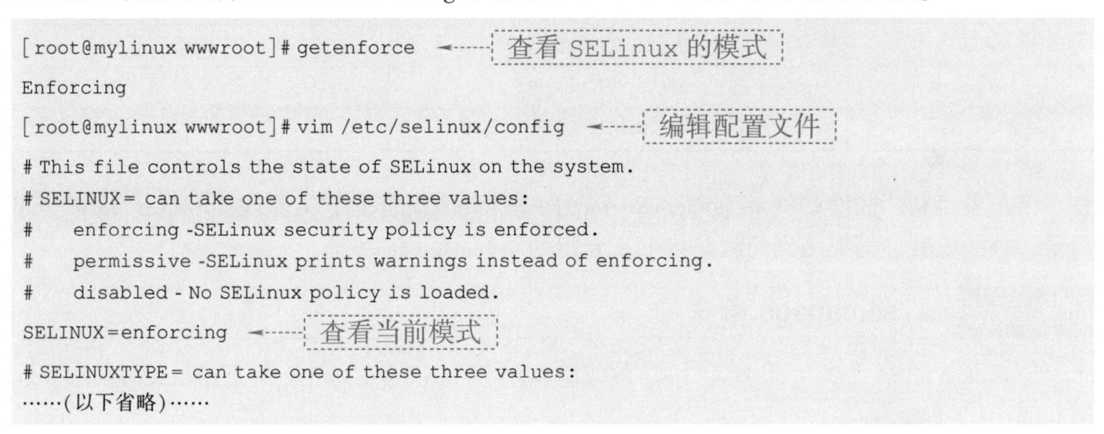

```
[root@mylinux wwwroot]# getenforce
Enforcing
[root@mylinux wwwroot]# vim /etc/selinux/config
# This file controls the state of SELinux on the system.
# SELINUX= can take one of these three values:
#     enforcing -SELinux security policy is enforced.
#     permissive -SELinux prints warnings instead of enforcing.
#     disabled - No SELinux policy is loaded.
SELINUX=enforcing
# SELINUXTYPE= can take one of these three values:
……(以下省略)……
```

在 enforcing 模式中，SELinux 被启动并强制执行所有的安全策略规则。

【动手练一练】**修改 SELinux 模式**

在配置文件中修改 SELinux 的模式不会立即生效（需要重启系统），使用 setenforce 命令修改 SELinux 的模式会立即生效。不过，这种设置只是临时的，系统重启后就会失效。

```
[root@mylinux wwwroot]#setenforce 0      修改 SELinux 的模式
[root@mylinux wwwroot]#getenforce
Permissive
```

之后再次在浏览器中访问 http：//127.0.0.1，此时就可以成功看到/home/wwwroot 目录中的网站内容了，如图 14-4 所示。

图 14-4　浏览网页内容

【动手练一练】**查看目录的安全上下文**

想要在 SELinux 的 enforcing 模式下成功访问网站页面，还需要设置 SELinux 的策略。使用 ls 命令的-Z 选项可以查看文件的安全上下文，搭配-d 选项可以看到/var/www/html 和/home/wwwroot 这两个目录有关 SELinux 的安全信息。

```
[root@mylinux wwwroot]# ls -Zd /var/www/html /home/wwwroot     ←查看目录的安全上下文
unconfined_u:object_r:user_home_dir_t:s0 /home/wwwroot
system_u:object_r:httpd_sys_content_t:s0 /var/www/html
```

下面解释一下主要字段的含义，具体如表 14-4 所示。

表 14-4　主要字段含义

字　段	说　明
system_u	用户段信息，表示系统进程的身份
object_r	角色段信息，表示文件目录的角色
httpd_sys_content_t	类型段信息，表示网站服务的系统文件

之后就是将当前网站目录/home/wwwroot 的 SELinux 安全上下文修改为和/var/www/html 目录一样的设置，需要用到的就是接下来介绍的 semanage 命令。

14.2.2 semanage 命令

semanage 命令可以用来查询和修改 SELinux 默认目录的安全上下文，也就是管理 SELinux 的策略。

Linux semanage 命令的语法格式

```
semanage [选项] [文件]
```

以下是选项的相关说明。

- -l：查询安全上下文。
- -a：添加安全上下文。
- -m：修改安全上下文。
- -d：删除安全上下文。

【动手练一练】**设置 SELinux 策略**

为/home/wwwroot 目录以及该目录下的文件添加安全上下文，使网站可以在 enforcing 模式下被成功访问。设置好 SELinux 策略后，还需要执行 restorecon 命令使设置立即生效。完成操作后，刷新浏览器就可以在 SELinux 的 enforcing 模式下成功访问网站了。

```
[root@mylinux ~]#semanage fcontext -a -t httpd_sys_content_t /home/wwwroot
[root@mylinux ~] #semanage fcontext -a -t httpd_sys_content_t /home/wwwroot/*
[root@mylinux ~] #restorecon -Rv /home/wwwroot/
```

```
Relabeled /home/wwwroot from unconfined_u: object_r: user_home_dir_t: s0 to unconfined_u: object_r: httpd_sys_content_t: s0
Relabeled /home/wwwroot/index. html from unconfined _ u: object _ r: user _ home _ t: s0 to unconfined_u: object_r: httpd_sys_content_t: s0
```

SELinux 提供了一种灵活的强制访问控制系统，嵌于内核中，它定义了系统中每个用户、进程、文件等访问和转变的权限。SELinux 使用一个安全策略来控制这些实体（用户、进程、应用和文件）之间的交互。

常见的安全攻击

任何非法授权的行为都是攻击行为，攻击的范围可以使服务器无法提供正常的服务到完全破坏、控制服务器。在网络上成功实施的攻击级别在于用户采取的安全措施是否充足。常见的安全攻击有以下几种。

- 信息泄漏：发生信息泄漏就是主机资源遭到了窃听，这是网络攻击中比较常用的手段之一。
- 消息篡改：一个合法消息的某些部分被改变或删除，消息被延迟或改变顺序，使消息被未授权用户使用。
- 假冒：从某个人或系统发出含有其他实体身份信息的数据，冒用其他人的身份，从而以欺骗的方式获取一些合法用户权利和特权。
- 拒绝服务：影响对通信设备的正常使用，有可能造成管理被无条件中断。通常会对整个网络实施破坏，以达到降低性能，中断服务的目的。

在使用系统的过程中，用户即使采用了适当的措施防止外来入侵，但是由于软件漏洞，仍然会有入侵系统的可能性。这种情况下，必须以最快的速度检测到入侵，从而最大限度地减少损害。

14.3 配置虚拟主机网站

为了充分利用服务器资源，可以使用虚拟主机功能。该功能可以将一台处于运行状态的物理服务器分成多个虚拟服务器。Apache 的虚拟主机功能可以基于 IP 地址、主机域名或端口号实现多个网站同时为外部提供访问服务的技术。这里主要学习前两种技术。

14.3.1 基于 IP 地址的访问

一台服务器上设置多个 IP 地址，并且每一个 IP 地址对应一个单独的网站。当用户访问不同的 IP 地址时，就能浏览到不同网站上的资源。这种方式要求每一个网站都有一个独立的 IP 地址。

虚拟主机默认有一个网卡，用户还需要在虚拟主机关机的状态下再添加一个网卡。由于默认添加的网卡是未激活的状态，因此还需要使用 nmcli device connect 命令指定网卡的名称使网卡处于连接状态。

【动手练一练】 **编辑 Page1 和 Page2**

在/home/wwwroot 目录下新建两个子目录 page1 和 page2，然后分别在这两个子目录中新建一个 index.html 文件。两个路径下的网页分别是 Page1 和 Page2。

```
[root@mylinux ~]# vim /home/wwwroot/page1/index.html   ← 编辑 Page1 页面
<html>
<head>
        <title>Page1</title>
        <meta charset="utf-8"/>
</head>
<body>
        <h1>欢迎来到 Page1 的页面！</h1>
        <h1>这是基于 IP 地址的访问方式。</h1>
</body>
</html>
[root@mylinux ~]# vim /home/wwwroot/page2/index.html   ← 编辑 Page2 页面
<html>
<head>
        <title>Page2</title>
        <meta charset="utf-8"/>
</head>
<body>
        <h1>欢迎来到 Page2 页面！</h1>
        <h1>基于 IP 地址的方式访问 Page2。</h1>
</body>
</html>
```

对于网页内容的编写，大家可以使用多种网页标签设计网页的内容形式，比如尝试添加图片标签和超链接标签等。

【动手练一练】 **设置网页 Page1 和 Page2**

在 httpd 服务的主配置文件/etc/httpd/conf/httpd.conf 中添加两个基于 IP 地址的虚拟网站的相关参数。每一个 IP 地址对应着不同的网页路径。

```
[root@mylinux ~]# vim /etc/httpd/conf/httpd.conf
......(中间省略)......
# The directives in this section set up the values used by the 'main'
# server, which responds to any requests that aren't handled by a
# <VirtualHost> definition.  These values also provide defaults for
# any <VirtualHost> containers you may define later in the file.
#
```

```
<VirtualHost 192.168.181.128>   ◄----- 配置 Page1 网页
DocumentRoot "/home/wwwroot/page1"
ServerName www.mylinux.com
<Directory "/home/wwwroot/page1">
    AllowOverride None
    Require all granted
</Directory>
</VirtualHost>
<VirtualHost 192.168.181.131>   ◄----- 配置 Page2 网页
DocumentRoot "/home/wwwroot/page2"
ServerName www.mylinux2.com
<Directory "/home/wwwroot/page2">
    AllowOverride None
    Require all granted
</Directory>
</VirtualHost>
......(以下省略)......
```

在主配置文件中配置两个网页文件信息时，一定要在 VirtualHost 字段中指定对应网页的 IP 地址。大家知道为什么吗?

大概知道，通过这样的一系列操作后，在访问网页时就会显示对应 IP 地址的网页内容，而不会出错了。

【动手练一练】 **重启 httpd 服务并设置 SELinux 策略**

保存退出后，重启 httpd 服务使配置生效。接下来还要设置 SELinux 安全上下文策略，否则无法访问网站数据。最后使用 restorecon 命令使 SELinux 配置生效。

```
[root@mylinux wwwroot]# systemctl restart httpd   ◄----- 重启 httpd 服务
[root@mylinux ~]# semanage fcontext -a -t httpd_sys_content_t /home/wwwroot
[root@mylinux ~]# semanage fcontext -a -t httpd_sys_content_t /home/wwwroot/page1
[root@mylinux ~]# semanage fcontext -a -t httpd_sys_content_t /home/wwwroot/page1/*
[root@mylinux ~]# semanage fcontext -a -t httpd_sys_content_t /home/wwwroot/page2
[root@mylinux ~]# semanage fcontext -a -t httpd_sys_content_t /home/wwwroot/page2/*
[root@mylinux ~]# restorecon -Rv /home/wwwroot
                                        设置 SELinux 安全上下文策略
```

这时在浏览器中输入 http：//192.168.181.128 就可以访问到 Page1 页面中的内容了，如图 14-5 所示。

接着再输入 http：//192.168.181.131 就可以访问到 Page2 页面中的内容了，如图 14-6 所示。

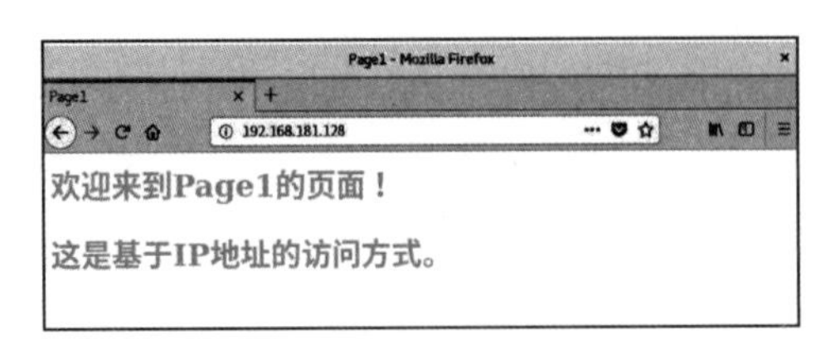

图 14-5　访问 Page1 页面

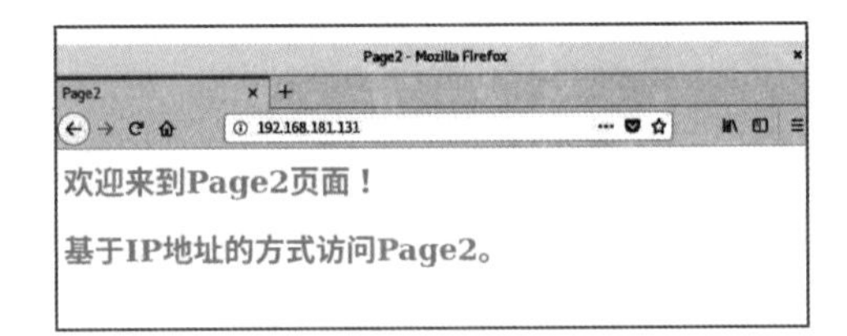

图 14-6　访问 Page2 页面

14.3.2 基于主机域名的访问

当服务器无法为每一个网站分配单独的 IP 地址时，可以使用这种基于主机域名的访问方式来浏览不同网站中的网页资源。在基于 IP 地址的访问配置上修改相关的参数会更加简单和快捷。在不设置 DNS 解析服务的情况下，要想让 IP 地址和主机域名对应，就需要在文件/etc/hosts 中写入对应关系。

【动手练一练】**写入 IP 和域名的对应关系**

在/etc/hosts 文件中写入使一个 IP 地址对应多个主机域名的记录。比如 IP 地址 192.168.181.128 对应了两个主机域名，分别是 www.mylinux.com 和 www.mylinux2.com。

```
[root@mylinux ~]# vim /etc/hosts      ←写入 IP 和域名的对应关系
127.0.0.1   localhost localhost.localdomain localhost4 localhost4.localdomain4
::1         localhost localhost.localdomain localhost6 localhost6.localdomain6
192.168.181.128 www.mylinux.com www.mylinux2.com      ←新增记录
```

只有在/etc/hosts 文件中写入了 IP 和域名的对应关系，才能根据域名访问页面。

【动手练一练】**修改网页显示内容**

下面分别修改/home/wwwroot/page1/index.html 和/home/wwwroot/page2/index.html 网页文件中的显示内容。

```
[root@mylinux ~]# vim /home/wwwroot/page1/index.html      ←编辑 Page1 页面
<html>
<head>
        <title>Page1</title>
        <meta charset="utf-8"/>
</head>
<body>
        <h1>欢迎来到 Page1 的页面！</h1>
        <h1>这是基于主机域名的访问方:www.mylinux.com。</h1>
</body>
```

```
</html>
[root@mylinux ~]# vim /home/wwwroot/page2/index.html    ←--- 编辑 Page2 页面
<html>
<head>
        <title>Page2</title>
        <meta charset="utf-8"/>
</head>
<body>
        <h1>欢迎来到 Page2 页面！</h1>
        <h1>基于主机域名的方式访问 Page2。</h1>
</body>
</html>
```

这里在编写网页文件时，就可以在两个页面中编写不同的内容了，以便在浏览时更好地进行区分。

【动手练一练】**修改 IP 和域名的相关参数**

在 httpd 服务的主配置文件中修改相关的参数。这里只使用一个 IP 地址 192.168.181.128 对应两个域名，并分别指定它们的路径。

```
[root@mylinux ~]# vim /etc/httpd/conf/httpd.conf    ←--- 修改 IP 和域名的相关参数
......(以上省略)......
<VirtualHost 192.168.181.128>    ←--- IP 地址
DocumentRoot "/home/wwwroot/page1"    ←--- 对应的路径
ServerName "www.mylinux.com"    ←--- 第 1 个域名
<Directory "/home/wwwroot/page1">
    AllowOverride None
    Require all granted
</Directory>
</VirtualHost>
<VirtualHost 192.168.181.128>
DocumentRoot "/home/wwwroot/page2"
ServerName "www.mylinux2.com"    ←--- 第 2 个域名
<Directory "/home/wwwroot/page2">
    AllowOverride None
    Require all granted
</Directory>
</VirtualHost>
......(以下省略)......
```

这样编辑好的网页就能访问了吗？

当然不能。还需要继续设置 SELinux 策略，设置完成后还要重启 httpd 服务才行。

【动手练一练】**设置 SELinux 策略使之生效**

设置好主配置文件后，一定要重启 httpd 服务，这样才能使设置生效。之后就是配置 SELinux 安全上下文策略并使之立即生效。

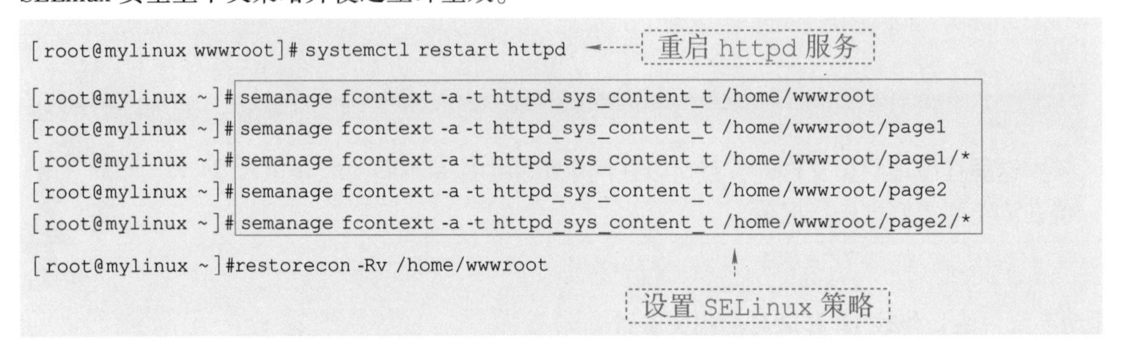

```
[root@mylinux wwwroot]# systemctl restart httpd
[root@mylinux ~]# semanage fcontext -a -t httpd_sys_content_t /home/wwwroot
[root@mylinux ~]# semanage fcontext -a -t httpd_sys_content_t /home/wwwroot/page1
[root@mylinux ~]# semanage fcontext -a -t httpd_sys_content_t /home/wwwroot/page1/*
[root@mylinux ~]# semanage fcontext -a -t httpd_sys_content_t /home/wwwroot/page2
[root@mylinux ~]# semanage fcontext -a -t httpd_sys_content_t /home/wwwroot/page2/*
[root@mylinux ~]#restorecon -Rv /home/wwwroot
```


在浏览器中输入 http：//www.mylinux.com 就可以访问到 Page1 的页面，如图 14-7 所示。

利用同样的方法，在浏览器中输入 http：//www.mylinux2.com 就可以访问到 Page2 页面，如图 14-8 所示。

图 14-7　通过域名访问 Page1 页面

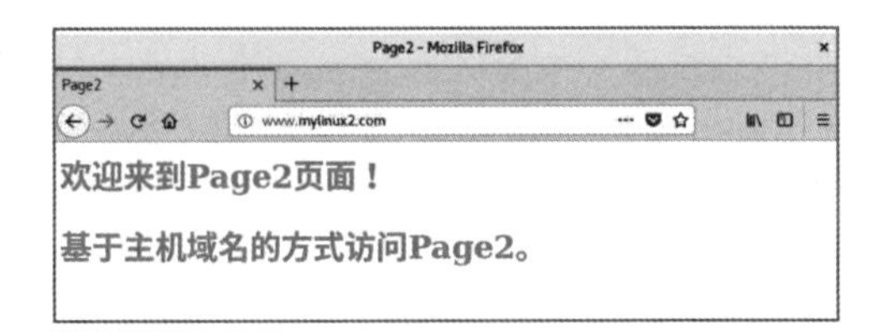

图 14-8　通过域名访问 Page2 页面

基于端口号访问网站

除了之前介绍的基于 IP 地址和基于主机域名访问网站外，还可以基于端口号访问服务器上的网站资源。使用这种方式访问网站时除了要设置 httpd 的主配置文件之外，还需要考虑 SELinux 对端口的监控。

一般情况下，推荐使用 80、8080 等端口号访问网站，如果指定了其他端口号就会受到 SELinux 的限制。大家可以扫描封底二维码下载相关说明文档获取更加详细的介绍。